高等职业教育测绘地理信息类规划教材

数字测图技术

主　编　刘仁钊　马　啸
副主编　毕　婧　崔红超　周会利　李金文

武汉大学出版社

图书在版编目(CIP)数据

数字测图技术/刘仁钊,马啸主编.—武汉:武汉大学出版社,2021.2
(2024.2 重印)
高等职业教育测绘地理信息类规划教材
ISBN 978-7-307-22117-8

Ⅰ.数… Ⅱ.①刘… ②马… Ⅲ.数字化测图—高等职业教育—教材 Ⅳ.P231.5

中国版本图书馆 CIP 数据核字(2020)第 273023 号

责任编辑:杨晓露　　　责任校对:汪欣怡　　　版式设计:马　佳

出版发行:武汉大学出版社　　(430072　武昌　珞珈山)
(电子邮箱:cbs22@whu.edu.cn　网址:www.wdp.com.cn)
印刷:湖北恒泰印务有限公司
开本:787×1092　1/16　印张:16.25　字数:392 千字　插页:1
版次:2021 年 2 月第 1 版　　2024 年 2 月第 4 次印刷
ISBN 978-7-307-22117-8　　定价:39.00 元

版权所有,不得翻印;凡购买我社的图书,如有质量问题,请与当地图书销售部门联系调换。

前　言

本书是在全国测绘地理信息职业教育教学指导委员会指导下，以全国测绘地理信息职业教育教学指导委员会"十三五"规划教材研讨会上制定的测绘类《数字测图技术》教学大纲为主要依据编写完成的。全书共分为七章，授课60学时。内容包括数字测图概述、图根控制测量、地形图的基础知识、数字测图外业数据采集、数字测图内业处理、地形图的应用、测量误差与精度评定等内容。此外，附录一给出了2017版地形图图式符号表供绘图时参考；附录二介绍了清华山维EPS2016数字测图软件的操作。为了突出新技术的应用，书中参考了近三年的测绘新技术成果。

本书在编写过程中注重高职高专教材的特点，以数字测图的工作任务作为参照系，按项目任务化组织结构编写，力求深入浅出、通俗易懂，尽量做到重点突出，循序渐进，着重于数字测图的外业数据采集和内业成图技能培养；同时书中内容涉及仪器或成图软件操作时，操作步骤详细，便于读者自学。

本书由刘仁钊、马啸任主编，毕婧、崔红超、周会利和李金文任副主编。刘仁钊编写了第一章，马啸编写了第二章，毕婧编写了第五章，崔红超编写了第四章，周会利编写了第六章，参加编写的其他教师有：周兰（第三章）、肖灌（第七章）、武汉南北极地理信息有限公司倪超兰（附录一、附录二）；武汉南北极地理信息有限公司总经理李金文审阅了全稿；李梦静绘制了部分插图。全书最后由刘仁钊教授统一修改定稿。

书稿完成后，由全国测绘地理信息职业教育教学指导委员会顾问、武汉大学陶本藻教授及武汉大学潘润秋教授、同济大学伍吉仓教授进行了认真细致的审稿，提出了许多宝贵意见。修改后，通过了全国测绘地理信息职业教育教学指导委员会"十三五"规划教材审定委员会的审定，作为测绘学科测绘与资源开发类高职高专院校统编教材，供高等职业教育学校测绘与资源开发类专业使用。在此对陶本藻教授、潘润秋教授及伍吉仓教授和教材审定委员会的各位专家表示感谢！在本书编写过程中，参考了一些院校的同类教材，在此表示感谢！同时对武汉大学出版社为本教材顺利出版给予的大力支持表示感谢。

由于编者水平有限，书中的错误和不足之处在所难免，恳请广大读者批评指正。

编　者
2020年6月于武汉

目 录

第一章　数字测图概述 ··· 1
   第一节　数字测图的概念 ··· 1
   第二节　数字测图系统 ··· 4
   第三节　数字测图的特点 ··· 8
   第四节　数字测图的作业过程 ·· 10
   第五节　数字测图的作业模式 ·· 13
   第六节　数字测图的发展 ·· 18
   思考题与习题 ·· 19

第二章　图根控制测量 ·· 20
   第一节　概述 ·· 20
   第二节　方位角及坐标正反算 ·· 23
   第三节　图根导线测量 ·· 28
   第四节　GNSS-RTK 图根点测量 ··· 38
   第五节　交会法测量 ·· 42
   第六节　三角高程测量 ·· 46
   思考题与习题 ·· 50
   图根控制测量技能训练 ·· 52

第三章　地形图的基础知识 ·· 56
   第一节　地形图的比例尺 ·· 56
   第二节　地形图的分幅与编号 ·· 59
   第三节　地形图图外注记 ·· 65
   第四节　地物符号 ·· 68
   第五节　地貌符号 ·· 74
   第六节　传统地形图测绘方法 ·· 79
   思考题与习题 ·· 84

第四章　数字测图外业数据采集 ·· 86
   第一节　数字测图的外业工作 ·· 86
   第二节　全站仪数据采集 ·· 89
   第三节　GNSS-RTK 数据采集 ··· 98

第四节　草图绘制与地形描绘方法 ……………………………………………… 113
　思考题与习题 ………………………………………………………………………… 122
　数据采集技能训练 …………………………………………………………………… 122

第五章　数字测图内业处理 …………………………………………………………… 127
　第一节　数据传输与格式转换 ……………………………………………………… 127
　第二节　南方 CASS9.1 绘地形图 …………………………………………………… 131
　第三节　地形图检查与验收 ………………………………………………………… 153
　第四节　地形图质量评定 …………………………………………………………… 158
　思考题与习题 ………………………………………………………………………… 160
　地形测量技能训练 …………………………………………………………………… 161

第六章　地形图的应用 ………………………………………………………………… 165
　第一节　地形图应用概述 …………………………………………………………… 165
　第二节　野外使用地形图 …………………………………………………………… 167
　第三节　纸质地形图的工程应用 …………………………………………………… 169
　第四节　数字地形图的工程应用 …………………………………………………… 177
　思考题与习题 ………………………………………………………………………… 190

第七章　测量误差与精度评定 ………………………………………………………… 192
　第一节　观测误差 …………………………………………………………………… 192
　第二节　偶然误差的特性 …………………………………………………………… 194
　第三节　评定精度的指标 …………………………………………………………… 196
　第四节　误差传播定律 ……………………………………………………………… 198
　第五节　算术平均值及其中误差 …………………………………………………… 202
　思考题与习题 ………………………………………………………………………… 205

附录一　1∶500　1∶1000　1∶2000 地形图图式（GB/T 20257.1—2017）
　　　　　部分符号与注记 …………………………………………………………… 207

附录二　清华山维 EPS2016 操作指导 ……………………………………………… 218

参考文献 ………………………………………………………………………………… 254

第一章 数字测图概述

第一节 数字测图的概念

传统的大比例尺地形图测绘方法主要采用平板仪或经纬仪+光电测距仪测图,通常称之为白纸测图。它是过去相当长一段时期内城市测量和工程测量中大比例尺测图的主要方法。其作业过程实质是将测得的观测值用图解的方法转化为图,为模拟式的图解图。主要测图工作都在野外完成,不仅工作量较大,同时在解析过程中产生了各类误差。

进入 21 世纪以来,随着电子技术、计算机技术和通信技术的迅猛发展,测绘科学技术也进入了一个全新的信息时代。地形图测绘技术走过了从模拟方法到解析方法的转变,并从数字化阶段进入了信息化阶段。数字技术作为信息时代的平台,是实现信息采集、存储、处理、传输和再现的关键。数字技术也对测绘科学产生了深刻的影响,改变了传统的地形测图方法,使测图领域发生了革命性的变化,从而产生了一种全新的基于信息的地形测图技术,即数字测图技术。由数字测图所得到的地图成果即是数字地图。

一、数字地图与数字测图

1. 数字地图的概念

2000 年以前,我们使用的地图大多是纸质的地图,如图 1-1-1(a)所示。这种传统的地图是按照一定的数学法则,用规定的图式符号和颜色,把地球表面的自然和社会现象有选择地缩绘在平面图纸上的图。如普通地图、专题地图、各种比例尺地形图等。

而数字地图则是以数字形式存储全部地形信息的地图,是用数字形式描述地形要素的属性、定位和关系信息的数据集合,是存储在具有直接存取性能的介质上的关联数据文件。如图 1-1-1(b)所示。

除了纸质地图和数字地图外,还有我们日常普遍使用的电子地图,如图 1-1-1(c)所示。它是将绘制地形图的全部信息存储在设计好的数据库中,经绘图软件处理可在屏幕上将需要的地形图显示出来,用这种方式来阅读的地图称为电子地图。数字地图是电子地图的基础,电子地图是经视觉化处理后的数字地图。

2. 数字测图的概念

传统的地形测图实质上是将用光学测量仪器获得的观测值用图解的方法转化为图形。这一转化过程主要在野外实现,原图的室内整饰也要求在测区驻地完成,因此劳动强度较大;同时在转化过程中由于操作误差的累积,将使测得的数据所达到的精度大幅度降低。特别是在信息剧增、信息建设日新月异的今天,纸质图已难以承载诸多图形信息,变更、

（a）纸质地图　　　　　　（b）数字地图　　　　　　（c）电子地图

图 1-1-1　纸质地图、数字地图和电子地图

修改也极不方便，难以适应当前经济建设和信息化管理的需要。

数字测图就是要实现丰富的地形信息和地理信息的数字化以及作业过程的自动化，尽可能缩短野外测图时间，提高生产效率，减轻野外劳动强度，将大部分作业内容安排在室内完成。同时，在制图过程中将大量手工作业转化为电子计算机控制下的机助操作，不仅能减轻劳动强度，而且在操作过程中也不会降低观测精度。

数字测图的基本内容就是将地面上的地形和地理要素（或称模拟量）转换为数字量，然后由电子计算机对其进行处理，得到内容丰富的数字地图，需要时由图形输出设备（如显示器、绘图仪）输出地形图或各种专题图图形。

利用全站仪、GNSS-RTK 接收机等测量仪器进行野外数据采集，或利用纸质图扫描数字化及利用航测像片、遥感影像数字化进行室内数据采集，并把采集到的地形数据传输到计算机，由数字成图软件进行数据处理，形成数字地形图的过程，称为数字测图。

广义的数字测图包括全野外数字测图、地形图扫描数字化、航空摄影测量数字成图和遥感数字成图。狭义的数字测图指全野外数字测图。

本书主要介绍地面全野外数字测图方面的内容。

二、数字测图的采集信息

1. 图形要素及表达

地形图上的一切图形都可以分解为点、线、面三种图形要素。点是最基本的图形要素，这是因为一组有序的点可连成线，而线可以构成面。但要准确地表示地图图形上点、线、面的具体内容，还要借助于一些特殊符号、注记来表示。独立地物可以由定位点及其符号表示，线状地物、面状地物由各种线划、符号或注记表示，等高线由高程值表达其意义。

测量的基本工作是测定点位。传统方法是用仪器测量水平角、竖直角及距离来确定点位，然后绘图员按照角度与距离将点展绘到图纸上。跑尺员根据实际地形向绘图员报告测的是什么点（如房角），这个点（房角）应该与哪个点（房角）连接等，绘图员则当场依据展绘的点位按图式符号将地物（房屋）描绘出来。通过这样一点一点地测与绘，一幅地形图就生成了。

2. 绘图信息采集

数字测图是经过计算机软件自动计算、自动识别、自动连接、自动调用图式符号等，自动绘出所测的地形图。因此数字测图必须采集绘图信息。数字测图采集的绘图信息包括点的定位信息、连接信息和属性信息。

定位信息也称点位信息，是利用仪器在外业测量中测得的，最终以 X、Y、$Z(H)$ 表示的三维坐标。点号在测图系统中是唯一的，根据它可以提取点位坐标。连接信息是指测点的连接关系，它包括连接点号和连接线型，据此可将相关的点连接成某个地物。上述两种信息皆称为图形信息，又称为几何信息。利用这些几何信息可以绘制房屋、道路、河流、地类界、等高线等图形。

属性信息又称为非几何信息，包括定性信息和定量信息。属性的定性信息用来描述地图图形要素的分类或对地图图形要素进行标识，一般用拟定的特征码（或称地形编码）和文字表示。有了特征码就知道它是什么点，对应的图式是什么。属性的定量信息是说明地图要素的性质、特征或强度的，例如面积、楼层、人口、产量、流速等，一般用数字表示。

野外测量时，知道测的是什么，是房屋还是道路等，当场记下该测点的编码和连接信息。显示成图时，利用测图系统中的图式符号库，只要知道编码，就可以从库中调出与该编码对应的图式符号成图。也就是说，如果测得点位，又知道该测点应与哪个测点相连，还知道它们对应的图式符号，那么就可以将所测的地形图绘出来了。测绘系统的工作原理，正是由系统编码、图式符号与连接信息一一对应的设计原则所实现的。

三、数字测图的数据格式

地图图形要素按照数据获取和成图方法的不同，可区分为矢量数据和栅格数据两种数据格式。矢量数据采用定位信息 (x, y) 的有序集合来描述点、线、面三种基本类型的图形元素，并结合属性信息实现地形元素的表述。栅格数据是将整个绘图区域划分成系列大小一致的栅格，形成栅格数据矩阵，按照地理实体是否通过或包含某个栅格，使其以不同的灰度值表示，从而形成不同的图像，如图 1-1-2 所示。由野外直接采集、解析测图仪或

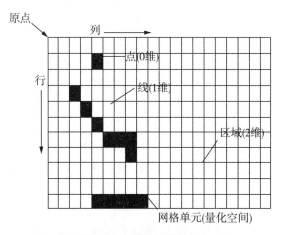

图 1-1-2　栅格图形结构

数字化仪采集的数据是矢量数据，由扫描仪扫描或遥感所获影像的数据是栅格数据。

矢量数据结构是人们最熟悉的图形数据结构，从测定地形特征点位置到线划地类地物的表示，以及各类数字图的工程应用，基本上使用矢量格式数字图。而栅格地图有不能直接编辑修改、不便于工程量算、放大输出时图形不美观等问题。而且一般情况下，同样大小的区域，栅格格式成果质量难以保证，因此数字测图通常采用矢量格式。若采集的数据是栅格数据，必须将其转换为矢量数据，这样计算机输出的图形不仅美观，而且更新方便，应用非常广泛。

第二节　数字测图系统

数字测图是通过数字测图系统来实现的。数字测图系统是以计算机为核心，在输出设备硬件和软件的支持下，对地形空间信息进行采集、处理、绘图和管理的测绘系统，是实现数字测图功能的所有元素的集合。从广义上讲，数字测图系统是硬件、软件、人员和数据的总和。

一、数字测图系统的硬件

数字测图系统的硬件主要有两大类：测绘仪器及设备硬件和计算机硬件。前者指用于外业数据采集的各种测绘仪器和设备，如全站仪、GNSS-RTK 接收机等；后者包括用于内业处理的计算机及其外部设备，如显示器、打印机、数字化仪、扫描仪和用于输出纸质地形图的绘图仪等。另外，实现外业记录和内、外业数据传输的电子手簿则可能是测绘仪器的一部分，也可能是某种掌上电脑开发出的独立产品。下面简单介绍它们的功能及其在数字测图系统中的地位和作用。

1. 计算机

计算机是数字测图系统的核心，是数字测图系统的主体设备。它的主要作用是运行数字成图软件，连接数字测图系统中的各种输入输出设备。

计算机硬件由中央处理器(CPU)、内存储器、输入设备、输出设备、总线等几部分组成，每一部件分别按要求执行特定的基本功能。

按照体积的大小，计算机一般可以分为台式机、笔记本电脑和掌上电脑。就目前的使用情况来看，笔记本电脑与台式机在功能上已没有太大的差别。掌上电脑(PDA)是新发展起来的一种性能优越的随身电脑，它的便于携带、长待机、笔式输入、图形显示等特点，有效解决了数字测图野外数据采集中的诸多问题。

2. 全站仪

全站仪是全站型电子速测仪的简称，是随着电子技术、光电测距技术以及计算机技术的发展而产生的智能测量仪器，它由光电测距仪、电子经纬仪和微处理器组成。图 1-2-1 所示为测量型全站仪。

全站仪能同时进行角度测量和距离测量。角度测量能同时观测水平角和竖直角，距离测量能同时观测斜距、平距和高差。角度测量采用电子测角原理，距离测量采用光电测量技术。全站仪同时具备自检与改正、大容量内存、双向传输功能等特性，并在内存中内置了一些测量计算程序，可实时完成有关计算和实施一些常用或特殊的测量工作。

3. 数字化仪

数字化仪是数字测图系统中的一种图形录入设备，如图 1-2-2 所示。它的主要功能是将图形转化为数据，所以有时又称之为图数转换设备。在数字化成图工作中，对于已经用传统方法施测过地形图的地区，只要已有地形图的精度和比例尺能满足要求，就可以利用数字化仪将已有的地形图输入计算机中，经编辑、修补后生成相应的数字地形图。

图 1-2-1 测量型全站仪　　　　图 1-2-2 平板数字化仪

4. 扫描仪

扫描仪是以栅格方式实现图数转换的设备。所谓栅格方式，就是以一个虚拟的格网对图形进行划分，然后对每个格网内的图形按一定的规则进行量化。每一个格网叫作一个像元或像素。所以，栅格方式数字化结果的基本形式是以栅格矩阵的形式出现的。如图 1-2-3 所示为平板扫描仪和滚筒扫描仪。

图 1-2-3 扫描仪

实际应用时，扫描仪得到的是栅格矩阵的压缩格式，扫描仪一般都支持多种压缩格式（如 BMP、TIF、PCX 等），用户可根据自己的需要进行选择。数字测图系统中对栅格数据的处理主要有两种方式：一种是利用矢量化软件将栅格形式的数据转换为矢量形式，再供给数字化成图软件使用；另一种是在数字测图系统软件中直接支持栅格形式的数据。

5. 绘图仪

绘图仪是数字测图系统中一种重要的图形输出设备，如图 1-2-4 所示为滚筒式绘图仪。输出"纸质地形图"，又称数字地形图的"硬拷贝"。在数字测图系统中，尽管能得到数字地形图，且数字地形图具有很多优良的特性，但纸质地形图仍然是不可替代的。这一方面是人们的习惯，另一方面则是在很多情况下纸质地形图使用更方便。另外，利用数字地形图得到的回放图也是数字地形图质量检查的一个基本依据。因此，在数字地形图编辑好以后，一般都要在绘图仪上输出纸质地形图。

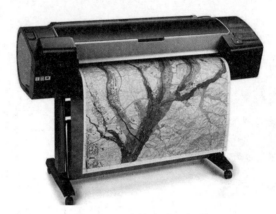

图1-2-4　滚筒式绘图仪

6. GNSS 接收机

GNSS 是 Global Navigation Satellite System 的缩写，全称是全球导航卫星系统，它泛指所有在轨运行的卫星导航系统，包括全球的、区域的和增强的系统总称。目前全球性的卫星导航系统有美国的 GNSS、俄罗斯的 GLONASS、欧洲的 Galileo 和中国的 BDS；区域性的卫星导航系统有日本的 QZSS、印度的 IRNSS；相关的增强系统有美国的 WAAS(广域增强系统)、欧洲的 EGNOS(欧洲静地导航重叠系统)和日本的 MSAS(多功能运输卫星增强系统)等。

利用 GNSS，用户可以在全球范围内全天候、连续、实时地三维导航、定位和测速，可以进行高精度的时间传递和高精度的精密定位。当用户用 GNSS 接收机在某一时刻同时接收 4 颗以上的 GNSS 卫星信号，测量出测站点(接收机天线中心)到卫星的距离并解算出该时刻卫星的空间坐标，据此利用距离交会法就可以解算出地面点的三维坐标。如图 1-2-5 所示为中海达 GNSS 接收机。

图 1-2-5　中海达 GNSS 接收机

实时动态(RTK)测量技术，是以载波相位测量为根据的实时差分测量技术，是 GNSS 测量技术发展中的一个新突破。它是将一台 GNSS 接收机安置在基准站上，对所有可见的 GNSS 卫星进行连续观测，并将其观测数据通过无线电传输设备，实时地发送给用户观测站。用户接收机在进行 GNSS 观测的同时，实时地计算并显示用户站的三维坐标及其精度。RTK 测量系统为 GNSS 测量工作的可靠性和高效率提供了保障,使 GNSS 在测绘行业的应用更加广阔。图 1-2-6 为基准站 GNSS-RTK,图 1-2-7 为网络 GNSS-RTK。

图 1-2-6　基准站 GNSS-RTK　　　　　图 1-2-7　网络 GNSS-RTK

7. 电子手簿

数字测图使用的电子手簿可以是全站仪原配套的电子手簿或内存,也可以是用掌上电脑(PDA)开发的与数字化成图软件相配套的电子手簿。早期电子手簿是数字测图系统中连接外业工作和内业工作的桥梁。它的主要作用是:在外业与全站仪连接,辅助记录观测数据并做必要处理;在内业与计算机连接,将记录数据传入计算机,供进一步处理。目前,由于全站仪的内存容量和数据的存取功能已经能够满足数字测图的需要,实际作业一般直接利用全站仪内存作为记录手簿。

二、数字测图系统的软件

从一般意义上讲,数字测图系统中的软件包括为完成数字化成图工作用到的所有软件,即各种系统软件(如操作系统 Windows)、支撑软件(如计算机辅助设计 AutoCAD)和实现数字化成图功能的应用软件(如南方测绘的 CASS 成图软件)。

数字成图软件是数字测图系统中一个极其重要的组成部分,软件的优劣直接影响数字测图系统的效率、可靠性、成图精度和操作的难易程度。选择一种成熟的、技术先进的数字测图软件是进行数字测图工作必不可少的关键问题。

目前,市场上比较成熟的基于 AutoCAD 平台的数字成图软件主要有:

(1)广州南方测绘公司的 CASS 基础地理信息采集系统;

(2)广州开思测绘公司的 SCS 信息化地形地籍成图系统;

(3)北京威远图公司的 CitoMap 地理信息数据采集系统。

基于独立平台的数字成图软件主要有:

(1)北京清华山维新技术开发有限公司的 EPS 地理信息工作站基础平台;

(2)武汉中地信息技术有限公司的 MAPSUV 测图系统;
(3)武汉瑞得信息工程有限公司的 RDMS 数字测图系统。

三、数字测图系统的人员与数据

数字测图系统人员是指参与完成数字测图任务的所有工作与管理人员。数字测图对人员提出了较高的技术要求,他们应该是既掌握现代测绘技术,又具有一定计算机操作和维护经验的综合性人才。

数字测图系统中的数据主要指系统运行过程中的数据流,包括采集(原始)数据、处理(过渡)数据和数字地形图(产品)数据。采集数据可能是野外测量与调查结果(如碎部点坐标、地物属性等),也可能是内业直接从已有的纸质地形图或图像数字化或矢量化中得到的结果(如地形图数字化数据和扫描矢量化数据等)。处理数据主要是指系统运行中的一些过渡性数据文件。

数字地形图数据是指生成的数字地形图数据文件,一般包括空间数据和非空间数据两大部分,有时也考虑时间数据。数字测图系统中数据的主要特点是结构复杂、数据量庞大。

第三节　数字测图的特点

从应用角度来看,数字测图技术与传统测图技术相比较,具有以下几个方面的特点。

一、过程的自动化

传统测图方式主要是手工作业,外业测量人工记录,人工绘制地形图,为用图人员提供晒蓝图纸。数字测图则是野外测量自动记录、自动计算处理、自动成图、自动绘图,并向用图者提供可处理的数字地图,实现测图过程的自动化。数字测图具有效率高、劳动强度小、错误概率小,所绘地形图精确、美观、规范等特点。

地面数字测图的外业工作和白纸测图工作相比,具有以下特点:

(1)白纸测图在外业基本完成地形原图的绘制,地形测图的主要成果是以一定比例尺绘制在图纸或薄膜上的地形图。地形图的质量除点位精度外,往往和地形图的手工绘制有关。地面数字测图在野外完成观测,记录的观测值是点的坐标和信息码。不需要手工绘制地形图,地形测量的自动化程度得到明显的提高。

(2)白纸测图先完成图根加密,按坐标将控制点和图根点展绘在图纸上,然后进行地形测图。地面数字测图工作的地形测图和图根加密可同时进行,即使在记录观测点坐标的情况下也可在未知坐标的测站点上设站,利用电子手簿测站点的坐标计算功能,观测计算测站点的坐标后,即可进行碎部测量。例如采用自由设站方法,通过对几个已知点进行方向和距离的观测,即可计算测站点的精确坐标。

(3)地面数字测图主要采用全站仪、RTK 等解析法测量地形点,在一定距离范围内的观测精度均能保证在 1~5cm。基于网络的 RTK 测量,不仅地形点的精度均匀,而且不受测量距离限制。

(4)白纸测图是以测图板，即一幅图为单元组织施测。这种规则地划分测图单元的方法，由于测量误差给图幅四边相邻图幅测图产生误差，需要后期进行图幅接边处理。地面数字测图在测区内部不受图幅的限制，作业小组的任务可按照河流、道路的自然分界来划分，以便于地形测图的施测，也减少了很多白纸测图的接边问题。

(5)数字测图按点的坐标绘制地图符号，要绘制地物轮廓就必须有轮廓特征点的全部坐标。虽然部分规则轮廓点的坐标可以用简单的距离测量间接计算出来，地面数字测图直接测量地形点的数目仍然比常规测图有所增加。在白纸测图中，作业员可以对照实地用简单的几何作图绘制。有些规则的地物轮廓，用目测绘制细小的地物和地貌形状。而地面数字测图对需要表示的细部也必须立尺测量。地面数字测图地物位置的绘制是直接通过测量计算的坐标点来完成的，因此数字测图的立尺位置选择更为重要。

(6)数字测图突破了"图"的概念，而突出"数"的概念。在数字化测图过程中，不受平板仪测量中某些传统观念的约束。例如，方格网在平板仪测量时是确定点位的基础，而在数字测图中，任何点位都是与方格网无关的，根本不需展绘方格网，展绘了也只是一般的符号，仅供使用者使用。又如测定碎部点时，有些方法(如对称点法和导线法)在图解测图时是不能引用的，但在数字化测图中却可广泛使用而提高工作效率。另外，由于数字测图系统中提供了很强的图形编辑功能，在测绘一些规划规则的建筑小区时，虽然多栋房屋采用了同一设计图纸，白纸测图时也需要逐栋详细测绘，而利用数字测图时，只需详细测绘其中一栋房屋，其他房屋只需精确测定1~2个定位点，在编辑成图时将详细测绘的房屋拷贝到各栋房屋的定位点上即可。

二、产品的数字化

传统白纸测图的主要产品是纸质地形图，而数字测图的主要产品是数字地图。数字地图具有以下主要优点：

(1)便于成果更新。数字测图的成果是以点的定位信息和属性信息存入计算机，当实地有变化时，只需输入变化信息的坐标、代码，经过编辑处理，很快便可以得到更新的图，从而可以确保地面的可靠性和现势性，数字测图可谓"一劳永逸"。

(2)避免因图纸伸缩产生的各种误差。表示在图纸上的地图信息随着时间的推移，会因图纸的变形而产生误差。数字测图的成果以数字信息保存，避免了对图纸的依赖性。

(3)便于传输和处理，并可供多个用户同时使用。计算机与显示器、打印机联机时，可以显示或打印各种需要的资料信息，如用打印机可打印数据表格，当对绘图精度要求不高时，可用打印机打印图形。计算机与绘图仪联机，可以绘制出各种比例尺的地形图、专题图，以满足不同用户的需要。

(4)方便成果的深加工利用。数字测图分层存放，可使地面信息无限存放(这是模拟图无法比拟的优点)，不受图面负载量的限制，从而便于成果的深加工利用，拓宽测绘工作的服务面，开拓市场。比如CASS软件中共定义26个层(用户还可根据需要定义新层)，房屋、电力线、铁路、植被、道路、水系、地貌等均存于不同的层中，通过关闭层、打开层等操作来提取相关信息，便可方便地得到所需的测区内各类专题图、综合图，如路网图、电网图、管线图、地形图等。又如在数字地籍图的基础上，可以综合相关内容，补充加工成不同用户所需要的城市规划用图、城市建设用图、房地产图以及各种管理用图和工程用图。

（5）便于建立地图数据库和地理信息系统（GIS）。地理信息系统（GIS）具有方便的空间信息查询检索功能、空间分析功能以及辅助决策功能，这些功能在国民经济、办公自动化及人们日常生活中都有着广泛的应用。然而，要建立一个GIS，花在数据采集上的时间和精力约占整个工作的80%。GIS要发挥辅助决策的功能，需要现势性强的地理信息资料。数字测图能提供现势性强的地理基础信息，经过一定的格式转换，其成果即可直接进入GIS的数据库，并更新GIS的数据库。一个好的数字测图系统应该是GIS的一个子系统。

（6）便于成果的使用。数字测图成果可以方便地传输到AutoCAD等软件设计系统中，能自动提取点位坐标、线段长度、直线方位和地块面积等有关信息，以便工程设计部门进行计算机辅助设计。

总之，数字地图从本质上打破了纸质地形图的种种局限，赋予地形图以新的生命力，提高了地形图的自身价值，扩大了地形图的应用范围，改变了地形图使用的方式。

三、成果的高精度

众所周知，白纸测图是模拟测图方法，其比例尺精度决定了图的最高精度，无论所用的测量仪器精度多高，测量方法多精确，都无济于事。例如1∶1000的地形图，比例尺精度以图上0.1mm计，则最好的精度也只能达到10cm，图经过蓝晒、搁置，到用户那里，用图的误差就更大了。若再考虑测量方法的误差，一般也可达到图上0.3mm左右。总体上讲，白纸测图还适应当时的仪器发展和测量科技水平，如对1∶1000的图采用视距测量，视距精度就是20~30cm，与比例尺精度大致匹配。如测图比例尺再小，则视读数的精度还可以放宽。而对1∶500的图，在精度要求较高的地方，如房屋建筑等，视距的精度就不够，要用钢尺或皮尺量距，用坐标展点。普及红外测距仪以后，测距精度大大提高，为厘米级精度，而白纸测图的成果，即模拟图或称图解地形图，却体现不出仪器测量精度的提高，而是被图解地形图的比例尺精度限制住了；若采用全站仪（全站型电子速测仪）测量，仍使用白纸测图方式测图，则更是极大的浪费。

数字测图则不然，全站仪或RTK测量的数据作为电子信息，可自动传输、记录、存储、处理、成图。在这全过程中，原始测量数据的精度毫无损失，从而获得高精度（与仪器测量同精度）的测量成果。数字地形图最好地（无损地）体现了外业测量的高精度，也最好地体现了仪器发展更新、精度提高的高科技进步的价值。它不仅适应当今科技发展的需要，也适应现代社会科学管理的需要，如地籍测量、管网测量、房产测量等，既保证了高精度，又提供了数字化信息，可以满足建立各专业管理信息系统的需要。

第四节 数字测图的作业过程

数字测图的作业过程与使用的设备和软件、数据源及图形输出的目的有关。但不论是测绘地形图，还是制作种类繁多的专题图、行业管理用图，只要是测绘数字图，都必须包括数据采集、数据处理和成果输出三个基本阶段。

一、数据采集

地形图、航测像片、遥感影像、图形数据、野外测量数据及地理调查资料等，都可以作为数字测图的信息源。数据资料可以通过键盘或转储的方法输入计算机；图形和图像资料需要通过图数转换装置转换成计算机能够识别和处理的数据。

数字测图数据采集可通过全站仪数据采集、GNSS-RTK 接收机数据采集、原图数字化、航测像片数据采集、遥感影像数据采集等方法实现。

二、数据处理

实际上，数字测图的全过程都是在进行数据处理，但这里讲的数据处理阶段是指在数据采集以后到图形输出之前对图形数据的各种处理。数据处理主要包括数据传输、数据预处理、数据转换、数据计算图形生成、图形编辑与整饰、图形信息的管理与应用等。数据预处理包括坐标变换、各种数据资料的匹配、图形比例尺的统一、不同结构数据的转换等。数据转换内容很多，如将野外采集到的带简码的数据文件或无码数据文件转换为带绘图编码的数据文件，供自动绘图使用；将 AutoCAD 的图形数据文件转换为 GIS 的交换文件。数据计算主要是针对地貌关系的。当数据输入计算机后，为建立数字地面模型绘制等高线，需要进行插值模型建立、插值计算、等高线光滑处理三个过程的工作。在计算过程中，需要给计算机输入必要的数据，如插值等高距、光滑的拟合步距等。必要时需对插值模型进行修改，其余的工作都由计算机自动完成。数据计算还包括对房屋类呈直角拐弯的地物进行误差调整，消除非直角化误差等。

经过数据处理后，可产生平面图形数据文件和数字地面模型文件。要想得到一幅规范的地形图，还要对数据处理后生成的"原始"图形进行修改、编辑、整理；还需要加上汉字注记、高程注记，并填充各种面状地物符号；还要进行测区图形拼接、图形分幅和图廓整饰等。数据处理还包括对图形信息的全息保存、管理与使用等。

数据处理是数字测图的关键阶段。在数据处理时，既有对图形数据进行的交互处理，也有批处理。数字测图系统的优劣取决于数据处理的功能。

三、成果输出

经过数据处理以后，即可得到数字地图，也就是形成一个图形文件，由磁盘或磁带做永久性保存。也可以将数字地图转换成地理信息系统所需要的图形格式，用于建立和更新 GIS 图形数据库。输出图形是数字测图的主要目的，通过对要素层的控制，可以编制和输出各种专题地图（包括平面图、地籍图、地形图、管网图、带状图、规划图等），以满足不同用户的需要。可采用矢量绘图仪、栅格绘图仪、图形显示器、缩微系统等绘制或显示地形图图形。为了使用方便，往往需要用绘图仪或打印机将图形或数据资料输出。在用绘图仪输出图形时，还可按层来控制线划的粗细或颜色，绘制美观、实用的图形。如果以生产出版原图为目的，可采用带有光学绘图头或刻针(刀)的平台矢量绘图仪，它们可以产生带有线划、符号和文字等高质量的地图图形。

四、作业过程步骤

野外数字测图的基本作业过程如下。

1. 资料准备

收集高级控制点成果资料，并对其进行精度检测无误后，将其按照全站仪或GNSS手簿的格式输入全站仪内存或GNSS记录手簿中。

2. 控制测量

数字化测图一般不必按照常规测量方法逐级发展控制点。对于大测区($15km^2$以上)，通常先用GNSS或导线网(隐蔽地区)进行四等或E级控制测量，然后采用GNSS-RTK或全站仪导线直接布设一级或图根点。对于小测区($15km^2$以内)，先布设一级导线网或GNSS一级作为首级控制，然后采用GNSS-RTK或全站仪导线布设图根点。根据地形复杂程度、植被稀疏程度，等级控制点的密度有很大的差别。对于图根点和局部地段可用RTK、单一导线测量或极坐标法混合布设，其密度通常比白纸测图小得多。

3. 测图准备

目前绝大多数测图系统在野外进行数据采集时，要求绘制较详细的草图，以方便内业快速绘图。绘制草图一般在准备的工作底图上进行，也可在其他白纸上绘制。草图不要求很准确，但点号应严格对应，且图形清晰，以便于内业作图人员作业。对于多个小组联合作业，一般以沟渠、道路、河流等明显自然地物将测区划分为若干个作业区。最后内业整体合并。

4. 野外碎部点的采集

碎部点的采集方法随仪器配置不同及编码方式不同而有所区别。对于全站仪，将测量模式设置为坐标方式，点的编码用手工输入；对于GNSS-RTK测量方法，则通过手簿操作。大部分情况下采集数据时要在现场即时绘制观测地形草图。

5. 数据传输

根据使用的测量设备不同，数据传输可采用专用的数据线将测量设备(如全站仪)与计算机连接起来。目前大多测量设备支持Micro SD卡或TF卡、蓝牙等快捷传输方式。一般情况下，每天野外作业后都要及时进行数据传输，以免因不正当操作或意外事故造成数据丢失。

6. 数据处理

首先进行数据预处理，即对外业采集数据的各种可能的错误进行检查修改，并将野外采集的数据格式转换成测图系统要求的格式。之后对外业数据进行分幅处理、生成平面图形、建立图形文件等操作，再进行等高线数据处理，即生成三角网数字高程模型(DTM)、自动勾绘等高线等。

7. 图形编辑

根据数据处理后的图形，采用人机交互图形编辑技术，对照外业草图，对漏测或错测的部分进行补测或重测,消除一些地物、地形不合理的矛盾,进行文字注记说明及地形符号的填充、图廓整饰等。

8. 内业绘图

将绘图仪与计算机相连接,把编辑好的图形按不同的要求绘制出来。为了获得较好的绘图效果,应采用分辨率优于600dpi的喷墨绘图仪。

9. 检查验收

按照数字化测图规范的要求,对数字地图及由绘图仪输出的模拟图,进行检查验收。对于数字化测图,由于数字化测图的优点,其明显地物点的精度很高,外业检查主要检查隐蔽点的精度和有无漏测、错测;内业验收主要看采集的信息是否丰富与满足要求。

数字地形测量作业流程如图1-4-1所示。

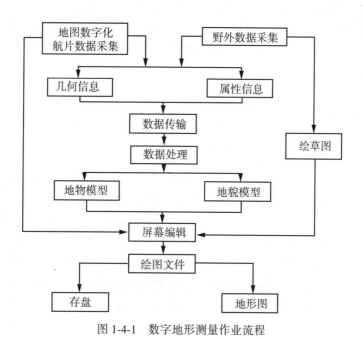

图 1-4-1 数字地形测量作业流程

第五节 数字测图的作业模式

由于使用的硬件设备不同、测绘方法不同,软件设计者的思路不同,有多种数字测图系统。就目前数字测图而言,主要分为三种类型:野外数字测图系统、基于已有地形图的数字测图系统和基于影像的数字测图系统。

如果按数字测图的数据采集方式和作业方式来看,数字测图可区分为五种不同的作业模式:数字测记模式(简称测记式)、电子平板测绘模式、已有地形图数字化模式、航测像片立体测图模式和遥感影像数字化模式。数字测图系统基本构成如图1-5-1所示。

13

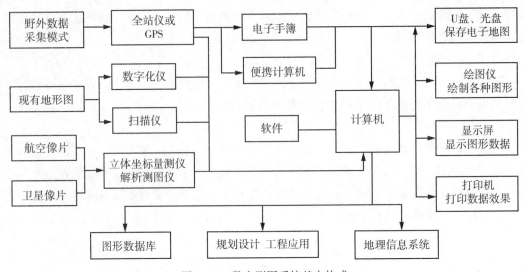

图 1-5-1　数字测图系统基本构成

一、数字测记模式

数字测记模式是一种野外数据采集室内成图的作业方法。根据野外数据采集硬件设备的不同，可将其进一步分为全站仪数字测记模式和 GNSS-RTK 数字测记模式。

全站仪数字测记模式是目前最常见的测记式数字测图作业模式，为大多数软件所支持。广泛应用于地矿、工程建设施工、房产与地籍测量中。该模式是用全站仪实地测定地形点的三维坐标，并用内存储器（或电子手簿）自动记录观测数据，然后将采集的数据传输给计算机，由人工编辑成图或自动成图，如图 1-5-2 所示。采用全站仪时，当测站和镜站的距离较远时，测站上很难看到所测点的属性和与其他点的连接关系，通常使用对讲机保持测站与镜站之间的联系，以保证测点编码（简码）输入的正确性，或者在镜站手工绘制草图，并记录测点属性、点号及其连接关系，供内业绘图使用，这是全站仪的不足。

图 1-5-2　全站仪数据采集——测记模式

由于 GNSS 技术的发展，地形图测量中广泛采用 GNSS-RTK 测量技术。GNSS-RTK 数字测记模式是采用 GNSS 实时动态定位技术，实地测定地形点的三维坐标，并自动记录定位信息。采集数据的同时，在移动站输入编码、绘制草图或记录绘图信息，供内业绘图使用。如图 1-5-3 所示。

图 1-5-3　GNSS-RTK 数据采集——测记模式

目前，移动站的设备已高度集成，接收机、天线、电池与对中杆集于一体，重量仅几千克，使用和携带很方便。使用 GNSS-RTK 采集数据的最大优势是不需要测站和碎部点之间通视，只要接收机与空中 GNSS 卫星通视即可，且移动站与基准站的距离在 20km 以内可达厘米级的精度（如果采用网络传输数据，则不受距离的限制）。实践证明，在非居民区、地表植被较矮小或稀疏区域的地形测量中，用 GNSS-RTK 比全站仪采集数据效率更高。

二、电子平板测绘模式

电子平板测绘模式就是全站仪+便携机+相应测绘软件实施的外业测图模式。如图 1-5-4 所示。这种模式用便携机（笔记本电脑）的屏幕模拟测板在野外直接测图，即把全站仪

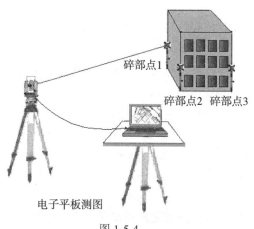

图 1-5-4

测定的碎部点实时地展绘在便携机屏幕上，用软件的绘图功能边测边绘。这种模式在现场就可以完成绝大多数测图工作，实现数据采集、数据处理、图形编辑现场同步完成，外业即测即所见，外业工作完成了，图也就绘制出来了，实现了内外业一体化。但该方法存在对设备要求较高、便携机不适应野外作业环境(如供电时间短、液晶屏幕光强看不清等)等主要缺陷。目前，主要用于小范围内房屋密集的城镇地区的测图工作。

电子平板测绘模式按照便携机所处位置，可分为测站电子平板和镜站遥控电子测站。电子平板是将装有测图软件的便携机直接与全站仪连接，在测站上实时地展点，测站周围的地形，用软件的绘图功能边测边绘。这样可以及时发现并纠正测量错误，图形的数学精度高。不足之处是测站电子平板受视野所限，对碎部点的属性和碎部点间的关系不易判断准确。而镜站遥控电子平板是将便携机放在镜站，使手持便携机的作业跑点现场指挥立镜员跑点，并发出指令遥控驱动全站仪观测(自动跟踪或人工照准)，观测结果通过无线传输到便携机，并在屏幕上自动展点。电子平板在镜站现场能够"看到、绘到"，不易漏测，便于提高成图质量。

针对目前电子平板测图模式的不足，许多公司研制开发了掌上电子平板测图系统基于 Windows CE 的 PDA(掌上电脑)取代便携机。PDA 的优点是体积小、重量轻、待机长，它的出现，使电子平板作业模式更加方便、实用。

三、已有地形图数字化模式

利用平台式扫描仪或滚筒式扫描仪将已有的地形图扫描，得到栅格形式的地图数据，即一列式排列的灰度数据(数字影像)。将栅格数据转换成矢量数据即可以充分利用数字图处理、计算机视觉、模式识别和人工智能等领域的先进技术，可以提供从逐点采集、半自动跟踪到自动识别与提取的多种互为补充的采集手段，具有精度高、速度快和自动化程度高等优点，随着有关技术的不断发展和完善，该方法已经成为地图数字化的主要方法，适宜于各种比例尺地形图的数字化，对大批量、复杂度高的地形图更具有明显的优势。国内已有许多优秀的矢量化软件，如 GeoScan、CassCAN、MapGIS 等。这是一种快速的数字地形图测绘方法。

四、航测像片立体测图模式

以航空摄影获取的航空像片作数据源，即利用测区的航空摄影测量获得的立体像对在解析测图仪上或在经过改装的立体量测仪上采集地形特征点，自动转换成数字信息。这种方法工作量小、采集速度快，是我国测绘基本图的主要方法。如图 1-5-5 所示。由于精度原因，在大比例尺(如 1∶500)测图中受到一定限制。目前，该法已逐渐被全数字摄影测量系统所取代。现在国内外已有 20 多家厂商推出数字摄影测量系统，如适普软件有限公司与武汉大学遥感学院共同研制的 VirtuoZo，北京测绘科学研究院推出的 JX-4A DPW，武汉航天远景科技股份有限公司推出的 MapMatrix，美国 Intergraph 公司推出的 ImageStation，瑞士 Leica 公司推出的 Helava 数字摄影测量系统等。基于影像数字化仪、计算机、数字摄影测量软件和输出设备构成的数字摄影测量工作站是摄影测量、计算机立体视觉影像理解和图像识别等学科的综合成果，计算机不但能完成大多数摄影测量工作，而且借助模式识别理论，能实现自动或半自动识别，从而大大提高了摄影测量的自动化功能。全数字摄影测量系统的大致作业过程为：将影像扫描数字化，利用立体观测系统观测立体模型（计算机视觉），利用系统提供的一系列进行量测的软件——扫描数据处理、测量数据管理、数字走向、立体显示、地物采集、自动提取（或交互采集）DTM（数字地面模型）、自动生成正射影像等软件（其中利用了影像相关技术、核线影像匹配技术），使量测过程自动化。全数字摄影测量系统在我国迅速推广和普及，目前已取代了解析摄影测量。

图 1-5-5　航空摄影立体测图

无人机倾斜摄影测量技术是国际测绘遥感领域近年发展起来的一项高新技术，它通过在同一飞行平台上搭载多台传感器，同时从多个不同的角度采集影像，通过摄影测量原理和计算机技术生成的数据成果直观反映地物的外观、位置、高度等属性，得到和现实完全一致的三维模型，并能够生产传统的摄影测量 4D 产品。如图 1-5-6 所示。

图 1-5-6　倾斜摄影三维测图

五、遥感影像数字化模式

在航空摄影基础上发展起来的遥感技术，具有感测面积大、获取速度快、受地面条件影响小以及可连续进行、反复观察等特点，已成为采集地球数据及其变化信息的重要技术手段，在国民经济建设和国防科技建设等许多领域发挥着重要作用。

遥感的物理基础是：不同的物体在一定的温度条件下发射不同波长的电磁波，它们对太阳和人工发射的电磁波具有不同的反射、吸收、透射和散射的特性。根据这种电磁波辐射理论，可以利用各种传感器获得不同物体的影像信息，并达到识别物体大小、类型和属性的目的。

遥感成图是采用综合制图的原理和方法，根据成图的目的，以遥感资料为基础信息源，按要求的分类原则和比例尺来反映与主体紧密相关的一种或几种要素的内容。

第六节　数字测图的发展

数字测图首先是从机助地图制图(也称自动化制图)开始的。机助地图制图技术酝酿于20世纪50年代。1950年，第一台能显示简单图形的图形显示器作为美国麻省理工学院旋风1号计算机的附件问世。1958年，美国CalComp公司将联机的数字记录仪发展成滚筒式绘图机，Gerber公司把数控机床发展成平台式绘图仪。20世纪50年代末，数控绘图仪首先在美国出现，与此同时出现了第二代、第三代电子计算机，从而促进了机助制图的研究和发展，很快就形成了一种"从图上采集数据进行自动制图"的系统。1964年，第一次在数控绘图仪上绘出了地图。1965—1970年，第一批计算机地图制图系统开始运行，用模拟手工制图的方法绘制了一些地图产品。1970—1980年，在新技术条件下，对机助制图的理论和应用问题，如图形的数学表示和数学描述、地图资料的数字化和数据处理方法、地图数据库、制图综合和图形输出等方面的问题进行了深入的研究，许多国家都建立了软硬件结合的交互式计算机地图制图系统，推动了地理信息的发展。20世纪80年代，进入推广应用阶段，各种类型的地图数据库和地理信息系统相继建立起来，计算机地图制图得到了极大的发展和广泛的应用。20世纪70年代末和80年代初，自动制图系统主要包括数字化仪、扫描仪、计算机及显示系统四部分，数字化仪数字化成图成为主要的自动成图方法。

作为数字化测图方法之一的航空摄影测量，起源于20世纪50年代末期，当时的航空摄影测量都是使用立体测图仪及机械联动坐标绘图仪，采用模拟法测图原理，利用航像对测绘出线划地形图。到20世纪60年代，出现了解析测图仪，它由精密立体坐标仪、电子计算机和数控绘图仪三个部分组成，将模拟测图创新为解析测图，其成果依然是图解地图。20世纪80年代初，为了满足数字测图的需要，我国在生产、使用解析绘图仪的同时，将原有模拟立体量测仪和立体坐标量测仪逐渐改装成数字绘图仪，将量测的模拟信息经过编码器转换为数字信息，由计算机接收并处理，最终输出数字地形图。20世纪80年代末90年代初，又出现了全数字摄影测量系统。全数字摄影测量系统作业过程大致如下：将影像扫描数字化，利用立体观测系统观测立体模型(计算机视觉)，利用系统提供的扫描数据处理、测量数据管理、数字定向、立体显示、地物采集、自动提取DTM、自动生成正射影像等一系列量测软件，使量测过程自动化。全数字摄影测量系统在我国迅速推广和普及，目前已基本取代了解析摄影测量。

大比例尺地面数字测图是在20世纪70年代轻小型、自动化、多功能的电子速测仪问世后，在机助制图系统的基础上发展起来的。20世纪80年代，全站型电子速测仪的迅速发展，加速了数字测图的研究与发展。我国从20世纪80年代初开始发展大比例尺数字测图的研究与实践，主要经历了四个阶段。20世纪80年代初到80年代末为第一阶段，主要是引进外国大比例尺测图系统的应用与开发及研究阶段。80年代末至90年代中后期为第二阶段，这一阶段成功研制了数十套大比例尺数字化测图系统，并都在生产中得到应用。90年代末开始为数字测图技术的全面成熟阶段，数字测图系统成为GIS（地理信息系统）的一个子系统，我国测绘业开始进入数字测图时代。2000年以来，随着全站仪的质量提升和价格下降，地面数字测图（全野外数字化测图）主要采用全站仪数字测记模式，即全站仪外业采集数据，绘制草图或编制编码，内业成图。也有采用"全站仪+便携机（笔记本电脑）"的电子平板测绘模式，即利用笔记本电脑的屏幕模拟测板在野外直接观测，把全站仪测得的数据直接展绘在计算机屏幕上，用软件的绘图功能边测边绘。2010年以来，随着GNSS接收机的价格进一步降低，GNSS技术得到了前所未有的普及，GNSS-RTK数字测记模式已被广泛地应用于数据采集。GNSS-RTK数字测记模式采用GNSS实时动态定位技术，实地测定地形点的三维坐标，并记录定位信息。GNSS-RTK技术的出现，提高了数字测图的效率，是开阔地区数字化测图的主要方法。而且，随着俄罗斯GLONASS卫星定位系统的完善、欧盟的伽利略全球定位系统和我国的北斗导航卫星定位系统的建立，GNSS测量技术和手段的改进，以及观测质量和可靠性的不断提高，GNSS-RTK已逐渐成为数字测图的主要方式。

近几年来，随着三维激光扫描仪、无人机航摄系统等快速数据采集设备的出现，一种更快的数字测图技术已逐渐发展起来。通过在无人机上安装测量相机的方法，在飞行中对被测目标进行垂直摄影，再经过计算机对数字影像进行处理，就能得到数字地形图或4D产品；如果对被测目标进行5个角度的倾斜摄影，经过计算机对数字影像处理后，能得到地面实景三维模型，并在此基础上采集线划图。利用三维激光扫描仪，通过空中或地面激光扫描获取高精度地表及构筑物三维坐标，经过计算机实时或事后对三维坐标及几何关系的处理，得到数字地形图或立体模型。这种快速测绘数字地形图的模式将成为今后建立数字城市的主要手段。

思考题与习题

1. 名词解释：数字地图、数字测图、数字测图系统、几何信息、属性信息、矢量数据、栅格数据。
2. 与传统测图技术相比较，数字测图技术具有哪几个方面的特点？
3. 简述数字测图的作业过程。
4. 数字测图主要有哪几种作业模式？

第二章　图根控制测量

第一节　概　述

在测量工作中，为防止测量误差的积累，以必要的精度来控制全局，无论是将地形测绘成地形图，还是将工程设计图上的建筑物、构筑物测设到实地上，都要首先在测区范围内选定若干有控制意义的点，组成一定的几何图形，用精密的测量仪器和高精度的测量方法，来测定它们的平面位置和高程，然后再以这些点为基础，进行测绘和测设工作。在测区内这些有控制意义的点，称为控制点；由控制点组成的几何图形称为控制网。控制网分为平面控制网和高程控制网两类，测定控制点平面位置（x,y）的工作，称为平面控制测量；测定控制点高程（H）的工作，称为高程控制测量。

1. 国家大地控制网的建立

我国已在全国范围内建立了统一的控制网，称为国家控制网。它为全国各地区、各城市进行各种比例尺测图、各项工程建设和研究地球形状和大小等科研活动提供了基础资料。国家控制网分为平面控制网和高程控制网两类，都采用分等布网、逐级加密的方法进行布设，分一、二、三、四等四个等级建立，其低级点受高级点控制。

如图 2-1-1 所示，一等三角锁是国家平面控制网的骨干；二等三角网布设于一等三角锁环内，是国家平面控制网的全面基础；三、四等三角网是在二等三角网基础上的进一步加密。

如图 2-1-2 所示，一等水准网是国家高程控制网的骨干；二等水准网布设于一等水准网环内，是国家高程控制网的全面基础；三、四等水准网为二等水准网的进一步加密。

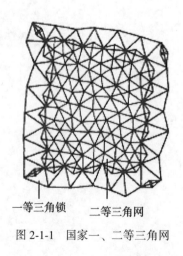

图 2-1-1　国家一、二等三角网

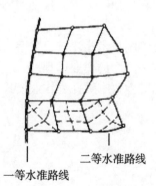

图 2-1-2　国家水准网

20世纪50年代以来,我国建立国家平面控制网的方法,主要采用三角测量。在当时异常艰苦的工作环境中,经过大地测量专业人员20多年的努力,获得了近5万个一、二等天文大地网点和约10万个三、四等天文大地网点。建立国家高程控制网的方法,主要采用精密水准测量,完成了国家一、二等骨干水准网测量和局部地方三、四等水准网的加密。

自20世纪90年代以来,随着GNSS技术的快速发展,我国完成了以GPS定位为基础的高精度GPS 2000国家大地控制网的建立,建立了新的2000国家大地坐标系。其中维持我国框架基准的CORS点25个,A、B级点251个。2000年后完成了约15万个天文大地点的整体平差转换工作,同时各省分别完成了省内C级点的加密工作。

2. 地方控制网的建立原则

城市或工矿等地区,一般应在国家控制点的基础上,根据测区的大小、城市规划和施工测量的要求,布设不同等级的城市平面控制网,以供测图和施工放样使用。其中平面控制多采用导线测量或GNSS测量方法。城市导线等级依次为三等、四等、一级、二级、三级;GNSS测量等级依次为二等、三等、四等、一级、二级。高程控制一般采用水准测量的方法,分为二等、三等、四等水准测量。城市或工矿区控制测量,应根据其面积范围和控制要求确定测区首级平面控制和高程控制的测量等级,并在此基础上逐级加密。

3. 图根控制点的建立要求

国家控制点的精度较高,但密度较小,仅依据这些控制点来测图或测设,控制点数量显然是不够的。因此,需要在基本控制点基础上,进一步加密足够的、精度较低的但能满足测图需要的控制点,这些点就叫作图根控制点。测定图根点位置的工作,称为图根控制测量。

图根控制测量一般通过观测角度、边长和高差等数据,计算出图根点的坐标和高程。图根点的密度,取决于测图比例尺和地物、地貌的复杂程度,一般情况下应保证每幅图内有1~4个图根控制点。直接由基本控制点(等级控制点)扩展的图根点,叫一级图根控制点。在一级图根点上再扩展一次,就是二级图根控制点。

图根平面控制测量一般采用图根导线、测角交会、距离交会等形式,高程控制采用图根水准测量或三角高程测量。随着GNSS技术的发展,在地形开阔的测区,RTK测量技术已被广泛应用。

图根点的密度,取决于测图比例尺和地形的复杂程度。平坦开阔地区,图根点的密度可参考表2-1-1的规定,困难地区、山区,表中规定的点数可适当增加。

表2-1-1　　　　　　　　　　一般地区解析图根点的密度

测图比例尺	1:500	1:1000	1:2000	1:5000
图幅尺寸(cm)	50×50	50×50	50×50	40×40
全站仪测图控制点(个)	2	3	4	6
RTK测图控制点(个)	1	1~2	3	4

城市导线及图根导线的主要技术要求见表 2-1-2，城市与图根水准测量的主要技术要求见表 2-1-3。

表 2-1-2　　　　　　　　　城市导线及图根导线的主要技术要求

等级	测角中误差（"）	方向角闭合差（"）	附合导线长度（km）	平均边长（km）	测距中误差（mm）	全长相对中误差
一级	±5	$±10\sqrt{n}$	3.6	300	±15	1：14000
二级	±8	$±16\sqrt{n}$	2.4	200	±15	1：10000
三级	±12	$±24\sqrt{n}$	1.5	120	±15	1：6000
图根	±20	$±40\sqrt{n}$				1：2000

表 2-1-3　　　　　　　　　城市与图根水准测量的主要技术要求

等级	每千米高差中数中误差		测段路线往返测高差不符值	测段路线的左右路线高差不符值	附合路线或环线闭合差		检测已测测段高差之差
	偶然中误差	全中误差			平原丘陵	山区	
二等	≤±1	≤±2	$≤±4\sqrt{L_s}$		$≤±4\sqrt{L}$		$≤±4\sqrt{L_i}$
三等	≤±3	≤±6	$≤±12\sqrt{L_s}$	$≤±8\sqrt{L_s}$	$≤±12\sqrt{L}$	$≤±15\sqrt{L}$	$≤±4\sqrt{L_i}$
四等	≤±5	≤±10	$≤±20\sqrt{L_s}$	$≤±14\sqrt{L_s}$	$≤±20\sqrt{L}$	$≤±25\sqrt{L}$	$≤±4\sqrt{L_i}$
图根					$≤±40\sqrt{L}$		

注：L_s 为测段路线长度，L 为附合路线或闭合路线环线长度，L_i 为检测测段长度。

当采用 RTK 测量作为测区控制测量基础时，其测量主要技术要求见表 2-1-4。

表 2-1-4　　　　　　　　　RTK 平面控制测量主要技术要求

等级	相邻点间平均边长（m）	点位中误差（cm）	边长相对中误差	与基准站的距离（km）	观测次数	起算点等级
一级	500	≤±5	≤1/20000	≤5	≥4	四等及以上
二级	300	≤±5	≤1/10000	≤5	≥3	一级及以上
三级	200	≤±5	≤1/6000	≤5	≥2	二级及以上

(1) 当采用单基准站 RTK 观测一级控制点时，须至少更换一次基准站，且每次测量不少于 2 次；
(2) 当采用网络 RTK 测量各级控制点时，其距离不受上述限制。

第二节　方位角及坐标正反算

一、方位角的概念

确定一条直线的方向称为直线定向。进行直线定向，首先要选定一个标准方向线，作为直线定向的依据，我们称这个标准方向线为基本方向线。测量上常用的基本方向线有以下 3 种。

1. 真子午线

通过地面上一点的真子午线的切线方向就是该点的真子午线方向。真子午线方向可用天文观测北极星（或太阳）的方法获得，也可用陀螺经纬仪来测定。

地球表面上任何一点都有它自己的真子午线方向，各点的真子午线方向都向两极收敛而相交于两极，如图 2-2-1(a)所示。地面上两点真子午线间的夹角称为子午线收敛角 γ，收敛角的大小与两点所在的纬度及东西方向的距离有关。

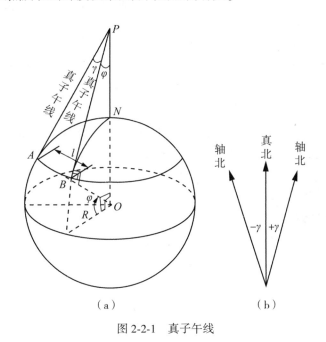

图 2-2-1　真子午线

2. 磁子午线

磁针静止时所指的方向是该点的磁子午线方向，磁子午线方向可用罗盘仪测定。

由于地球的磁南北极与地球的南北极并不一致，磁北极位于西经约 101°，北纬 74°，磁南极位于东经 114°，南纬 68°，如图 2-2-2 所示。地面上同一点的真、磁子午线不重合，其夹角称为磁偏角，用 δ 表示，如图 2-2-2 所示。当磁子午线在真子午线东侧，则称为东偏，δ 为正；当磁子午线在真子午线西侧，则称为西偏，δ 为负。我国磁偏角的变化在

+6°~-10°。北京地区磁偏角为西偏，约-5°，湖北地区约为-3°。

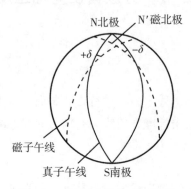

图 2-2-2　真子午线与磁子午线

地球磁极是不断变化的。最近 20 年来，北磁极正以每年 50km 的速度向地理北极移动。由于磁极变化，磁偏角也在变化。此外，罗盘仪还会受到地磁场及磁暴的影响，所以测量中一般用真子午线作为基本方向线。只有在施测困难的地区，精度要求不高的地区，如森林勘测中用磁子午线。

3. 轴子午线（坐标纵轴）

坐标纵轴所指的方向为轴子午线方向，在高斯投影的 3°或 6°带内，高斯平面直角坐标系的纵轴，是处处平行于中央子午线的。因此，轴子午线表示的方向，就是中央子午线的方向。

在中央子午线上，其真子午线方向和轴子午线方向一致。在其他地区，真子午线与轴子午线不重合，两者所夹的角即为中央子午线与某地方子午线所夹的子午线收敛角 γ，如图 2-2-1(b)所示。

二、子午线收敛角

如图 2-2-1(a)所示，地面上 A、B 两点的真子午线收敛于北极。设两点在地球的同一纬度上，两点的距离为 l，过 A、B 两点作子午线的切线 AP、BP，交地轴于 P 点，它们的夹角 γ 即为子午线收敛角，则 $\gamma = \dfrac{l}{BP} \times \rho''$。

在直角三角形 BOP 中，$BP = R/\tan\varphi$，所以

$$\gamma = \frac{l\tan\varphi}{R} \times \rho'' \tag{2-2-1}$$

式中，R 为地球的半径，$\rho = 206265''$，φ 为 A、B 两点的纬度。

由图 2-2-1(b)可以看出，当轴子午线在真子午线以东时，γ 为正；反之，轴子午线在真子午线以西时，γ 为负。

三、坐标方位角

1. 坐标方位角

过基本方向线的北端起,以顺时针方向旋转到该直线的角度,叫作该直线的方位角。由于基本方向线有三个,因此就相应地有三个直线方位角,分别称为真子午线方位角($A_真$)、磁子午线方位角($A_磁$)和坐标方位角(α)。方位角的角值在$0°\sim360°$。

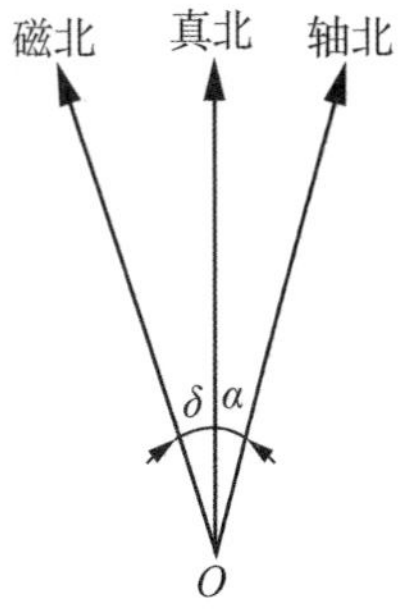

在测量工作中,坐标方位角是一切平面坐标计算的基础,因此坐标方位角的概念相当重要。

如图 2-2-3 所示,根据真子午线方向、磁子午线方向、轴子午线方向三者的关系,三种方位角有以下关系:

$$A_真 = A_磁 + \delta(\delta\text{东偏为正},\text{西偏为负}) \quad (2\text{-}2\text{-}2)$$

$$A_真 = \alpha + \gamma(\gamma\text{以东为正},\text{以西为负}) \quad (2\text{-}2\text{-}3)$$

由上两式得到坐标方位角与磁方位角之间的关系:

$$\alpha = A_磁 + \delta - \gamma \quad (2\text{-}2\text{-}4)$$

图 2-2-3 三北方向线

2. 正、反坐标方位角

相对来说,一条直线有正、反两个方向,因此上述定义的坐标方位角亦有正、反方位角之分。设直线的正向为 AB,则直线 AB 的坐标方位角为正方位角,记为 α_{AB},而直线 BA 的正向就是 AB 的反方向,其方位角为 AB 的反方位角,记为 α_{BA}。如图 2-2-4 所示。

由于直角坐标系中,坐标纵轴方向相互平行,因此正、反坐标方位角相差 180°,即

$$\alpha_{BA} = \alpha_{AB} \pm 180° \quad (2\text{-}2\text{-}5)$$

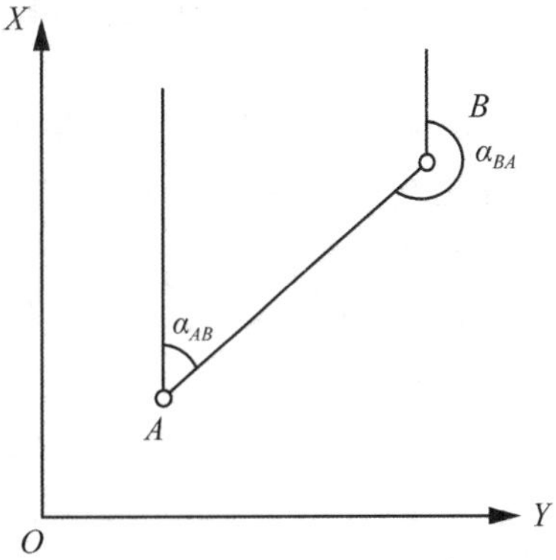

四、象限角

图 2-2-4 正、反坐标方位角

地面直线的定向,有时也用小于 90°的角度来确定。从过南北方向线的北端或南端,依顺时针(或逆时针)方向量至直线的锐角,叫作该直线的象限角,象限角常以 R 表示。在直角坐标系中,x 轴和 y 轴把一个圆周分为Ⅰ、Ⅱ、Ⅲ、Ⅳ四个象限。测量中规定,象限按顺时针方向编号。为了确定直线所在的象限,规定在直线的象限角值前冠以象限符号,如图 2-2-5 所示。直线 A1 的象限角 $\alpha_{A1}=\text{NE}53°38'$。

根据象限角和坐标方位角的定义,可得到象限角和坐标方位角的关系,见表 2-2-1。

表 2-2-1　　　　　　　　**象限角和坐标方位角的关系**

象限	象限角和坐标方位角的关系	象限	象限角和坐标方位角的关系
Ⅰ北东	$\alpha = R$	Ⅲ南西	$\alpha = 180° + R$
Ⅱ南东	$\alpha = 180° - R$	Ⅳ北西	$\alpha = 360° - R$

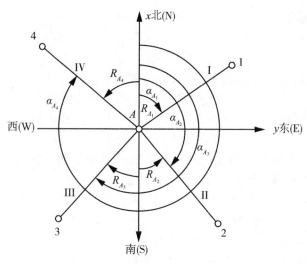

图 2-2-5　坐标方位角与象限角

五、坐标方位角的推算

在测量中为了使测量成果坐标统一，并能保证测量精度，常将线段首尾连接成折线，并与已知边 AB 相连，如图 2-2-6 所示。若 AB 边的坐标方位角 α_{AB} 已知，又测定了 AB 边和 B1 边的水平角 β_B（称为连接角）和各点的转折角 β_1，β_2，…，β_n，利用正、反方位角的关系和测定的转折角可以推算连续折线上各线段的坐标方位角：

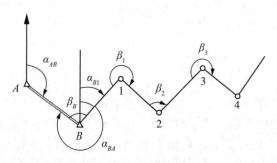

图 2-2-6　坐标方位角推算

$$\alpha_{BA} = \alpha_{AB} + 180°$$
$$\alpha_{B1} = \alpha_{BA} + \beta_B - 360° = \alpha_{AB} + \beta_1 - 180°$$
$$\alpha_{12} = \alpha_{B1} + \beta_1 - 180° = \alpha_{AB} + \beta_B + \beta_1 - 2 \times 180°$$
……

$$\alpha_n = \alpha_{AB} + \sum_1^n \beta_i - n \times 180° \qquad (2\text{-}2\text{-}6)$$

式中，n 为折角的个数，β_i 是折线推算前进方向的左角。若测定的是右角，则用下式计算：

$$\alpha_n = \alpha_{AB} - \sum_1^n \beta_i + n \times 180° \tag{2-2-7}$$

六、平面坐标正、反算

1. 坐标正算公式

已知两点边长和方位角，由已知点计算待定点的坐标，称为坐标正算。如图 2-2-7 所示，A 为已知点，其坐标为 (x_A, y_A)，A 点到待定点 B 的边长为 D_{AB}（平距），方位角为 α_{AB}。则由图 2-2-7 可知，点 B 的坐标为：

$$\left. \begin{array}{l} x_B = x_A + \Delta x_{AB} = x_A + D_{AB}\cos\alpha_{AB} \\ y_B = y_A + \Delta y_{AB} = y_A + D_{AB}\sin\alpha_{AB} \end{array} \right\} \tag{2-2-8}$$

式中，Δx_{AB} 和 Δy_{AB} 称为点 A 到点 B 的纵横坐标增量，公式如下：

$$\left. \begin{array}{l} \Delta x_{AB} = x_B - x_A = D_{AB}\cos\alpha_{AB} \\ \Delta y_{AB} = y_B - y_A = D_{AB}\sin\alpha_{AB} \end{array} \right\} \tag{2-2-9}$$

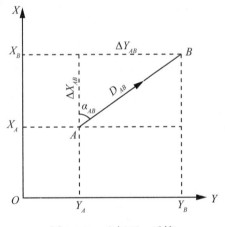

图 2-2-7　坐标正、反算

2. 坐标反算公式

已知两点 A、B 的坐标，反求边长 D_{AB} 和方位角 α_{AB}，称为坐标反算。由图 2-2-7，并根据式 (2-2-9)，反算公式为：

$$\left. \begin{array}{l} D_{AB} = \sqrt{(x_B - x_A)^2 + (y_B - y_A)^2} = \sqrt{\Delta x_{AB}^2 + \Delta y_{AB}^2} \\ \alpha_{AB} = \arctan\dfrac{y_B - y_A}{x_B - x_A} = \arctan\dfrac{\Delta y_{AB}}{\Delta x_{AB}} \end{array} \right\} \tag{2-2-10}$$

第三节　图根导线测量

将测区内相邻控制点依相邻次序连成折线形式，称为导线。导线测量（traverse survey）指的是测量导线长度、转角和高程，以及推算坐标等作业工作。构成导线的控制点称为导线点。导线测量就是依次测定各导线边的水平长度和各转折角值，再根据起算点坐标，推算各导线边的坐标方位角和坐标增量，从而求算出各导线点的坐标。导线测量的特点是布设灵活，推进迅速，受地形限制小，边长精度分布均匀，特别适合于隐蔽、通视不便、气候恶劣地区。但导线测量控制面积小、检核条件少、方位传算误差大。因此，导线测量通常用在测量精度等级较低的测量工作中。

用经纬仪测量转折角，用钢尺测定边长的导线，称为经纬仪导线；若用光电测距仪测定导线边长，则称为光电测距导线；若用全站仪同时测定边长和折角，则称为全站仪导线测量。

一、导线的布设形式

在城镇、森林及工矿区，导线测量是建立小地区平面控制网最常用的一种方法，广泛用于地籍测量、房产测绘、城市地铁测量、井下巷道测量等。根据测区的具体情况，导线可布设为以下三种单一导线形式（图2-3-1）。

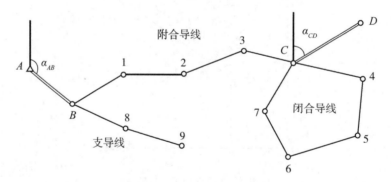

图2-3-1　单一导线布设形式

1. 闭合导线

以已知基本控制点 C、D 中的 C 点为起始点，并以 CD 边的坐标方位角为起始方位角，经过4、5、6、7点仍回到起始点 C，形成环形的导线称为闭合导线。

2. 附合导线

以已知控制点 A、B 中的 B 点为起始点，以 AB 边的坐标方位角为起始方位角，经过1、2、3点，附合到另两个已知控制点 C、D 中的 C 点，并以 CD 边的坐标方位角为终边坐标方位角，这样在两个已知控制点之间布设的导线称为附合导线。

3. 支导线

由已知控制点 B 出发延伸出去，既不附合到另一已知控制点，也不闭合到原来的控制点上的导线，称为支导线。由于支导线缺乏检核，故其边数和总长都有限制。

二、导线测量的外业工作

导线测量的外业工作包括：踏勘选点及埋石、测量边长、测量角度和连测。

1. 踏勘选点及埋石

在踏勘选点前，应调查收集测区已有的地形图和国家等级控制点的成果资料，把控制点展绘在地形图上，然后在地形图上拟定导线的布设方案，最后到野外踏勘，实地核对、修改，确定实地点位。如果测区没有地形图资料，则需详细踏勘现场，根据已知控制点的分布、测区地形以及实际需要，在实地选定导线点位置。

导线点选定后，要在每个点位上打下木桩，木桩长 400~600mm，顶宽 30~50mm，并在桩顶钉一小铁钉，作为临时性标志，见图 2-3-2。在城市道路上的临时图根点，可在地面打入顶端刻有"+"字的钢钉。若导线点需要保存的时间较长，就要埋设混凝土桩（图 2-3-3），桩顶刻"+"字，作为永久性标志。导线点应统一编号。为了便于寻找，应绘出"点之记"，即量出导线点与附近明显而固定的地物点的栓距，并将尺寸标注在草图上（图 2-3-4）。

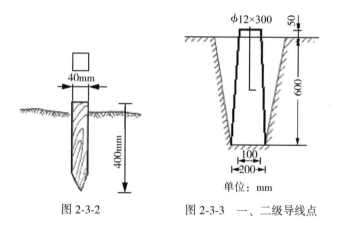

图 2-3-2　　图 2-3-3　一、二级导线点

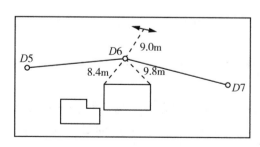

图 2-3-4　控制点之记略图

2. 测量边长

导线边长可用光电测距仪测定,并同时观测竖直角,供倾斜改正用,也可用全站仪直接测量平距。若用钢尺丈量,钢尺须经过检定。一、二级导线须用精密方法丈量。图根导线用一般方法往返丈量,相对误差不大于 1/2000 时,取其平均值,如果钢尺倾斜超过 1.5%时,还应加倾斜改正。

3. 测量角度

用测回法施测导线的左角(位于导线前进方向左侧的角)或右角(位于导线前进方向右侧的角)。在附合导线或支导线中,一般测量导线的左角,在闭合导线中测量闭合图形的内角。图根导线一般用 DJ6 型经纬仪或全站仪观测一测回。

测角时,为了便于瞄准,可用测钎、觇牌作为照准标志,或在照准点上用仪器脚架吊一垂球作为照准标志。

4. 连测

如图 2-3-5 所示,导线与基本控制点连接,必须观测连接角 β_B、β_1 及连接边 $B1$ 的边长 D_{B1},以传递坐标方位角和坐标。如果导线附近无高级控制点,也可采用独立平面直角坐标,即假定导线起点的坐标,用罗盘仪测出导线起始边的磁方位角,作为起算数据。

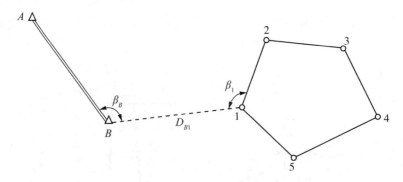

图 2-3-5 导线连测

三、支导线的内业计算

导线测量内业计算的目的就是求得各导线点的坐标。计算前,应对导线测量外业记录进行全面检查,核对起算数据是否准确,并绘制略图,把各项数据标注在图上相应的位置,如图 2-3-6 所示。

现以图 2-3-6 中的实测数据为例,说明支导线计算的步骤。

1. 计算起始边的坐标方位角

根据已知控制点 A、B 的坐标,由式(2-2-10)反算起始边 AB 的坐标方位角 α_{AB}。

因为:
$$\Delta x_{AB} = 1516.57 - 1921.36 = -404.79 \text{m}$$
$$\Delta y_{AB} = 4407.83 - 4368.54 = +39.29 \text{m}$$

由于 $\Delta x_{AB} < 0$,$\Delta y_{AB} > 0$,方位角位于第二象限,于是由式(2-2-10)得:

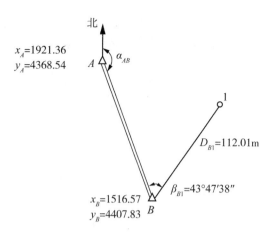

图 2-3-6 支导线计算示意图

$$\alpha_{AB} = \arctan \frac{\Delta y_{AB}}{\Delta x_{AB}} = 174°27'22''$$

2. 推算导线边的坐标方位角

根据起始边的已知坐标方位角，由式(2-2-6)和式(2-2-7)知，推算导线下一条边的坐标方位角公式为：

$$\alpha_{前} = \alpha_{后} + \beta_{左} - 180° \text{（当导线观测左角时）} \quad (2\text{-}3\text{-}1)$$

$$\alpha_{前} = \alpha_{后} - \beta_{右} + 180° \text{（当导线观测右角时）} \quad (2\text{-}3\text{-}2)$$

说明：由于方位角的取值范围为 $0° \sim 360°$，因此，当计算出的方位角 $\alpha_{前} > 360°$ 时，在上两式中应减去 $360°$；如果计算出的方位角 $\alpha_{前} < 0°$，在上两式中应加上 $360°$。

本例中观测角为左角，按式(2-3-1)推算出 B1 边的坐标方位角为：

$$\alpha_{B1} = \alpha_{AB} + \beta_{B1} - 180° = 174°27'22'' + 43°47'38'' - 180° = 38°15'00''$$

3. 坐标增量计算

由式(2-2-9)得

$$\Delta x_{B1} = D_{B1}\cos\alpha_{B1} = 112.01 \times \cos 38°15'00'' = 87.96\text{m}$$

$$\Delta y_{B1} = D_{B1}\sin\alpha_{B1} = 112.01 \times \sin 38°15'00'' = 69.34\text{m}$$

4. 计算导线点坐标

根据起算点 B 的坐标，按式(2-2-8)推算 1 点坐标：

$$x_1 = x_B + \Delta x_{B1} = 1516.57 + 87.96 = 1604.53\text{m}$$

$$y_1 = y_B + \Delta y_{B1} = 4407.83 + 69.34 = 4477.17\text{m}$$

四、附合导线坐标计算

现以图 2-3-7 中的实测数据为例，说明附合导线坐标计算的步骤。

1. 整理观测结果

将校核过的外业观测数据及起算数据填入表 2-3-1 中，起算数据用双线标明。

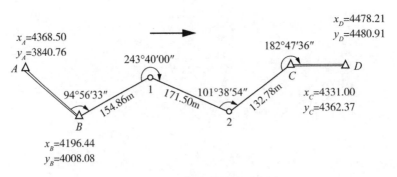

图 2-3-7　附合导线计算示意图

2. 角度闭合差的计算与调整

如图 2-3-7 所示的附合导线，已知起始边 AB 的坐标方位角 α_{AB} 和终边 CD 的坐标方位角 α_{CD}，观测所有的左角，由式（2-2-6）可知：

$$\alpha_{B1} = \alpha_{AB} + \beta_B - 180°$$

$$\alpha_{12} = \alpha_{B1} + \beta_1 - 180° = \alpha_{AB} + \beta_B + \beta_1 - 2 \times 180°$$

$$\alpha_{2C} = \alpha_{12} + \beta_2 - 180° = \alpha_{AB} + \beta_B + \beta_1 + \beta_2 - 3 \times 180°$$

$$\alpha_{CD} = \alpha_{2C} + \beta_C - 180° = \alpha_{AB} + \beta_B + \beta_1 + \beta_2 + \beta_C - 4 \times 180° = \alpha_{AB} + \sum_1^4 \beta_i - 4 \times 180°$$

不难看出，上式是由已知起始边 AB 的方位角，经过计算得到终边 CD 的方位角，为了区别起见下面用 α'_{CD} 表示，从理论上说这两个值应相等，但由于观测误差的存在，这时就产生了一闭合差，称之为角度闭合差，或方位角闭合差，用 f_β 表示。即有：

$$f_\beta = \alpha'_{CD} - \alpha_{CD} = \alpha_{AB} + \sum_1^4 \beta_i - 4 \times 180° - \alpha_{CD}$$

显然，对于观测左角，若导线的转折角个数为 n，则角度闭合差的一般形式为：

$$f_\beta = \alpha_起 + \sum_1^n \beta_{左i} - n \times 180° - \alpha_终 \tag{2-3-3}$$

通过计算，本例角度闭合差为 $f_\beta = +31''$。对于一级图根导线来讲，其附合差的允许值（见表 2-3-1）为 $\pm 40''\sqrt{n}$，n 为折角个数。本例 $n = 4$，$f_允 = \pm 80''$，角度闭合差在允许范围内，说明观测成果的质量符合要求。

为了使角度观测值经某个原则处理后的成果满足几何图形条件要求，即处理后的角度闭合差等于零，我们选取"闭合差平均分配"这个原则，其道理是各个角度的观测精度一样高。于是，各个观测角度的改正数的计算公式如下：

$$v_{\beta i} = -\frac{f_\beta}{n} \tag{2-3-4}$$

经角度改正数改正后的角度，称之为角度最或然值，用 $\hat{\beta}_i$ 表示，计算公式为：

$$\hat{\beta}_i = \beta_i + v_{\beta i} \tag{2-3-5}$$

本例角度的改正数为 $v_{\beta i} \approx -8''$，具体计算见表 2-3-1。由于角度闭合差不能被整数整除，所产生的凑整误差可分配在长短边相差较大的折角上。

3. 推算各导线边的坐标方位角

根据已知两点 A、B 的坐标方位角 α_{AB}，以及经过改正数改正后的折角值，依次推算出各导线边的坐标方位角。

$$\alpha_{B1} = \alpha_{AB} + \hat{\beta}_B - 180° = 50°44'26''$$

同样可推求出其他导线边的坐标方位角，填入表 2-3-1 中。

$$\alpha_{12} = \alpha_{B1} + \hat{\beta}_1 - 180° = 114°24'18''$$

$$\alpha_{2C} = \alpha_{12} + \hat{\beta}_c - 180° = 36°03'04''$$

$$\alpha_{CD} = \alpha_{2C} + \hat{\beta}_C - 180° = 38°50'23''$$

说明，经上述推求出的 CD 边坐标方位角应与已知方位角相等，可作为方位角计算正确与否的检验。

4. 坐标增量的计算及其闭合差的调整

1) 坐标增量的计算

根据各导线边的边长及推求出的坐标方位角，按式(2-2-9) 计算出坐标增量，填入表 2-3-1 中相应的栏中。

2) 坐标增量闭合差的计算与调整

根据起始点 B 的坐标，以及各导线边的坐标增量，依次计算各导线点的坐标：

$x_1 = x_B + \Delta x_{B1}, \quad y_1 = y_B + \Delta y_{B1}$

$x_2 = x_1 + \Delta x_{12} = x_B + \Delta x_{B1} + \Delta x_{12}, \quad y_2 = y_1 + \Delta y_{12} = y_B + \Delta y_{B1} + \Delta y_{12}$

$x'_C = x_2 + \Delta x_{2C} = x_B + \Delta x_{B1} + \Delta x_{12} + \Delta x_{2C} = x_B + \sum_1^3 \Delta x_i$

$y'_C = y_2 + \Delta y_{2C} = y_B + \Delta y_{B1} + \Delta y_{12} + \Delta y_{2C} = y_B + \sum_1^3 \Delta y_i$

式中，x'_C 和 y'_C 为 C 点计算点的坐标。同样地，理论上应与已知值相等，由于边长丈量存在着误差，导线边的方位角虽是由改正后的折角推算的，但角度改正是一种简单的平均配赋，不可能将角度测量误差完全消除，所以改正后的方位角中仍然还有误差。因此其值往往不同，但差值很小。我们称它们之间的较差分别为纵坐标增量闭合差和横坐标增量闭合差。

计算公式的一般形式为：

$$\left. \begin{array}{l} f_x = x'_C - x_C = x_B + \sum_1^{n-1} \Delta x_i - x_C \\ f_y = y'_C - y_C = y_B + \sum_1^{n-1} \Delta y_i - y_C \end{array} \right\} \quad (2-3-6)$$

式中，n 为导线折角个数，因为附合导线边数等于角度的个数减 1。

从图 2-3-8 可以看出，由于闭合差 f_x 和 f_y 的存在，推算出的 C' 点与已知的 C 点不重合，两点之间的长度 f_s 定义为导线全长闭合差。本例计算的闭合差见表 2-3-1。

由于 f_s 的大小与导线长度 $\sum D$ 成正比，因此，与用相对误差表示距离丈量精度一

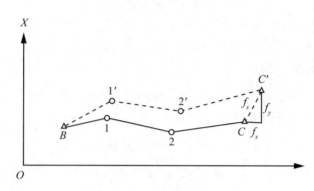

图 2-3-8　坐标增量闭合差

样，将其与导线全长相比，并化作分子为 1 的分数来表示导线全长相对闭合差，即

$$K = \frac{1}{T} = \frac{f_S}{\sum D_i} = \frac{1}{\sum D_i / f_S} \tag{2-3-7}$$

图根导线相对闭合差的限值一般为 1∶2000，若不超限，则将坐标增量闭合差 f_x 和 f_y 按与导线边长成正比的原则反符号分配到各边的纵、横坐标增量中去。以 v_{xi} 和 v_{yi} 分别表示第 i 条边的纵、横坐标增量改正数，则

$$\left. \begin{array}{l} v_{xi} = -\dfrac{f_x}{\sum D} \times D_i \\[2mm] v_{yi} = -\dfrac{f_y}{\sum D} \times D_i \end{array} \right\} \tag{2-3-8}$$

将上式求和，可推出纵、横坐标增量改正数之和应满足下式

$$\left. \begin{array}{l} \sum v_{xi} = -\dfrac{f_x}{\sum D} \times \sum D = -f_x \\[2mm] \sum v_{yi} = -\dfrac{f_y}{\sum D} \times \sum D = -f_y \end{array} \right\} \tag{2-3-9}$$

上式在计算过程中可以作为检查用。

将计算出的各边坐标增量改正数(取到 cm)填入表 2-3-1 中。由于凑整误差的影响，使式(2-3-9)不能完全满足时，一般可将其差数分配给长边。改正后的坐标增量计算式为：

$$\left. \begin{array}{l} \Delta \hat{x}_i = \Delta x_i + v_{xi} \\ \Delta \hat{y}_i = \Delta y_i + v_{yi} \end{array} \right\} \tag{2-3-10}$$

5. 计算各导线点的坐标

根据已知点 B 的坐标及改正后各边的纵、横坐标增量，按下式依次推算 1、2 点的坐标，并填入表中。为了检核计算的正确性，最后还应推算已知点 C 的坐标，其值应与已知坐标相等，以作校核。

$$\left.\begin{array}{l}\hat{x}_i = \hat{x}_{i-1} + \Delta\hat{x}_i = x_{起} + \sum_1^i \Delta\hat{x}_j \\ \hat{y}_i = \hat{y}_{i-1} + \Delta\hat{y}_i = y_{起} + \sum_1^i \Delta\hat{y}_j\end{array}\right\} \quad (2\text{-}3\text{-}11)$$

表 2-3-1　　　　　　　　　　附合导线坐标计算表

点号	角度 (° ′ ″)	改正后角度 (° ′ ″)	坐标方位角 (° ′ ″)	距离 (m)	坐标增量 Δx (m)	坐标增量 Δy (m)	改正后增量 Δx (m)	改正后增量 Δy (m)	坐标 x (m)	坐标 y (m)
1	2	4	5	6	7	8	9	10	11	12
A			135 48 01						4368.50	3840.76
B	−8 94 56 33	94 56 25							4196.44	4008.08
			50 44 26	154.86	+0.02 +98.00	+0.02 +119.91	+98.02	+119.93		
1	−8 243 40 00	243 39 52							4294.46	4128.01
			114 24 18	171.50	+0.03 −70.86	+0.02 +156.18	−70.83	+156.20		
2	−8 101 38 54	101 38 46							4223.63	4284.21
			36 03 04	132.78	+0.02 +107.35	+0.02 +78.14	+107.37	+78.16		
C	−7 182 47 36	182 47 29							4331.00	4362.37
			38 50 33							
D									4478.21	4480.91
∑	623 03 03	623 02 22		459.14	+134.49	+354.23				

辅助计算	$f_\beta = \alpha_{AB} + \sum\beta_i - n\times 180° - \alpha_{CD} = +31''$　　$f_x = x_B + \sum\Delta x - x_C = -0.07\text{m}$ $f_{允} = \pm 40\sqrt{n} = \pm 80''$　　　　　　　　　　　　$f_y = y_B + \sum\Delta y - y_C = -0.06\text{m}$ $v_{\beta i} = -f_\beta/n = -8''$　　　　　　　　　　　　　　$f_S = \sqrt{f_x^2 + f_y^2} = 0.092\text{m}$ $K = \dfrac{f_S}{\sum D_i} \approx \dfrac{1}{5000} < \dfrac{1}{2000}$

6. 计算各导线点的高程

导线点高程计算与水准点高程计算相同，步骤如下：

（1）沿导线前进方向，根据全站仪高差公式 $h_{AB} = S\sin\alpha + i - v$ 计算每边的高差 h_i；

（2）计算导线线路高差闭合差：

$$f_h = H'_C - H_C = H_B + \sum_{1}^{n-1} h_i - H_C \tag{2-3-6a}$$

(3) 计算限差 $f_{h允} = \pm 40\sqrt{\sum D_i}$，$D_i$ 以千米为单位；

(4) 如果闭合差小于限差，计算高差改正数：

$$v_i = -\frac{f_h}{\sum D_i} \times D_i \tag{2-3-8a}$$

(5) 计算改正后高差 $\hat{h}_i = h_i + v_i$；

(6) 计算导线点高程：

$$\hat{H}_i = \hat{H}_{i-1} + \hat{h}_i = H_B + \sum_{1}^{i} \hat{h}_j \tag{2-3-11a}$$

五、闭合导线坐标计算

闭合导线实质上是附合导线的一种特殊形式，当导线的起点和终点为同一点时，即为闭合导线。

闭合导线的计算步骤和方法，与附合导线基本相同。只是由于图形不同，使角度闭合差及坐标增量闭合差在计算上与附合导线有差别。下面着重介绍其不同点。

1. 角度闭合差的计算

闭合导线的方位角推算是由一条已知边开始的，且导线的折角习惯上规定应观测闭合多边形的内角。故闭合导线角度闭合差的计算公式应为：

$$f_\beta = \sum \beta - (n-2) \times 180 \tag{2-3-12}$$

式中，n 为导线的边数。

2. 坐标增量闭合差计算

附合导线的坐标推算是由一个已知点附合于另一个已知点，而闭合导线是由一个已知点开始，闭合于同一个已知点，其纵、横坐标增量的代数和，理论上应等于零，因此闭合导线的坐标增量闭合差的计算公式应为：

$$\left. \begin{array}{l} f_x = x'_B - x_B = \sum_{1}^{n} \Delta x_i \\ f_y = y'_B - y_B = \sum_{1}^{n} \Delta y_i \end{array} \right\} \tag{2-3-13}$$

闭合导线的角度闭合差的调整、导线全长闭合差、全长相对闭合差的计算，以及坐标增量闭合差的调整等，均与附合导线相同。

3. 高差闭合差计算

闭合导线起闭于同一个已知点，其线路高差的代数和，理论上应等于零，因此闭合导线高差闭合差的计算公式应为：

$$f_h = H'_B - H_B = \sum_{1}^{n} h_i \tag{2-3-13a}$$

六、全站仪三维导线测量

由前面内容可知,传统的各类导线测量是将测角、测边和测高差分开进行的,效率低,而且计算过程也复杂。随着全站仪的普及,这种测角、测边和测高差同时进行并能通过内置在仪器内部的计算程序直接显示坐标的仪器,无疑将显示出巨大的优越性。在图根控制测量中,用全站仪进行导线测量,可以一次求得导线点的三维坐标。

1. 外业作业程序

下面以图 2-3-7 的附合导线为例,其外业作业步骤如下:

(1) 将全站仪安置于已知点 B,对中及整平。打开电源,进入坐标测量模式,输入测站点坐标、仪器高及有关气象参数等;

(2) 在输入后视已知点 A 的坐标后,精确照准后视点 A;

(3) 顺时针方向旋转,前视导线点 1,按测量键,记录 1 点的坐标和高程。

(4) 移动仪器至 1 点,后视 B 点,前视 2 点,依步骤(1) ~ (3) 测量 2 点坐标。

(5) 依次测至 C 点,测量出 C 点坐标(x'_C, y'_C, H'_C)。按式(2-3-6)计算 C 点的坐标闭合差,并按式(2-3-7)计算全长相对闭合差,若不超限,即可按式(2-3-14)计算各导线点的坐标。

(6) 按照式(2-3-6a)计算 C 点的高差闭合差,若不超限,即可按式(2-3-15)计算各导线点的高程。

2. 全站仪三维导线计算

下面依据式(2-3-11) 计算 1、2 点及 C 点的坐标。

1 点坐标:
$$\hat{x}_1 = x_B + \Delta\hat{x}_1 = x_B + \Delta x_1 + v_{x1} = x_1 + v_{x1}$$
$$\hat{y}_1 = y_B + \Delta\hat{y}_1 = y_B + \Delta y_1 + v_{y1} = y_1 + v_{y1}$$

2 点坐标:
$$\hat{x}_2 = \hat{x}_1 + \Delta\hat{x}_2 = x_1 + \Delta x_2 + v_{x1} + v_{x2} = x_2 + v_{x1} + v_{x2}$$
$$\hat{y}_2 = \hat{y}_1 + \Delta\hat{y}_2 = y_1 + \Delta y_2 + v_{y1} + v_{y2} = y_2 + v_{y1} + v_{y2}$$

C 点坐标:
$$\hat{x}_C = \hat{x}_2 + \Delta\hat{x}_3 = x'_C + v_{x1} + v_{x2} + v_{x3} = x'_C + \sum_1^3 v_{xj} = x_C$$
$$\hat{y}_C = \hat{y}_2 + \Delta\hat{y}_3 = y'_C + v_{y1} + v_{y2} + v_{y3} = y'_C + \sum_1^3 v_{yj} = y_C$$

考虑到式(2-3-8),上式坐标平差计算的一般公式如下:

$$\left. \begin{aligned} \hat{x}_i = \hat{x}_{i-1} + \Delta\hat{x}_i = x_i + \sum_1^i v_{xj} = x_i - \frac{f_x}{\sum D}\sum_1^i D_j \\ \hat{y}_i = \hat{y}_{i-1} + \Delta\hat{y}_i = y_i + \sum_1^i v_{yj} = y_i - \frac{f_y}{\sum D}\sum_1^i D_j \end{aligned} \right\} \quad (2\text{-}3\text{-}14)$$

式中,x_i, y_i 为第 i 点导线点坐标测量值,$j = 1 \sim i$。

仿照上述步骤的推导,导线点平差计算后的高程为:

$$\hat{H}_i = \hat{H}_{i-1} + \hat{h}_i = H_i + \sum_1^i v_{hj} = H_i - \frac{f_h}{\sum D}\sum_1^i D_j \qquad (2\text{-}3\text{-}15)$$

式中，H_i 为第 i 点导线点高程测量值，$j = 1 \sim i$。

例如，用全站仪测量某附合导线，已知 B、C 点坐标及高程和导线点 P_1、P_2 测量坐标及高程，见表 2-3-2，试求计算后导线点 P_1、P_2 坐标及高程。

表 2-3-2　　　　　　　　全站仪附合导线坐标计算表

点号	距离 (m)	测量坐标及改正数			改正后坐标		
		x (m)	y (m)	H (m)	x (m)	y (m)	H (m)
B					2507.69	1215.63	86.53
	225.85						
P_1		+0.05 2299.78	-0.04 1303.84	+0.04 80.61	2299.83	1303.80	80.65
	139.03						
P_2		+0.08 2186.21	-0.07 1384.04	+0.07 75.31	2186.29	1383.97	75.38
	172.57						
C		+0.11 2192.34	-0.10 1556.50	+0.10 70.00	2192.45	1556.40	70.10
$\sum$	537.45						
辅助计算	$f_x = x'_C - x_C = -0.11\text{m}$　　$f_y = y'_C - y_C = +0.10\text{m}$　　$f_s = \sqrt{f_x^2 + f_y^2} = 0.15\text{m}$ $K = \dfrac{f_s}{\sum D_i} \approx \dfrac{1}{3500} < \dfrac{1}{2000}$　　$f_H = H'_C - H_C = -0.10\text{m}$						

第四节　GNSS-RTK 图根点测量

一、GNSS-RTK 测量的一般要求

（1）作业前收集测区高等级控制点的地心坐标、参心坐标、坐标系统转换参数和高程成果等，再进行技术设计。RTK 平面控制点按精度划分等级为：一级控制点、二级控制点、三级控制点、图根控制点。RTK 高程控制点按精度划分等级为五等高程点。平面控制点可以逐级布设、越级布设或一次性全面布设，每个控制点宜保证有一个以上的等级点与之通视。

（2）RTK 测量可采用单基准站 RTK 测量和网络 RTK 测量两种方法进行。在通信条件

困难时，也可以采用后处理动态测量模式。已建立 CORS 网的地区，宜优先采用网络 RTK 技术测量。RTK 测量卫星的状态应符合表 2-4-1 的规定。

表 2-4-1　　　　　　　　　**RTK 测量卫星状态的基本要求**

观测窗口状态	截止高度角 15°以上的卫星个数	PDOP 值
良好	≥6	<4
可用	5	≤6
不可用	<5	>6

（3）RTK 测量采用地心坐标系，即 2000 国家大地坐标系，当 RTK 测量成果要求提供其他参心坐标系（如 1954 北京坐标系、1980 西安坐标系或地方独立坐标系）时，应进行坐标转换。RTK 控制测量高程系统采用正常高系统，按照 1985 国家高程基准起算。

（4）当采用经纬度记录格式时，记录精确至 0.00001″，平面坐标和高程记录精确至 0.001m，天线高量取精确至 0.001m。

二、RTK 平面控制点测量

RTK 的平面控制点点位选择要求参照《全球定位系统实时动态测量（RTK）技术规范》（CH/T 2009—2010）执行。RTK 平面控制点测量主要技术要求应符合表 2-4-2 的规定。

表 2-4-2　　　　　　　　　**RTK 平面控制点测量主要技术要求**

等级	相邻点间距离(m)	点位中误差(cm)	边长相对中误差	与基准站的观测次数距离(km)	观测次数	起算点等级
一级	≥500	≤±5	≤1/20000	≤5	≥4	四等及以上
二级	≥300	≤±5	≤1/10000	≤5	≥3	一级及以上
三级	≥200	≤±5	≤1/6000	≤5	≥2	二级及以上

注：点位中误差指控制点相对于最近起算点（基准站）的误差；采用单基准站 RTK 测量一级控制点需至少更换一次基准站进行观测，每站观测次数不少于 2 次；采用网络 RTK 测量各级平面控制点可不受流动站到基准站距离的限制，但应在网络有效服务范围内；相邻点间距离不宜小于该等级平均边长的 $\frac{1}{2}$。

测量时，移动站采集卫星观测数据，并通过数据链接收来自基准站的数据，在系统内组成差分观测值进行实时处理，通过坐标转换方法将观测得到的地心坐标转换为指定坐标系中的平面坐标。在获取测区坐标系统转换参数时，可以直接利用已知的参数。在没有已知转换参数时，可以自己求解。地心坐标系（2000 国家大地坐标系）与参心坐标系（如 1954 北京坐标系、1980 西安坐标系或地方独立坐标系）转换参数的求解，应采用不少于 3 点的高等级起算点两套坐标系成果，所选起算点应分布均匀，且能控制整个测区。转换时应根据测区范围及具体情况对起算点进行可靠性检验,采用合理的数学模型,进行多种点组合方式分别计算和优选。

三、RTK 高程控制点测量

RTK 高程控制点的埋设一般与 RTK 平面控制点同步进行,标石可以重合。RTK 高程控制点测量主要技术要求应符合表 2-4-3 的规定。

表 2-4-3　　　　　　　　RTK 高程控制点测量主要技术要求

等级	高程中误差(cm)	与基准站的距离(km)	观测次数	起算点等级
五等	≤±3	≤5	≥3	四等水准及以上

注:高程中误差指控制点高程相对于起算点的误差;网络 RTK 高程控制测量可不受移动站到基准站距离的限制,但应在网络有效服务范围内。

RTK 控制点高程的测定是将移动站测得的大地高减去移动站的高程异常获得的。移动站的高程异常可以采用数学拟合方法、似大地水准面精化模型内插等获取。当采用数学拟合方法时,拟合的起算点平原地区一般不少于 6 点,拟合的起算点点位应均匀分布于测区四周及中间,间距一般不宜超过 5km。地形起伏较大时,应按测区地形特征适当增加拟合的起算点数。当测区面积较大时,宜采用分区拟合的方法。

RTK 高程控制点测量高程异常拟合残差绝对值应不超过 3cm。RTK 高程控制点测量设置高程收敛精度绝对值应不超过 3cm。RTK 高程控制点测量移动站观测时应采用三脚架对中、整平,每次观测历元数应大于 20 个,各次测量的高程较差绝对值在不超过 4cm 的情况下取中数作为最终结果。当采用似大地水准面精化模型内插测定高程时,似大地水准面模型内符合精度绝对值应小于 2cm。如果当地某些区域高程异常变化不均匀,拟合精度和似大地水准面模型精度无法满足高程精度要求时,可对 RTK 测量大地高数据进行后处理或用几何水准测量方法进行补充。

RTK 测量技术测量误差分布均匀、相互独立,不存在误差积累,精度较高,能够满足城市测量中控制导线和等外水准测量的技术要求。同时 RTK 测量技术能够实时提供测量成果,不需要像常规控制测量那样分级布网,可以大大提高测量速度和效益。

四、RTK 成果数据处理与检查要求

(1)RTK 控制测量外业采集的数据应及时进行备份和内外业检查。

(2)RTK 控制测量外业观测记录采用仪器自带的内存卡或数据采集器,记录项目及成果输出包括下列内容:

a)转换参考点的点名(号)、残差、转换参数;
b)基准站点名(号)、天线高、观测时间;

c)流动站点名(号)、天线高、观测时间;

d)基准站发送给流动站的基准站地心坐标、地心坐标的增量;

e)流动站的平面、高程收敛精度;

f)流动站的地心坐标、平面和高程成果;

g)测区转换参考点、观测点网图。

在进行网络 RTK 时,a)至 d)项可根据项目要求部分提供。

(3)用 RTK 技术施测的控制点成果应进行 100%的内业检查和不少于总点数 10%的外业检测,平面控制点外业检测可采用相应等级的卫星定位静态(快速静态)技术测定坐标,全站仪测量边长和角度等方法,高程控制点外业检测可采用相应等级的三角高程、几何水准测量等方法,检测点应均匀分布于测区。检测结果应满足表 2-4-4 的要求。

表 2-4-4　　　　　　　　　　**RTK 平面控制点检测要求**

等级	边长校核		角度校核		坐标校核
	测距中误差(mm)	边长较差相对中误差	测角中误差(″)	角度较差限差(″)	坐标校差中误差(cm)
一级	≤±15	≤1/14000	≤5	≤14	≤5
二级	≤±15	≤1/7000	≤8	≤20	≤5
三级	≤±15	≤1/5000	≤12	≤30	≤5

高差较差不超过 $40\sqrt{L}$,L 为检测线路长度,以 km 为单位,不足 1km 时按 1km 计算。

五、RTK 图根点测量

(1)图根点标志宜采用木桩、铁桩或其他临时标志,必要时可埋设一定数量的标石。

(2)RTK 图根点测量时,地心坐标系与地方坐标系转换关系的获取方法按照前面所述步骤进行,也可以在测区现场通过点校正的方法获取。

(3)RTK 图根点测量流动站观测时应采用三脚架对中、整平,每次观测历元数应大于 20 个。

(4)RTK 图根点测量平面坐标转换残差不应大于图上±0.07mm,RTK 图根点测量高程拟合残差不应大于 1/12 基本等高距。

(5)RTK 图根点测量平面测量各次测量点位较差不应大于图上 0.1mm,高程测量各次测量高程较差不应大于 1/10 基本等高距,各次结果取中数作为最后成果。

(6)RTK 图根点平面成果应进行 100%的内业检查和不少于总点数 10%的外业检测。外业检测采用相应等级的全站仪测量边长和角度等方法进行,其检测点应均匀分布于测区。检测结果应满足表 2-4-5 的要求。

表 2-4-5　　　　　　　　RTK 图根点平面坐标检测要求

等级	边长校核		角度校核		坐标校核
	测距中误差（mm）	边长较差相对中误差	测角中误差（″）	角度较差限差（″）	图上平面坐标校差(mm)
图根	≤±20	≤1/3000	≤±20	60	≤±0.15

（7）RTK 图根点高程成果应进行 100% 的内业检查和不少于总点数 10% 的外业检测。外业检测采用相应等级的三角高程、几何水准测量等方法进行，其检测点应均匀分布于测区。检测点的高差较差不大于 1/7 基本等高距。

第五节　交会法测量

一、前方交会测量

当导线点的密度不能满足工程施工或大比例尺测图要求，需加密点位时，可用前方交会法加密控制点。如图 2-5-1 所示，图中 A、B 及 C 三点为已知点，P 为加密点。在三个已知点上观测了 4 个角度 α_1、β_1 和 α_2、β_2。根据已知坐标和观测角度，可用两组三角形分别求得待定点 P 的坐标。

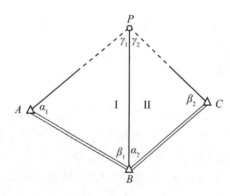

图 2-5-1　前方交会

1. 前方交会公式推导

下面以图 2-5-1 中三角形 Ⅰ 为例，介绍用前方交会法求 P 点坐标的基本原理。

根据已知点 A、B 的坐标，经坐标反算可求得 AB 的边长 D_{AB} 和方位角 α_{AB}；根据 α_1、β_1 角，可求得交会角 γ_1；在 $\triangle ABP$ 中，由正弦定律知：

$$D_{AP} = \frac{\sin\beta_1}{\sin\gamma_1} \times D_{AB}, \quad \gamma_1 = 180° - (\alpha_1 + \beta_1)$$

由坐标正算公式，可求得 P 点坐标如下：

$$x_P = x_A + D_{AP}\cos(\alpha_{AB} - \alpha_1) \}$$
$$y_P = y_A + D_{AP}\sin(\alpha_{AB} - \alpha_1) \}$$

将上式展开并化简整理，得：

$$\left.\begin{array}{l} x_P = \dfrac{x_A\cot\beta_1 + x_B\cot\alpha_1 - y_A + y_B}{\cot\alpha_1 + \cot\beta_1} \\ \\ y_P = \dfrac{y_A\cot\beta_1 + y_B\cot\alpha_1 + x_A - x_B}{\cot\alpha_1 + \cot\beta_1} \end{array}\right\} \quad (2\text{-}5\text{-}1)$$

式(2-5-1)就是计算角度前方交会法著名的余切公式。
应用公式时注意 A、B 及 P 三点应为逆时针方向。

2. 应用算例

已知图2-5-1中 A、B 及 C 三点坐标和各观测角列于表2-5-1。试计算待定点 P 的坐标。

表 2-5-1　　　　　　　　　　已知坐标及各观测角表

	点　号	X(m)	Y(m)
已知数据	A	5116.942	3683.295
	B	5522.909	3794.647
	C	5781.305	3435.018
观测数据	Ⅰ 组	$\alpha_1 = 59°10'42''$	
		$\beta_1 = 56°32'54''$	
	Ⅱ 组	$\alpha_2 = 53°48'45''$	
		$\beta_2 = 57°33'33''$	

解：根据余切公式(2-5-1)，分别计算 Ⅰ 组、Ⅱ 组 P 点的坐标：

Ⅰ 组：
$$x'_P = \frac{x_A\cot\beta_1 + x_B\cot\alpha_1 - y_A + y_B}{\cot\alpha_1 + \cot\beta_1} = 5398.151\text{m}$$

$$y'_P = \frac{y_A\cot\beta_1 + y_B\cot\alpha_1 + x_A - x_B}{\cot\alpha_1 + \cot\beta_1} = 3413.249\text{m}$$

Ⅱ 组：
$$x''_P = \frac{x_B\cot\beta_2 + x_C\cot\alpha_2 - y_B + y_C}{\cot\alpha_2 + \cot\beta_2} = 5398.127\text{m}$$

$$y''_P = \frac{y_B\cot\beta_2 + y_C\cot\alpha_2 + x_B - x_C}{\cot\alpha_2 + \cot\beta_2} = 3413.215\text{m}$$

由两组坐标较差 Δx_P 和 Δy_P 计算位置偏差 Δp：

$$\Delta p = \sqrt{\Delta x_P^2 + \Delta y_P^2} = 0.042\text{m}$$

最后 P 点坐标为：

$$x_P = \frac{1}{2}(x'_P + x''_P) = 5398.139\text{m}$$

$$y_P = \frac{1}{2}(y'_P + y''_P) = 3413.232 \text{m}$$

3. 应用说明

(1) 为了提高交会点的精度，通常观测两组三角形，也可观测一个三角形，此时还需观测角度 γ，并根据三角形的闭合差进行检核，这种方法通常称单三角形法。

(2) 在选定点时，应尽可能使交会角 γ 接近 90°，特别困难的情况下，也应使 γ 角满足大于 30° 而小于 150°。

(3) 当单三角形闭合差小于 60″ 时，将闭合差平均分配后按余切公式 (2-5-1) 计算待定点坐标；或当两组坐标较差小于 $\frac{M}{5000}$ (m) 时 (M 为测图比例尺分母)，取其平均值作为待定点最后坐标。

(4) 应用公式时注意 A、B 及 P 三点逆时针方向构成三角形。

二、测边交会法

除了测角交会法外，由于距离测量越来越简单，测边交会法也成为加密控制点的一种常用方法。如图 2-5-2 所示，在两个已知点 A、B 上分别测量至待定点的边长 D_a 和 D_b，求解待定点 P 的坐标，称为测边交会法。

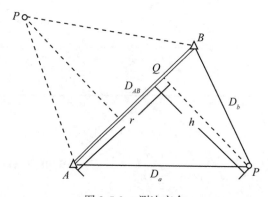

图 2-5-2 测边交会

1. 测边交会公式推导

下面以图 2-5-2 所示，叙述其测边交会原理。

由于点 A、B 坐标已知，根据坐标反算公式 (2-2-10) 分别计算 AB 边的边长 D_{AB} 和坐标方位角 α_{AB}。然后过 P 点作 AB 的垂线，垂足点为 Q，并令 AQ 的长为 r，PQ 的长为 h，利用余弦定理求角度 A 为：

$$\cos A = \frac{D_{AB}^2 + D_a^2 - D_b^2}{2D_{AB}D_a}$$

于是，有：

$$\left. \begin{array}{l} r = D_a \cos A = \dfrac{1}{2D_{AB}}(D_{AB}^2 + D_a^2 - D_b^2) \\ h = \sqrt{D_a^2 - r^2} \end{array} \right\} \quad (2\text{-}5\text{-}2)$$

有了 r 和 h，就可由下式计算出待定点 P 的坐标：

$$\left. \begin{array}{l} x_P = x_A + r\cos\alpha_{AB} - h\sin\alpha_{AB} \\ y_P = y_A + r\sin\alpha_{AB} + h\cos\alpha_{AB} \end{array} \right\} \quad (2\text{-}5\text{-}3)$$

上式 P 点在 AB 线段右侧（A、B、P 顺时针构成三角形），或待定点在 AB 线段左侧（A、B、P 逆时针构成三角形），同理可推证其公式如下：

$$\left. \begin{array}{l} x_P = x_A + r\cos\alpha_{AB} + h\sin\alpha_{AB} \\ y_P = y_A + r\sin\alpha_{AB} - h\cos\alpha_{AB} \end{array} \right\} \quad (2\text{-}5\text{-}4)$$

2. 应用算例

某测边交会确定待定点 P，A、B 为已知点，和 P 点构成逆时针三角形，其坐标和两相应的观测边长列于表 2-5-2 中。试计算待定点 P 的坐标。

表 2-5-2　　　　　　　　　　已知坐标及各观测角表

	点　号	X(m)	Y(m)
已知数据	A	1035.147	2601.295
	B	1501.295	3270.053
观测数据	D_a	703.760m	
	D_b	670.486m	

解：将已知坐标和观测边长填写到表 2-5-3 中，根据测边交会公式(2-5-4)，计算 P 点的坐标如下：

表 2-5-3　　　　　　　　　　测边交会法计算用表

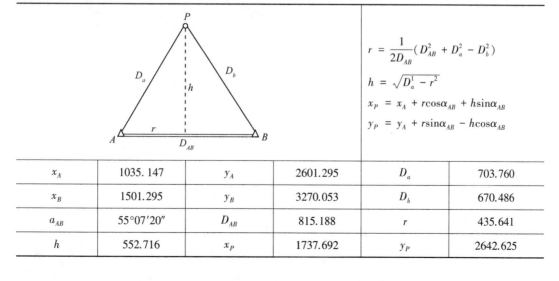

x_A	1035.147	y_A	2601.295	D_a	703.760
x_B	1501.295	y_B	3270.053	D_b	670.486
α_{AB}	55°07′20″	D_{AB}	815.188	r	435.641
h	552.716	x_P	1737.692	y_P	2642.625

3. 应用说明

（1）为了提高交会点的精度，通常观测类似于前方交会法的两组三角形，即加测与另一已知点相连的一条边；也可在观测两条边的基础上，加测一个或两个角度，通过边长反算的角度是否与观测的角小于某一限值进行检核，这种方法通常称边角三角形法。

（2）如果按两组计算坐标，测图比例尺为 M，则当两组坐标较差小于 $\dfrac{M}{5000}(\text{m})$ 时，取其平均值作为待定点最后坐标。

（3）应用公式时注意 A、B 及 P 三点是按顺时针还是按逆时针方向构成三角形。

第六节　三角高程测量

当地面两点间的地形起伏较大而不便于施测水准时，可应用三角高程测量的方法，先测定两点间的高差，再求得高程。该法较水准测量精度低，常用作山区各种比例尺测图的高程控制。

一、三角高程测量原理

三角高程测量的基本思想是，根据由测站的照准点所观测的竖直角和两点间的水平距离来计算两点之间的高差。如图 2-6-1 所示。已知 A 点高程 H_A，欲求 B 点高程 H_B，可将仪器安置在 A 点，照准 B 点目标顶端 N，测得竖直角 α，量取仪器高 i 和目标高 v。

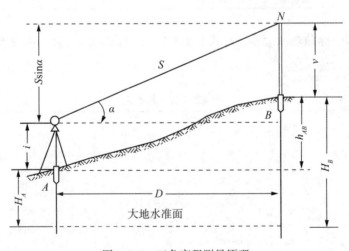

图 2-6-1　三角高程测量原理

如果 A、B 两点间水平距离为 D，A、B 两点高差 h_{AB} 为：

$$h_{AB} = D\tan\alpha + i - v \tag{2-6-1}$$

如果用测距仪测得 A、B 两点间的斜距为 S，则高差 h_{AB} 为：

$$h_{AB} = S\sin\alpha + i - v \tag{2-6-2}$$

B 点高程为：

$$H_B = H_A + h_{AB} \tag{2-6-3}$$

二、地球曲率和大气折光对高差的影响

式(2-6-1)和式(2-6-3)是在假定地球表面为水平面(即把水准面当作水平面)，认为观测视线是直线的条件下导出的。当地面上两点间的距离小于 300m 时是适用的。两点间距离大于 300m 时要顾及地球曲率。加曲率改正，称为球差改正。同时，观测视线受大气垂直折光的影响而成为一条向上凸起的弧线，必须加入大气垂直折光差改正，称为气差改正。以上两项改正合称为球气差改正，简称二差改正。

如图 2-6-2 所示，O 为地球中心，R 为地球曲率半径(R = 6371km)，A、B 为地面上两点，D 为 A、B 两点间的水平距离，R' 为过仪器高 P 点的水准面曲率半径，PE 和 AF 分别为过 P 点和 A 点的水准面。实际观测竖直角 α 时，水平线交于 G 点，GE 就是由于地球曲率而产生的高程误差，即球差，用符号 c 表示。由于大气折光的影响，来自目标 N 的光沿弧线 PN 进入仪器中的望远镜，而望远镜的视准轴却位于弧线 PN 的切线 PM 上，MN 即为大气垂直折光带来的高程误差，即气差，用符号 γ 表示。

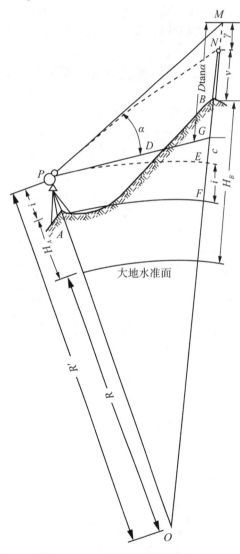

图 2-6-2 三角高程测量原理

由于 A、B 两点间的水平距离 D 与曲率半径 R' 之比值很小，例如当 D = 3km 时，其所对的圆心角约为 2.8′，故可认为 PG 近似垂直于 OM，$MG \approx D\tan\alpha$，于是，A、B 两点间的高差为：

$$h = D\tan\alpha + i - v + c - \gamma \tag{2-6-4}$$

从图 2-6-2 可知：$(R' + c)^2 = R'^2 + D^2$。

由于 c 与 R' 相比很小，可略去，并考虑到 R' 与 R 相差甚小，以 R 代替 R'，则上式为

$$c = \frac{D^2}{2R' + c} \approx \frac{D^2}{2R} \tag{2-6-5}$$

设因大气垂直折光而产生的视线变曲的曲率半径 R' 为地球曲率半径 R 的 K 倍，K 称为大气折光系数，则气差为：

$$\gamma = \frac{D^2}{2R'} = \frac{D^2}{2KR} \tag{2-6-6}$$

将式(2-6-5)和式(2-6-6)代入式(2-6-4)，

得：

$$h = D\tan\alpha + i - v + \frac{1-K}{2R}D^2 \quad (2\text{-}6\text{-}7)$$

上式与式(2-6-1)相比较，最后多了一改正项，它是由地球的曲率和大气折光引起的，称它为球气差，并令其等于 f，即：

$$f = c - \gamma = \frac{1-K}{2R}D^2 \quad (2\text{-}6\text{-}8)$$

长期的研究表明，大气折光系数不仅与所在测区的纬度和地形有关，也与季节和天气因素有关，因而其值不是一个定值，但其变化约为 0.10 ~ 0.14。

说明：在同一地区，球气差只与两点间的距离有关，其符号在往返测高差中保持不变，因此三角高程测量一般都采用对向观测，即由 A 点观测 B 点，又由 B 点观测 A 点，取对向观测所得高差绝对值的平均数可抵消两差的影响。

三、三角高程测量的观测和计算

1. 三角高程测量的观测

(1) 安置经纬仪于测站上，量取仪器高 i 和目标高 v。

(2) 当中丝瞄准目标时，将竖盘水准管气泡居中，读取竖盘读数。必须以盘左、盘右进行观测。

(3) 竖直角观测测回数与限差应符合表 2-6-1 的规定。

表 2-6-1　　　　　　　　　　竖直角观测测回数与限差规定

等级和仪器 项目	四等和一、二级小三角		一、二、三级导线	
	DJ2	DJ6	DJ2	DJ6
测回数	2	4	1	2
各测回互差限差	15″	25″	15″	25″

(4) 用电磁波测距仪测量两点间的倾斜距离 S，或用三角测量方法计算得两点间水平距离 D。

2. 三角高程测量计算

三角高程测量往返测所得的高差之差(经两差改正后)不应大于规范规定的限值，其值与边长的长度有关。若较差符合限差要求，取两次高差的平均值。

对图根小三角点进行三角高程测量时，竖直角 α 用 J6 级经纬仪测 1 ~ 2 个测回；同时为了减少折光差的影响，目标高应不小于 1m，仪器高 i 和目标高 v 用皮尺量出，取至 cm。

三角高程测量路线应组成闭合或附合路线。如图 2-6-3 所示，三角高程测量可沿 $A - B - C - D - A$ 闭合路线进行，每边均取对向观测。观测结果列于图上，其路线高差闭合差 f_h 的容许值按下式计算：

$$f_{h允} = 0.05\sqrt{\sum D^2} \quad (D \text{ 以 km 为单位}) \quad (2\text{-}6\text{-}9)$$

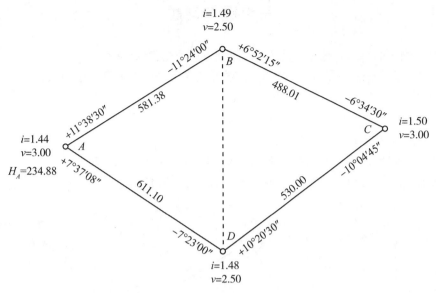

图 2-6-3　三角高程测量示意图

若 $f_h < f_{h允}$，则将闭合差按与边长成正比分配给各高差，再按调整后的高差推算各点的高程。

表 2-6-2 是三角高程测量观测与计算实例。

表 2-6-2　　　　　　　　　　三角高程测量观测与计算实例

起算点	A		B	
待求点	B		C	
	往	返	往	返
平距(m)	581.38	581.38	488.01	488.01
竖直角 α	+11°38′30″	−11°24′00″	+6°52′15″	−6°34′30″
仪器高 i(m)	1.44	1.49	+1.49	+1.50
目标高 v(m)	−2.50	−3.00	−3.00	−2.50
球气差 f(m)	+0.02	+0.02	+0.02	+0.02
高差(m)	+118.74	−118.72	+57.31	−57.23
平均高差(m)	+118.73		+57.27	

思考题与习题

1. 控制测量的目的是什么？建立平面控制网的方法有哪些？
2. 某直线段的磁方位角 $A_{磁}=30°30′$，磁偏角 $\delta=0°25′$，求真方位角 $A_{真}$？若子午线收敛角 $\gamma=2′25″$，求该直线段的坐标方位角 α。
3. 导线有哪些特点？哪些测区适合布设导线？
4. 导线布置的形式有哪些？
5. 怎样衡量导线测量的精度？导线测量的闭合差是怎样规定的？
6. 根据下图中各边方位角及折角计算其余边坐标方位角。

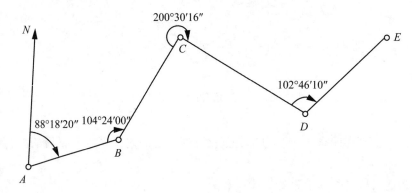

附合导线略图

7. 前方交会（如下图所示），已知 A、B 两点的坐标为：$A(500.000, 500.000)$，$B(526.825, 433.160)$，观测值 $\alpha=91°03′24″$，$\beta=50°35′23″$。计算 P 点的坐标。

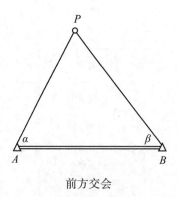

前方交会

8. 测边交会的观测数据如下图所示，已知 A、B 两点的坐标为：$A(500.000, 500.000)$，$B(615.186, 596.635)$。计算 P 点的坐标。

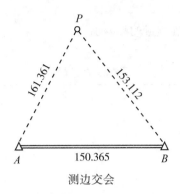

测边交会

9. 下图中，A 点坐标 $x_A = 1345.623$m，$y_A = 569.247$m；B 点坐标 $x_B = 857.322$m，$y_B = 423.796$m。水平角 $\beta_1 = 15°36'27''$，$\beta_2 = 84°25'45''$，$\beta_3 = 96°47'14''$。求方位角 α_{AB}，α_{B1}，α_{12}，α_{23}。

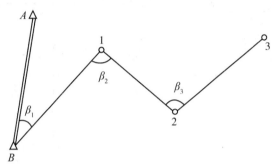

支导线示意图

10. 计算下表中附合导线各点的坐标值。

附合导线计算用表

点号	内角观测值 (° ′ ″)	改正后内角 (° ′ ″)	坐标方位角 (° ′ ″)	边长 (m)	纵坐标增量 ΔX	横坐标增量 ΔY	改正后坐标增量 ΔX	改正后坐标增量 ΔY	坐标 X	坐标 Y
B			127 20 30						509.58	675.89
A	128 57 32			40.510						
1	295 08 00			79.040						
2	177 30 58			59.120						
C	211 17 36		220 14 00						383.26	690.45
D										

$f_\beta =$ \qquad $\sum D =$ \qquad $f_x =$ \qquad $f_y =$
\qquad\qquad\qquad\qquad\qquad\qquad\qquad\qquad $f =$ \qquad $K =$

11. 根据下表计算三角高程测量的高差值。

三角高程计算表

测站	A	B
目标	B	A
竖直角 α	$+4°30'$	$-4°18'$
水平距离 D	375.11	375.11
$\tan\alpha$		
$D\tan\alpha$		
仪器高 i	1.50	1.40
目标高 s	1.80	2.40
两差改正 f		
高差 h		
平均高差		

图根控制测量技能训练

技能训练一 全站仪图根导线测量

一、目的与要求

(1) 掌握附合或闭合导线测量的外业工作方法和内业计算步骤。

(2) 培养学生应用测量理论知识综合分析问题和解决问题的能力,训练每组成员分工配合、相互协作的精神和严谨科学的态度及工作作风。

(3) 水平角测角精度 $\Delta\beta < 30''$,量距相对误差 $K < 1/2000$。导线角度闭合差 $f_{\beta容} < 40''\sqrt{n}$,导线全长相对闭合差 $K < 1/2000$。

二、仪器与工具

全站仪1套，棱镜2个，小钢尺1个，记录板1块，毛笔1支，手锤1个，小钉若干，自备铅笔。

三、方法与步骤

1. 全站仪操作使用

(1)每班按全站仪的台数分成几组，每组由指导教师先讲解本次实习目的中的所有内容及实习注意事项。

(2)每位同学在实习指导教师的指导下，按实习目的的要求依次完成以下实习内容，并由实习教师讲解和示范仪器的各项功能和操作方法。

①熟悉全站仪的各个螺旋及全站仪的显示面板的功能等；

②熟悉全站仪的配置菜单及仪器的自检功能；

③在实习指导教师的指导下，正确快速地进行全站仪的对中、整平工作；

④在实习指导教师的指导下，进行全站仪的测站设置(输入测站点坐标、定向点坐标、仪器高、坐标高等数据)和定向工作。

2. 全站仪导线测量

(1)在测区内选定由4~5个导线点组成的闭合导线，在各导线点打下木桩或在地上画上记号标定点位，绘出导线略图。

(2)用全站仪往返测量各导线边的边长，读至毫米，每边测4个测回，每测回读4次数。

(3)采用方向法观测导线各转折角，奇数测回测左角，偶数测回测右角，共测4个测回。

(4)计算：①角度闭合差 $f_\beta = \sum \beta - (n-2) \times 180$，$n$ 为测角数；②导线全长相对闭合差；③外业成果合格后，内业计算各导线点坐标。

(5)或者完全按前面介绍的"全站仪三维导线测量"进行观测、记录与计算。

四、注意事项

(1)由于全站仪是集光、电、数据处理于一体的多功能精密测量仪器，在实习过程中应注意保护好仪器，尤其不要使全站仪的望远镜受到太阳光的直射，以免损坏仪器。

(2)未经指导教师的允许，不要任意修改仪器的参数设置，也不要任意进行非法操作，以免因操作不当而发生事故。

五、上交资料

以小组为单位，每位成员提交一份导线测量记录表格和计算成果报告。

全站仪导线观测记录表

日期：_____ 天气：_____ 观测：_____ 记录：_____

测站	盘位	目标	水平度盘读数	水平角值	平均角值	水平距离			备注
						往	返	平均	
	合 计								

技能训练二　GNSS 的认识与坐标测量

一、目的与要求

（1）了解常用品牌 GNSS 接收机的基本构造，理解动态 GNSS-RTK 测量的基本原理。
（2）掌握 GNSS-RTK 测量的几种作业模式。
（3）掌握 GNSS-RTK 四种作业模式下数据采集的操作方法。
（4）复习教材中有关内容，每个人当场记录一份观测手簿。

二、仪器及工具

(1)由仪器室借领：以班为单位轮流借用 GNSS 接收机 2 套、小钢卷尺 1 个。
(2)自备工具：铅笔、小刀、尺子及记录表格。

三、实习步骤

1. 中海达 GNSS 接收机认识
(1)中海达 GNSS 接收机的按键及对应的功能；
(2)GNSS 接收机工作模式设置；
(3)GNSS 接收机安置；
(4)GNSS 接收机与手簿的连接；
(5)手簿软件操作；
(6)坐标系与椭球参数选择；
(7)数据链参数的意义和设置；
(8)坐标测量方法。

2. 基准站架设
在开阔的地方，将一台 GNSS 接收机从仪器箱中取出，在测站上安置仪器，整平、对中，量取仪器高，并将它设置为基准站模式；蓝牙连接手簿，按教材要求设置坐标系(椭球参数)、数据链等相关参数。

3. 移动站设置
将另一台 GNSS 接收机从仪器箱中取出，开机后设置为移动台模式；蓝牙连接手簿，按教材要求设置坐标系(椭球参数)、数据链等相关参数。

4. 参数计算
将移动站移到已知点 A_1，测量该点坐标；同理移到已知点 A_2，测量该点坐标。然后计算四参数。并在其他已知点上检验参数的正确性。

5. 地面点测量
在手簿中新建工程项目，或打开已建立的项目，输入杆高，固定解后记录其坐标。每人测量 10 个坐标点。

四、注意事项

(1)GNSS 接收机属特贵重设备，实习过程中应严格遵守测量仪器的使用规则。
(2)在测量观测期间，由于观测条件的不断变化，要注意不时地查看接收机是否工作正常，电池是否够用。
(3)基准站 GNSS 接收机应尽量安置在开阔且较高的地方，高度角设置应大于 15°。
(4)移动站测量杆应竖直，显示的坐标解应为固定解。

五、提交资料

以小组为单位，每名成员提交一份 GNSS-RTK 测量实训报告。报告内容可根据自己的兴趣选择四种测量模式中的任意一种。

第三章 地形图的基础知识

地球表面复杂多样的形体，归纳起来可分为地物和地貌两大类。凡地面固定性的物体，如道路、房屋、铁路、江河、湖泊、森林、草地及其他各种人工建筑物等都称为地物。地表面的各种高低起伏状态，如高山、深谷、陡坎、悬崖峭壁和雨裂冲沟等，都称之为地貌。地形是地物和地貌的统称。

地形图是普通地图的一种，具有较高的使用价值，在经济建设、国防建设、科学研究中均得到广泛的应用。地形图是通过实地测量，将地面上各种地物和地貌的平面位置和高程沿铅垂线方向投影到水平面上，并按一定的比例尺用《国家基本比例尺地图图式》(GB/T 20257)统一规定的符号和注记，将其缩绘在图纸上的平面图形。它既能表示出地物的平面位置，又能表示出地貌形态的情况。在地形图上则把地球表面的水系、居民地、交通线、境界线、土壤植被、地貌等六大地形要素用各种地形符号详尽地表示出来。由于地形图，特别是大比例尺地形图，能客观地反映地面的实际情况，所以各项经济建设和国防建设都在地形图上进行规划和设计。

地形图的内容丰富，归纳起来大致可分为三类：数学要素，如比例尺、坐标格网等；地形要素，即各种地物、地貌；注记和整饰要素，包括各种注记、说明资料和辅助图表。可见，它是进行规划和设计的重要基础资料之一。因此，正确识读和使用地形图是工程技术人员必须具备的基本技能之一。

随着科学技术的发展，地形图的生产方式、制作技术、储存介质和显示方式等都发生了革命性的变化。数字地图已逐渐取代传统的纸质地图，成为一种新的数字测绘产品，如矢量地图、栅格地图、正射影像图等。数字地图是存储在计算机的硬盘、软盘或磁带等介质上，地图内容是通过数字来表示的，需要通过专用的计算机软件对这些数字进行显示和读取，同时也可以对其进行查询、分析、编辑和修改。数字地图上可以表示的信息量远大于普通地图。

第一节 地形图的比例尺

在测量工作中，不可能按真实大小把地面上的地物和地貌描绘到图纸上去，只有将实际尺寸缩小之后来描绘。图上某直线的长度 l 与地面上相应线段的水平长度 L 之比，称为图的比例尺。比例尺一般分为数字比例尺和图示比例尺两大类。

一、数字比例尺

数字比例尺一般用分子为 1 的分数形式表示。依比例尺的定义，有

$$\frac{l}{L} = \frac{1}{M} \tag{3-1-1}$$

值得注意的是，比例尺的大小不是以缩放的倍数来决定，而是依分数值的大小来比较，即比例尺的分母 M 愈小（例如 $M=500$），分数值愈大，则比例尺愈大；反之分母 M 愈大（例如 $M=5000$），分数值愈小，则比例尺愈小。

数字比例尺可以写成 $\frac{1}{500}$、$\frac{1}{1000}$、$\frac{1}{5000}$ 等形式，可以写成 1∶500、1∶1000、1∶5000 等形式，也可以写成 1/500、1/1000、1/5000 等形式。

我国基本比例尺地形图共分 11 种：1∶500、1∶1000、1∶2000、1∶5000 为大比例尺地形图；1∶10000、1∶25000、1∶50000、1∶100000 为中比例尺地形图；1∶250000、1∶500000、1∶1000000 为小比例尺地形图。

【例 3-1-1】 在比例尺为 1∶1000 的地形图上，两点间距离为 5.2cm，试求其实地水平长度。

解：依题意可知

$$M = 1000，l = 5.2\text{cm}，$$

根据比例尺的定义 $\frac{l}{L} = \frac{1}{M}$，得

$$L = l \times M = 5.2 \times 1000 = 5200\text{cm} = 52\text{m}$$

反之，若已知实地水平长度为 96.4m，其相应图上长度 l 为

$$l = L/1000 = 96.4/1000 = 9.64\text{cm}$$

二、图示比例尺

在地形图的测绘和使用过程中，都要依上述定义将图上长度和实地相应水平长度进行计算，十分不便，此时可采用一种较直观和方便的比例尺——图示比例尺，它又分为直线比例尺和斜线比例尺。

1. 直线比例尺

在地形图的下方，先绘一段直线，并截取若干相等的线段，称为比例尺的基本单位，一般为 1cm 或 2cm，再将最左边的一个基本单位等分为 10 个小段，见图 3-1-1。

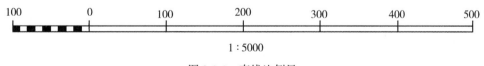

图 3-1-1 直线比例尺

以 1∶5000 的直线比例尺为例，基本单位的长度为 2cm，相应的实际长度 $L = 2 \times 5000 = 100\text{m}$，最左边的每一小段为 2mm，相应长度为 10m，为方便使用，把相应的实地水平长度直接标在直线比例尺的上方（见图 3-1-1）。

说明：直线比例尺多绘在图幅的下方，具有随图纸同样伸缩的特点，故用它量取同一

幅图上的距离时，在很大程度上减少了图纸伸缩变形带来的影响。

应用时用两脚规的两脚尖对准图上需要量距的两点，然后把两脚规移至直线比例尺，使一只脚尖对准 0 点右边一个适当的大分划线（如 100 分划线），另一只脚尖落在 0 线左边的基本单位内，估读小分划的零头数就能直接读出长度（如 100 + 75 = 175m），无须计算了。直线比例尺只能读到基本分划的 1/10，对于更小的长度就必须估读，不够准确。为了量距更准确，可以用另一种比例尺——斜线比例尺。

2. 斜线比例尺

斜线比例尺可以将基本单位的 1/100 准确读出来。

斜线比例尺的绘制方法如图 3-1-2 所示。其中右端是将一个基本单位分成 10 等份，然后上下错开一格用斜线连起来，便得到斜线比例尺。

根据相似三角形原理可以证明，对于每一斜线而言，任意两相邻横线之间斜线与横线的交点相差均为基本单位的 1/100。

【例 3-1-2】 在 1∶5000 的斜线比例尺（图 3-1-2）上，试量取相应于实地水平长度 365m 和 142.4m 的图上长度。

在图 3-1-2 的 1∶5000 的斜线比例尺上，用两脚规的一个脚尖对准 0 线左边注有 60 的斜线和第 5 条平行线的交点 a 上，将另一脚尖对准 0 线右边注有 300 的垂直线和第 5 条平行线的交点 b 上，则 ab 之间的长度就是所求的 365m 在 1∶5000 的图上长度。

对于 142.4m，则用一只脚尖对准 0 线左边注有 40 的斜线和第 2 条线的交点往上移 0.4 格的 c 点，而另一脚尖则平行地放在 100 的垂线上的 d 点，注意 d 点也应该在第二条水平线和第三条水平线之间的 0.4 的位置上，则 cd 长度就是所求 142.4m 在图上的长度。

在实际工作中，我们也可以把 1∶5000 的斜线比例尺当作 1∶500 的比例尺用，只需将每个数据缩小 $\dfrac{1}{10}$ 即可。

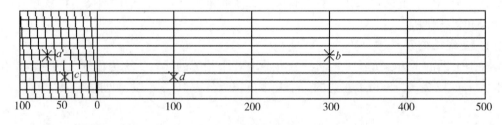

图 3-1-2 斜线比例尺

三、比例尺精度

正常的人眼可以将图上 0.1mm 的两点区分开。所以，在图上 0.1mm 的长度以某种比例尺求算得的相应的实地上的长度，叫作该图的比例尺精度。

按定义就很容易求得各种比例尺的精度，见表 3-1-1。

表 3-1-1　　　　　　　　不同比例尺地形图对应的比例尺精度表

比例尺	1∶500	1∶1000	1∶2000	1∶5000	1∶10000
比例尺精度(m)	0.05	0.10	0.20	0.50	1.00

说明：有了比例尺的精度概念后，在实地丈量地物边长，或丈量地物与地物间的距离，只要精确到按比例尺缩小后，相当于图上 0.1mm 即可。因此根据比例尺精度概念，有助于解决下述两方面的问题：

(1)按工作需要，多大的地物须在图上表示出来，或测量地物要求精确到什么程度，由此可参考决定测图的比例尺。

(2)当测图比例尺决定后，可以推算出测量地物时应精确到什么程度。

例如：要使地面上大于 0.5m 的一切地物都能在图上表示出来，则可以选取比例尺为 1/5000 来测图。反之当测图比例尺为 1/5000 时，对于轮廓尺寸小于 0.5m 的地物就可以忽略，或者可采用规定的符号表示。

第二节　地形图的分幅与编号

为便于测绘、管理和使用地形图，需要将大面积的各种比例尺的地形图进行统一的分幅和编号。地形图分幅的方法分为两类：一类是按经纬线分幅的梯形分幅法(又称为国际分幅法)；另一类是按坐标格网分幅的矩形分幅法。前者用于国家基本图的分幅，后者则用于工程建设大比例尺图的分幅。

一、1∶1000000 地形图的分幅和编号

1∶1000000 地形图分幅与编号采用国际 1∶1000000 地图会议(1913 年，巴黎)的规定进行。标准分幅的经差是 6°，纬差是 4°。由于随纬度的增高地图面积迅速缩小，所以规定在纬度 60°~76°之间双幅合并，即每幅图经差 12°，纬差 4°。在纬度 76°~88°之间由四幅合并，即每幅图经差 24°，纬差 4°。纬度 88°以上单独为一幅。我国处于纬度 60°以下，故没有合幅的问题。

北半球东侧 1∶1000000 地形图的国际分幅与编号如图 3-2-1 所示。

从赤道算起，每 4°为一行，至北(南)纬 88°，各为 22 行，依次用英文字母 A，B，C，…，V 表示其相应的列号，行号前分别冠以 N 或 S，区别北半球和南半球(我国地处北半球，图号前的 N 全部省略)。从 180°经线算起，自西向东每 6°为一列，将全球分为 60 列，依次用 1，2，3，…，60 来表示。由经线和纬线所围成的每一个梯形小格为一幅 1∶1000000 地形图，它们的编号由该图所在的行号和列号组合而成。我国首都北京所在的 1∶1000000 地形图的图幅号为 J50。

我国地处东半球赤道以北，图幅范围在经度 72°~138°、纬度 0°~56°内，包括行号为 A，B，C，…，N 的 14 行和列号为 43，44，…，53 的 11 列。

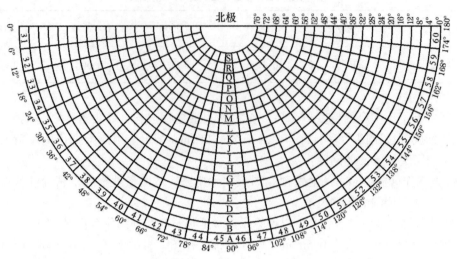

图 3-2-1　北半球东侧 1∶1000000 地形图的国际分幅与编号

二、1∶500000～1∶5000 地形图的分幅与编号

1. 比例尺

为了使各种比例尺不至于混淆，1∶500000～1∶5000 各比例尺地形图分别采用不同的英文字符作为其比例尺的代码，字符排列从 B 到 H。见表 3-2-1。

表 3-2-1　　　　　　　　　　1∶500000～1∶500 地形图的比例尺代码

比例尺	1∶500000	1∶250000	1∶100000	1∶50000	1∶2.50000	1∶10000	1∶5000	1∶2000	1∶1000	1∶500
代码	B	C	D	E	F	G	H	I	J	K

2. 图幅编号方法

1∶500000～1∶5000 地形图的编号均以 1∶1000000 地形图编号为基础，采用行列编号方法。地形图的图号均由其所在 1∶1000000 地形图的图号、比例尺代码和各图幅的行列号共十位码组成。即 1∶1000000 地形图幅行号（字符码）1 位，1∶1000000 地形图幅列号（数字码）2 位，比例尺代码（字符）1 位，该图幅行号（数字码）3 位，列号（数字码）3 位。

1∶500000～1∶2000 地形图编号的组成见图 3-2-2。

3. 行、列编号方法

1∶500000～1∶5000 地形图的行、列编号是将 1∶1000000 地形图按所含各比例尺地形图的经差和纬差划分成若干行和列。横行从上到下，纵列从左到右按顺序分别用三位阿拉伯数字（数字码）表示，不足三位者前面补零。取行号在前、列号在后的排列形式标记。

1∶500000～1∶5000 地形图的行、列编号见图 3-2-3。

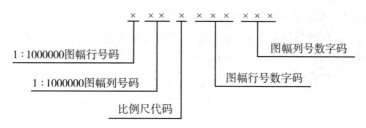

图 3-2-2 1∶500000~1∶2000 地形图的编号

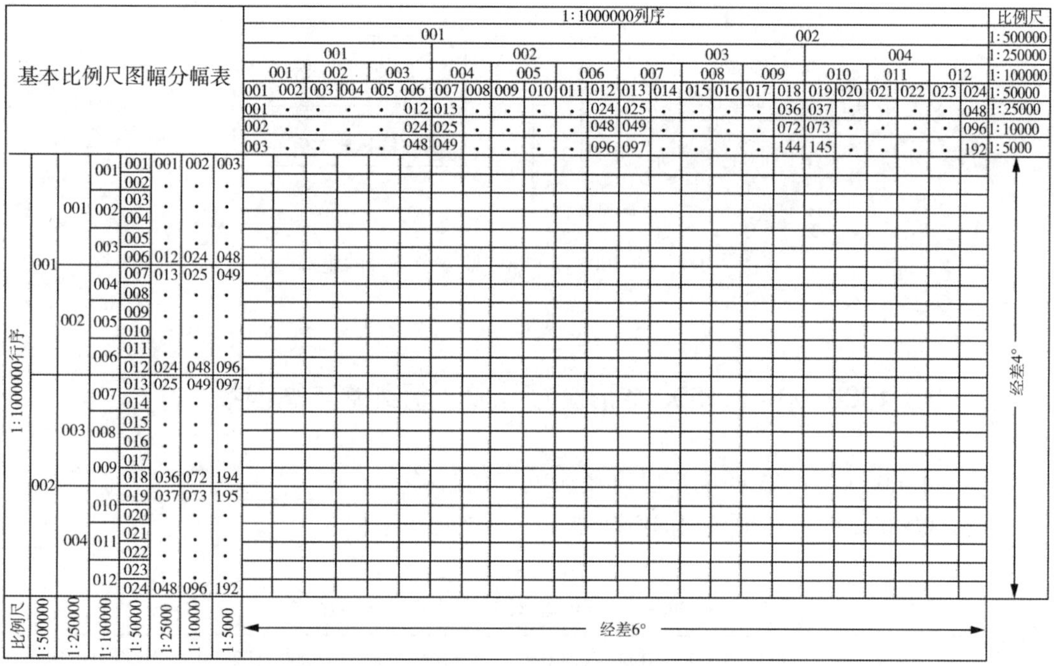

图 3-2-3 1∶500000~1∶5000 地形图图幅分幅表

三、1∶2000~1∶500 地形图的分幅与编号

1. 比例尺

1∶2000~1∶500 各比例尺地形图分别采用不同的英文字符作为其比例尺的代码,字符排列从 I 到 K。见表 3-2-1。

2. 1∶2000 地形图的图幅编号方法

1∶2000 地形图经、纬度分幅的图幅编号方法宜与 1∶500000~1∶5000 地形图的图幅编号方法相同,即均以 1∶1000000 地形图编号为基础,采用行列编号方法。地形图的图号均由其所在 1∶1000000 地形图的图号、比例尺代码和各图幅的行列号共十位码组成。即 1∶1000000 地形图幅行号(字符码)1 位,1∶1000000 地形图幅列号(数字码)2 位,比例尺代码(字符)1 位,该图幅行号(数字码)3 位,列号(数字码)3 位。1∶2000 地形图编

61

号的组成见图 3-2-2。

3. 1∶1000～1∶500 地形图的图幅编号方法

1∶1000～1∶500 地形图经、纬度分幅的图幅编号方法与 1∶500000～1∶5000 地形图的图幅编号方法相类似。即均以 1∶1000000 地形图编号为基础，采用行列编号方法。不同的是，由于行、列数的位数均大于 3 位，因此地形图的图号均由其所在 1∶1000000 地形图的图号、比例尺代码和各图幅的行列号共 12 位码组成。即 1∶1000000 地形图幅行号（字符码）1 位，1∶1000000 地形图幅列号（数字码）2 位，比例尺代码（字符）1 位，该图幅行号（数字码）4 位，列号（数字码）4 位。见图 3-2-4。

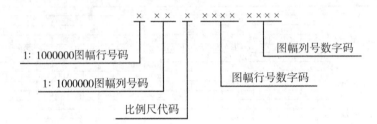

图 3-2-4　1∶1000～1∶500 地形图编号的组成

四、1∶1000000～1∶500 地形图经纬差、行列数与图幅数

1. 1∶1000000～1∶500 地形图的经纬差、行列数

1∶1000000～1∶500 地形图的经纬差、行列数见表 3-2-2。

表 3-2-2　　　　　　1∶1000000～1∶500 地形图的经纬差、行列数表

比例尺 1/		1000000	500000	250000	100000	50000	2.50000	10000	5000	2000	1000	500
范围	经差	6°	3°	1°30′	30′	15′	7′30″	3′45″	1′52.5″	37.5″	18.75″	9.375″
	纬差	4°	2°	1°	20′	10′	5′	2′30″	1′15″	25″	12.5″	6.25″
行列	行数	1	2	4	12	24	48	96	192	576	1152	2304
	列数	1	2	4	12	24	48	96	192	576	1152	2304

2. 1∶1000000～1∶500 地形图图幅数之间的关系

(1) 每幅 1∶1000000 地形图划分为 2 行 2 列，共 4 幅 1∶500000 地形图，1 幅 1∶1000000=4 幅 1∶500000。每幅 1∶500000 地形图的分幅为经差 3°，纬差 2°。

(2) 每幅 1∶500000 地形图划分为 2 行 2 列，共 4 幅 1∶250000 地形图，1 幅 1∶500000=4 幅 1∶250000。每幅 1∶250000 地形图的分幅为经差 1°30′，纬差 1°。

(3) 每幅 1∶250000 地形图划分为 3 行 3 列，共 9 幅 1∶100000 地形图，1 幅 1∶250000=9 幅 1∶100000。每幅 1∶100000 地形图的分幅为经差 30′，纬差 20′。

(4) 每幅 1∶100000 地形图划分为 2 行 2 列，共 4 幅 1∶50000 地形图，1 幅 1∶100000

=4 幅 1∶50000。每幅 1∶50000 地形图的分幅为经差 15′，纬差 10′。

（5）每幅 1∶50000 地形图划分为 2 行 2 列，共 4 幅 1∶25000 地形图，1 幅1∶500000 =4 幅 1∶25000。每幅 1∶25000 地形图的分幅为经差 7′30″，纬差 5′。

（6）每幅 1∶25000 地形图划分为 2 行 2 列，共 4 幅 1∶10000 地形图，1 幅1∶25000 = 4 幅 1∶10000。每幅 1∶10000 地形图的分幅为经差 3′45″，纬差 2′30″。

（7）每幅 1∶10000 地形图划分为 2 行 2 列，共 4 幅 1∶5000 地形图，1 幅1∶10000 = 4 幅 1∶5000。每幅 1∶5000 地形图的分幅为经差 1′52″.5，纬差 1′15″。

（8）每幅 1∶5000 地形图划分为 3 行 3 列，共 9 幅 1∶2000 地形图，1 幅1∶50000000 = 9 幅 1∶2000。每幅 1∶2000 地形图的分幅为经差 37″.5，纬差 25″。

（9）每幅 1∶2000 地形图划分为 2 行 2 列，共 4 幅 1∶1000 地形图，1 幅1∶2000 = 4 幅 1∶1000。每幅 1∶1000 地形图的分幅为经差 18″.75，纬差 12.5″。

（10）每幅 1∶1000 地形图划分为 2 行 2 列，共 4 幅 1∶500 地形图，1 幅1∶100 = 4 幅 1∶500。每幅 1∶500 地形图的分幅为经差 9″.375，纬差 6.25″。

五、1∶1000000～1∶500 地形图的图幅号计算

1. 1∶1000000 地形图图幅号的计算

1∶1000000 地形图图幅号计算公式：

$$a = [\varphi/4°] + 1, \quad b = [\lambda/6°] + 31 \tag{3-2-1}$$

式中，[ ]——表示商取整；

a, b——1∶1000000 地形图图幅所在纬度带字符码和经度带的数字码；

λ, φ——图幅内某点的经、纬度或图幅西南图廓点的经、纬度。

【例 3-2-1】 某点经度为 114°33′45″，纬度为 39°22′30″，计算其所在 1∶1000000 地形图的编号。

根据式（3-2-1），将经、纬度代入：

$a = [39°22′30″/4°] + 1 = 10$（字符码为 J），$b = [114°33′45″/6°] + 31 = 50$（数字码为 50）

该点所在 1∶1000000 地形图图幅的编号为 J50。

2. 1∶500000～1∶500 地形图的图幅号计算

1∶500000～1∶500 地形图图幅号计算公式：

$$c = 4°/\Delta\varphi - [(\varphi/4°)/\Delta\varphi], \quad d = [(\lambda/6°)/\Delta\lambda] + 1 \tag{3-2-2}$$

式中，( )——表示商取余；

c, d——所求比例尺地形图在 1∶1000000 地形图图号后的行、列号；

$\Delta\lambda, \Delta\varphi$——所求比例尺地形图分幅的经差、纬差。

【例 3-2-2】 某点经度为 114°33′45″，纬度为 39°22′30″，计算 1∶500000、1∶100000、1∶10000 和 1∶1000 比例尺地形图的编号。

1）1∶500000 地形图的编号

查表 3-2-2 可知，$\Delta\varphi = 2°$，$\Delta\lambda = 3°$，代入式（3-2-2）有

$$c = 4°/2° - [(39°22′30″/4°)/2°] = 2 - [3°22′30″/2°] = 001$$
$$d = [(114°33′45″/6°)/3°] + 1 = [33′45″/3°] + 1 = 001$$

因此，1∶500000 地形图的编号为 J50B001001。

2) 1∶100000 地形图的编号

查表 3-2-2 可知，$\Delta\varphi = 20'$，$\Delta\lambda = 30'$，代入式(3-2-2)有

$$c = 4°/20' - [(39°22'30''/4°)/20'] = 12 - [3°22'30''/20'] = 002$$
$$d = [(114°33'45''/6°)/30'] + 1 = [33'45''/30'] + 1 = 002$$

因此，1∶100000 地形图的编号为 J50D002002。

3) 1∶10000 地形图的编号

查表 3-2-2 可知，$\Delta\varphi = 2'30''$，$\Delta\lambda = 3'45''$，代入式(3-2-2)有

$$c = 4°/2'30'' - [(39°22'30''/4°)/2'30''] = 96 - [3°22'30''/2'30''] = 015$$
$$d = [(114°33'45''/6°)/3'45''] + 1 = [33'45''/3'45''] + 1 = 010$$

因此，1∶10000 地形图的编号为 J50G015010。

4) 1∶1000 地形图的编号

查表 3-2-2 可知，$\Delta\varphi = 12.5''$，$\Delta\lambda = 18.75''$，代入式(3-2-2)有

$$c = 4°/12.5'' - [(39°22'30''/4°)/12.5''] = 1152 - [3°22'30''/12.5''] = 0180$$
$$d = [(114°33'45''/6°)/18.75''] + 1 = [33'45''/18.75''] + 1 = 0109$$

因此，1∶1000 地形图的编号为 J50J01800109。

六、矩形分幅和编号

为了满足工程设计、施工及资源与行政管理的需要所测绘的 1∶500、1∶1000、1∶2000 和小区域 1∶5000 比例尺的地形图，通常采用矩形分幅。

矩形图幅一般为 50cm×50cm 或 40cm×50cm，以纵横坐标的整千米整百米数作为图幅的分界线。50cm×50cm 图幅最常用。例如：一幅 1∶5000 的地形图分成四幅 1∶2000 的地形图；一幅 1∶2000 的地形图分成四幅 1∶1000 的地形图；一幅 1∶1000 的地形图分成四幅 1∶500 的地形图。各种比例尺地形图的图幅大小见表 3-2-3。

表 3-2-3 矩形分幅及面积

比例尺	50×40 分幅		50×50 分幅	
	图幅大小(cm×cm)	实地面积(km×km)	图幅大小(cm×cm)	实地面积(km×km)
1∶5000	50×40	5	50×50	1
1∶2000	50×40	0.8	50×50	4
1∶1000	50×40	0.2	50×50	16
1∶500	50×40	0.05	50×50	64

矩形图幅的编号，一般采用该图幅西南角的 x 坐标和 y 坐标(以千米为单位)，之间用

连字符连接。如一图幅,其西南角坐标为 x = 3810.0km,y = 25.5km,其编号为 3810.0-25.5。编号时,1∶5000 地形图,坐标取至 1km;1∶2000、1∶1000 地形图,坐标取至 0.1km;1∶500 地形图,坐标取至 0.01km。对于小面积测图,还可以采用其他方法进行编号。例如,按行列式或按自然序数法编号。对于较大测区,测区内有多种测图比例尺时,应进行系统编号。

有时在某些测区,根据用户要求,需要测绘几种不同比例的地形图。在这种情况下,为便于地形图的测绘管理、图形拼接、编绘、存档管理与应用,应以最小比例尺的矩形分幅地形图为基础,进行地形图的分幅与编号。如测区内要分别测绘 1∶500、1∶1000、1∶2000、1∶5000 比例尺的地形图(可能不完全重叠),则应以 1∶5000 比例尺的地形图为基础,进行 1∶2000 和大于 1∶2000 地形图的分幅与编号。

如图 3-2-5 所示,1∶5000 图幅的西南角坐标为 x = 4400km,y = 38km,其编号为 4400-38。1∶2000 图幅的编号是在 1∶5000 图幅编号后面加上罗马数字 Ⅰ、Ⅱ、Ⅲ或Ⅳ,如右上角一幅图的图号为 4400-38-Ⅱ;1∶1000 图幅的编号是在 1∶2000 图幅编号后面加罗马数字,如右上角一幅图的图号为 4400-38-Ⅱ-Ⅱ;1∶500 图幅的编号是在 1∶1000 图幅编号后面加罗马数字,如右上角一幅图的图号为 4400-38-Ⅱ-Ⅱ-Ⅱ。

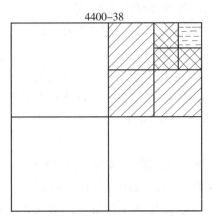

图 3-2-5　地形图矩形分幅与编号

第三节　地形图图外注记

为了图纸管理和使用的方便,在地形图的图框外有许多注记,如图号、图名、接图表、图廓、坐标格网、三北方向线等。

一、图名和图号

图名就是本幅图的名称,常用本图幅内最著名的地名、村庄或厂矿企业的名称来命名。图号即图的编号。每幅图上标注编号可确定本幅地形图所在的位置。图名和图号标在北图廓上方的中央。

二、接图表

说明本图幅与相邻图幅的关系,供索取相邻图幅时使用。通常是中间一格画有斜线的代表本图幅,四邻分别注明相应的图号或图名,并绘注在图廓的左上方。此外,除了接图表外,有些地形图还把相邻图幅的图号分别注在东、西、南、北图廓线中间,进一步表明与四邻图幅的相互关系。

三、图廓和坐标格网线

图廓是图幅四周的范围线,它有内图廓和外图廓之分。内图廓是地形图分幅时的坐标格网或经纬线。外图廓是距内图廓以外一定距离绘制的加粗平行线,仅起装饰作用。在内图廓外四角处注有坐标值,并在内图廓线内侧,每隔10cm绘有5mm的短线,表示坐标格网线的位置。在图幅内绘有每隔10cm的坐标格网交叉点。

内图廓以内的内容是地形图的主体信息,包括坐标格网或经纬网、地物符号、地貌符号和注记。比例尺大于 1∶100000 只绘制坐标格网。

外图廓以外的内容是为了充分反映地形图特性和用图的方便而布置在外图廓以外的各种说明、注记,统称为说明资料。在外图廓以外,还有一些内容,如图示比例尺、三北方向、坡度尺等,是为了便于在地形图上进行量算而设置的各种图解,称为量图图解。

在内、外图廓间注记坐标格网线的坐标,或图廓角点的经纬度。在内图廓和分度带之间的注记为高斯平面直角坐标系的坐标值(以千米为单位),由此形成该平面直角坐标系的公里格网。

在图 3-3-1 中,直角坐标格网左起第二条纵线的纵坐标为 22482km。其中 22 是该图所在投影带的带号,该格网线实际上与 x 轴相距 $-18km(482km-500km=-18km)$,即位于中央子午线以西 18km 处。该图中,南边的第一条横向格网线的 $x=5189km$,表示位于赤道(y 轴)以北 5189km。

四、三北方向线及坡度尺

在中、小比例尺的南图廓线的右下方,还绘有真子午线、磁子午线和坐标纵线(中央子午线)三个方向之间的角度关系,称为三北方向图,如图 3-3-2 所示。该图中,磁偏角为 9°50′(西偏),坐标纵线对真子午线的子午线收敛角为 0°05′(西偏)。利用该关系图,可对图上任一方向的真方位角、磁方位角和坐标方位角三者间作相互换算。

用于在地形图上量测坡度的图解是坡度尺,绘在南图廓外直线比例尺的左边。坡度尺的水平底线下边注有两行数字,上行是用坡度角表示的坡度,下行是对应的倾斜百分率表示的坡度,即坡度角的正切函数值,见图 3-3-3。

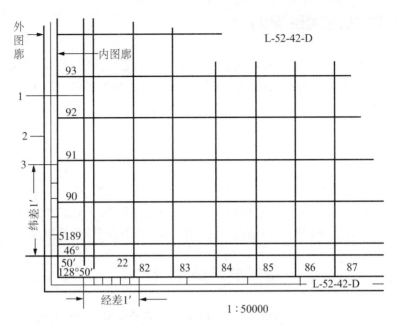

图 3-3-1 内外图廓和坐标格网线

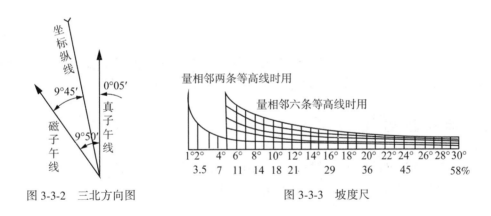

图 3-3-2 三北方向图　　　　图 3-3-3 坡度尺

五、投影方式、坐标系统、高程系统

每幅地形图测绘完成后，都要在图上标注本图的投影方式、坐标系统和高程系统，以备日后使用时参考。地形图都是采用正投影的方式完成。

坐标系统指该幅图是采用以下哪种方式完成的：2000国家大地坐标系，城市坐标系，独立平面直角坐标系。

高程系统指本图所采用的高程基准。有两种基准：1985年国家高程基准系统和设置相对高程。

以上内容均应标注在地形图外图廓右下方。

六、成图方法(和测绘单位)

地形图成图的方法主要有三种：航空摄影成图、平板仪(或经纬仪)测量成图和野外数字测量成图。成图方法应标注在外图廓右下方。此外，地形图还应标注测绘单位、成图日期等，供日后用图时参考。

七、地形图图式

地形是地物和地貌的总称。地物是地面上的各种固定性的物体。由于其种类繁多，原国家测绘地理信息局 2017 年颁发了《国家基本比例尺地图图式》(GB/T 20257)统一了地形图的规格要求、地物、地貌符号和注记，供测图和识图时使用，参见附录一。

第四节 地物符号

表 3-4-1 是对 1∶500、1∶1000 和 1∶2000 地形图所规定的部分地物符号，分为以下三种类型。

一、比例符号

能将地物的形状、大小和位置按比例尺缩小绘在图上以表达轮廓特征的符号。这类符号一般是用实线或点线表示其外围轮廓，如房屋、湖泊、森林、农田等。

二、非比例符号

一些具有特殊意义的地物，轮廓较小，不能按比例尺缩小绘在图上时，就采用统一尺寸，用规定的符号来表示，如三角点、水准点、烟囱、消防栓等。这类符号在图上只能表示地物的中心位置，不能表示其形状和大小。

表 3-4-1　　　　　　　　1∶500~1∶2000 地形图图式部分地物符号

编号	符号名称	符号式样	编号	符号名称	符号式样
1	导线点 a.土堆上的 　I16、I23——等级、点号 　84.46、94.40——高程 　2.4——比高	2.0 ⊙ $\frac{I16}{84.46}$ a　2.4 ⊙ $\frac{I23}{94.40}$	2	埋石图根点 a.土堆上的 　12、16——点号 　275.46、175.64——高程 　2.5——比高	2.0 ⊕ $\frac{12}{275.46}$ a　2.5 ⊕ $\frac{16}{175.64}$

续表

编号	符号名称	符号式样	编号	符号名称	符号式样
3	不埋石图根点 19——点号 84.47——高程	2.0 □ $\frac{19}{84.47}$	12	泉（矿泉、温泉、毒泉、间流泉、地热泉） 51.2——泉口高程 温——泉水性质	51.2 ♀ 温
4	水准点 Ⅱ——等级 京石5——点名点号 32.805——高程	2.0 ⊗ $\frac{\text{Ⅱ京石5}}{32.805}$	13	水井、机井 a.依比例尺的 b.不依比例尺的	b 井 咸 a ⊕ $\frac{51.2}{5.2}$
5	卫星定位等级点 B——等级 14——点号 495.263——高程	3.0 △ $\frac{B14}{495.263}$	14	贮水池、水窖、地热池 a.高于地面的 b.低于地面的 净——净化池 c.有盖的	a a 净 c
6	沟渠 a.低于地面的 b.高于地面的 c.渠首	a 0.3 b 2.0 2.5 0.3 3.0 c 0.5	15	沟渠流向 a.往复流向 b.单向流向	a b
7	沟堑 a.已加固的 b.未加固的 2.6——比高	a 2.6 b	16	堤 a.堤顶宽依比例尺 24.5——坝顶高程 b.堤顶宽不依比例尺 2.5——比高	a 2.5 4.0 2.0 b1 2.5 0.5 2.0 b2 0.2 2.0
8	涵洞 a.依比例尺的 b.半依比例尺的	b 90° a 45° 1.2 1.0 0.8 1.0	17	水闸 5——闸门孔数 82.4——水底高程 砼——建筑结构	$\frac{5—砼}{82.4}$
9	干沟 2.5——深度	3.0 1.5 2.5	18	扬水站、水轮泵、抽水站 a.设置在房屋内的	2.0 ○ 抽 a □ ○ 抽
10	湖泊 龙湖——湖泊名称 （咸）——水质	龙（咸） 湖	19	滚水坝	
11	水库 a.毛湾水库——水库名称 b.溢洪道 54.7——溢洪道堰底面高程	毛湾水库 a 54.7 75.2 水泥 3.0 59 d1 b 1.5 c	20	陡岸 a.有滩陡岸 b.无滩陡岸	3.8 3.1

续表

编号	符号名称	符号式样	编号	符号名称	符号式样
21	池塘		30	水塔 a.依比例尺的 b.不依比例尺的	b 3.6 2.0
22	防波堤、制水坝	石	31	水塔烟囱 a.依比例尺的 b.不依比例尺的	b 3.6 2.0
23	单幢房屋 a.一般房屋 b.有地下室的房屋 c.突出房屋 d.简易房屋	a 混1 b 混3-2 c 钢28 d 简	32	烟囱及烟道 a.烟囱 b.烟道 c.架空烟道	a b 1.0 c 砖
24	建筑中房屋	建 2.0 1.0	33	窑 a.堆式窑 b.台式窑、屋式窑	a 瓦 b 陶
25	棚房 a.四边有墙的 b.一边有墙的 c.无墙的	a b c	34	露天设备 a.单个的 b.毗连成群的	a1 a2 b
26	破坏房屋	破 2.0 1.0	35	省道	a1 a2 ①─(S305)─ ②(Z301)
27	架空房、吊脚楼 4──楼层 3──架空楼层 /1、/2──空层层数	砼4 砼3/1 砼4	36	专用公路 a.有路肩的 b.无路肩的	②(Z301) ②(Z301)
28	廊房(骑楼)、飘楼 a.廊房 b.飘楼	a 混3 b 混3	37	县道、乡道及其他公路 a.有路肩的 b.无路肩的	⑨(X301) ⑨(X301)
29	散热塔、跳伞塔、蒸馏塔、瞭望塔 a.依比例尺的 b.不依比例尺的	a 瞭 b 3 6 1 5	38	地铁 a.地面下的 b.地面上的	a b

续表

编号	符号名称	符号式样	编号	符号名称	符号式样
39	小路、栈道	4.0 1	46	国界 a.已定界和界桩、界碑	2号界碑
40	长途汽车站(场)	3.0 ::0.8	47	省级行政区界线	
41	汽车停车站	2.0 3.0 ::1.0 1.0	48	地级行政区界线	
42	加油站、加气站 油——加油站	油	49	县级行政区界线	
43	高压输电线 架空的 　a.电杆 　35——电压(kV) 地面下的 　a.电缆标 输电线入地口 　a.依比例尺的 　b.不依比例尺的	a 8.0 1.0 4.0 a	50	乡、镇级界线	1.0 4.5 4.5
			51	村界	1.0 2.0 4.0
44	管道检修井孔 　a.给水检修井孔 　b.排水(污水)检修井孔 　c.排水暗井 　d.煤气、天然气、液化气 　e.热力检修井孔 　f.工业、石油检修井孔 　g.不明用途的井孔	a 2.0 ⊖ b 2.0 ⊕ c 2.0 Ⓐ d 2.0 ⊘ e 2.0 ⊖ f 2.0 ⊞ g 2.0 ○	52	自然、文化保护区界线	3.3 0.6 0.8
			53	石堆 　a.依比例尺的 　b.不依比例尺的	a b
45	管道其他附属设施 　a.水龙头 　b.消火栓 　c.阀门 　d.污水、雨水箅子	3.6 1.0 2.0 3.0 1.6 3.0 ::0.5 ::1.0	54	冲沟 3.4、3.5——比高	
			55	地裂缝 　a.依比例尺的	$\frac{2.1}{5.3}$ 裂

续表

编号	符号名称	符号式样	编号	符号名称	符号式样
56	陡崖、陡坎 a.土质的 b.石质的	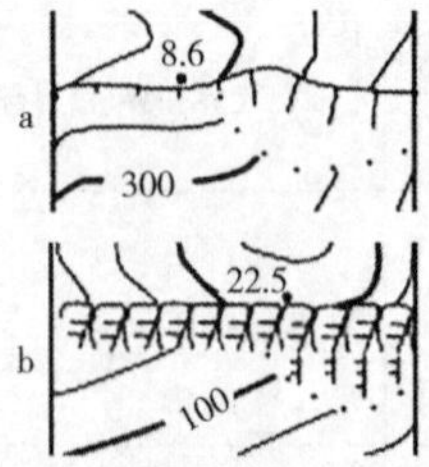 (图示：8.6, 300, 22.5, 100)	64	稻田 a.田埂	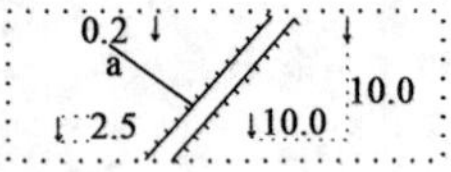 (图示：0.2, a, 2.5, 10.0)
			65	旱地	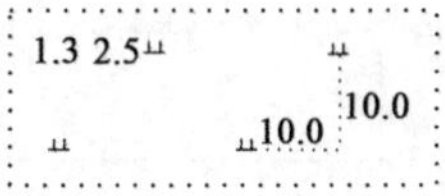 (图示：1.3, 2.5, 10.0)
57	露岩地、陡石山 a.露岩地 b.陡石山 1986.4——高程	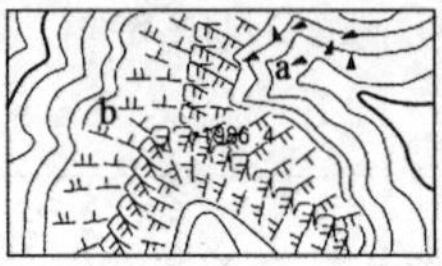 (图示)	66	菜地	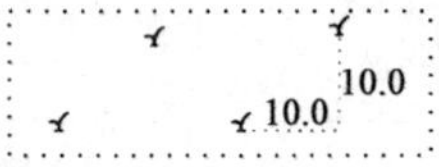 (图示：10.0)
58	梯田坎 2.5——比高	 (图示：2.5, 0.5, 2.0)	67	水生作物地 a.非常年积水的 菱——品种名称	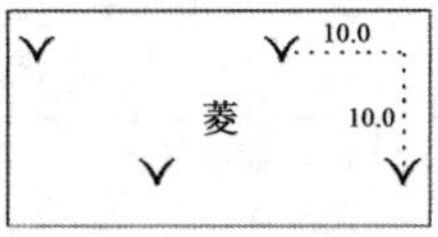 (图示：10.0, 菱, 10.0)
59	等高线及其注记 a.首曲线 b.计曲线 c.间曲线 25——高程	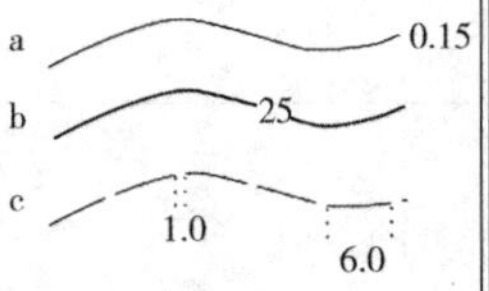 (图示：0.15, 25, 1.0, 6.0)	68	园地	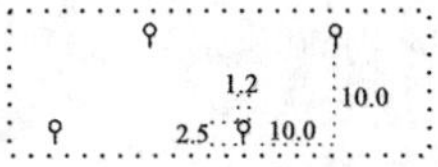 (图示：1.2, 2.5, 10.0)
60	高程点及其注记 1520.3——15.3——高程	0.5 · 1520.3 · -15.3	69	成林	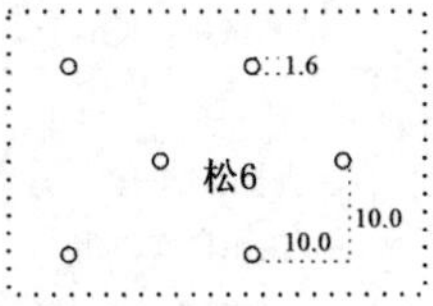 (图示：1.6, 松6, 10.0)
61	比高点及其注记 6.3、20.1、3.5——比高	 20.1 (图示：3.5)	70	幼林、苗圃	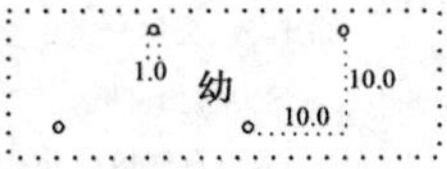 (图示：1.0, 幼, 10.0)
62	特殊高程点 洪 113.5——量大洪水 1986.6——发生年月	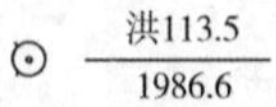 ⊙ 洪113.5 1986.6	71	灌木林 a.大面积的	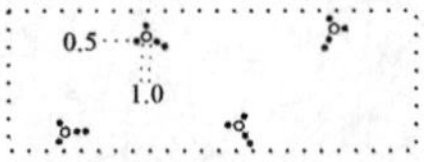 (图示：0.5, 1.0)
63	人工陡坎 a.未加固的 b.已加固的	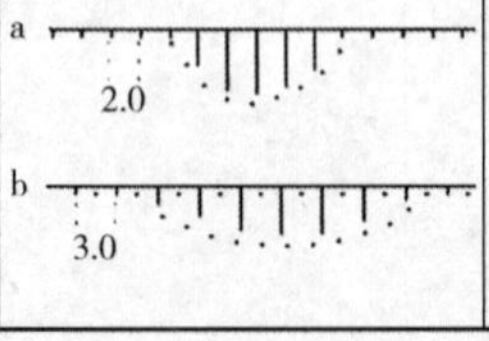 a (图示) 2.0 b (图示) 3.0	72	竹林 a.大面积竹林	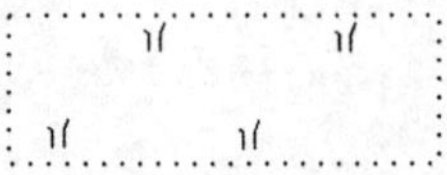 (图示)

续表

编号	符号名称	符号式样	编号	符号名称	符号式样
73	疏林		78	草地 a.天然草地 b.改良草地 c.人工牧草地 d.人工绿地	a b c d
74	迹地				
75	行树 a.乔木行树 b.灌木行树				
76	独立树 a.阔叶 b.针叶		79	花圃、花坛	
77	高草地 芦苇——植物名称		80	盐碱地	

三、半比例符号

一些呈线状延伸的地物,其长度能按比例缩绘,而宽度不能按比例缩绘,需用一定的符号表示,此种符号称为半比例符号,也称线状符号,如铁路、公路、围墙、通信线等。半比例符号只能表示地物的位置(符号的中心线)和长度,不能表示宽度。

有些地物除用相应的符号表示外,对于地物的性质、名称等还需要用文字或数字加以注记和说明,称为地物注记,例如工厂、村庄的名称,房屋的层数,河流的名称、流向、深度,控制点的点号、高程等。

需要指出的是,比例符号与半比例符号的使用界限是相对的。如公路、铁路等地物,在1∶500~1∶2000比例尺地形图上是用比例符号绘出的,但在1∶5000比例尺以上的地形图上是按半比例符号绘出的。同样的情况也出现在比例符号与非比例符号之间。总之,测图比例尺越大,用比例符号描绘的地物越多;比例尺越小,用非比例符号表示的地物越多。

第五节 地貌符号

地貌是指地面高低起伏的自然形态。地貌形态多种多样，对于一个地区可按其起伏的变化分成以下四种地形类型：地势起伏小，地面倾斜角一般在2°以下，绝大多数海拔低于200m，比高一般不超过50m的，称为平地；地面高低变化大，倾斜角一般在2°～6°，比高不超过200m的，称为丘陵地；高低变化悬殊，倾斜角一般为6°～25°，海拔在500m以上，比高一般在200m以上的，称为山地；绝大多数倾斜角超过25°的，海拔在3500m以上的山地称为高山地。图上表示地貌的方法有多种，对于大、中比例尺地形图主要采用等高线法。对于特殊地貌将采用特殊符号。

一、等高线

1. 等高线的概念

等高线是地面上相同高程的相邻各点连成的闭合曲线，也就是设想水准面与地表面相交形成的闭合曲线。

如图 3-5-1 所示，设想有一座高出水面的小山，与某一静止的水面相交形成的水涯线为一闭合曲线，曲线的形状随小山与水面相交的位置而定，曲线上各点的高程相等。例如，当水面高为 50m 时，曲线上任一点的高程均为 50m；若水位继续升高至 51m、52m，则水涯线的高程分别为 51m、52m。将这些水涯线垂直投影到水平面 H 上，并按一定的比例尺缩绘在图纸上，这就将小山用等高线表示在地形图上了。这些等高线的形状和高程，客观地显示了小山的空间形态。

2. 等高线的特征

通过研究等高线表示地貌的规律性，可以归纳出等高线的特征，它对于地貌的测绘和

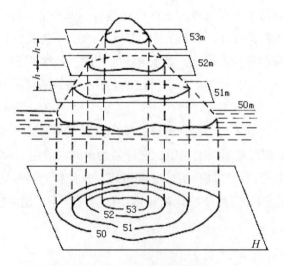

图 3-5-1 等高线的概念

等高线的勾画,以及正确使用地形图都有很大帮助。

(1)同一条等高线上各点的高程相等。

(2)等高线是闭合曲线,不能中断,如果不在同一幅图内闭合,则必定在相邻的其他图幅内闭合。

(3)等高线只有在绝壁或悬崖处才会重合或相交。

(4)等高线经过山脊或山谷时改变方向,因此山脊线与山谷线应和改变方向处的等高线的切线垂直相交。

(5)在同一幅地形图上,等高线间隔是相同的。因此,等高线平距大表示地面坡度小;等高线平距小则表示地面坡度大;平距相等则坡度相同。倾斜平面的等高线是一组间距相等且平行的直线。

3. 等高线的分类

地形图中的等高线主要有首曲线和计曲线,有时也用间曲线和助曲线。图3-5-2为一地貌综合等高线表示方法,基本等高距为2m。

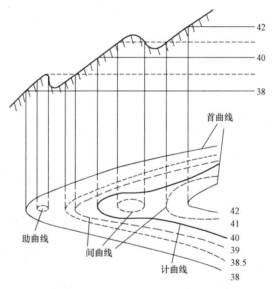

图3-5-2 地貌等高线表示方法,等高距2m

(1)首曲线:首曲线也称基本等高线,是指从高程基准面起算,按规定的基本等高距描绘的等高线,用宽度为0.15mm的细实线表示,如标注为38、42的细实线。

(2)计曲线:计曲线从高程基准面起算,每隔四条基本等高线有一条加粗的等高线,称为计曲线,如图中标注为40的加粗线。为了读图方便,计曲线上需注出高程。

(3)间曲线和助曲线:当基本等高线不足以显示局部地貌特征时,按二分之一基本等高距所加绘的等高线,称为间曲线(又称半距等高线),用长虚线表示,如标注39、41的长虚线。按四分之一基本等高距所加绘的等高线,称为助曲线,用短虚线表示,如标注38.5的短虚线。描绘时均可不闭合。

二、等高距与等高平距

相邻等高线之间的高差称为等高距或等高线间隔，常以 h 表示。图 3-5-1 中的等高距是 1m，图 3-5-2 中的等高距是 2m。在同一幅地形图上，等高距是相同的。相邻等高线之间的水平距离称为等高线平距，常以 d 表示。由于同一幅地形图中等高距是相同的，所以等高线平距 d 的大小与地面的坡度有关。等高线平距越小，地面坡度越大；平距越大，则坡度越小；平距相等，则坡度相同。由此可见，根据地形图上等高线的疏、密可判定地面坡度的缓、陡。

对于同一比例尺测图，选择等高距过小，会成倍地增加测绘工作量。对于山区，有时会因等高线过密而影响地形图的清晰度。等高距的选择，应该根据地形类型和比例尺大小，并按照相应的规范执行。表 3-5-1 是大比例尺地形图的基本等高距参考值。

表 3-5-1　　　　　　　　大比例尺地形图的基本等高距

比例尺	平地(m)	丘陵地(m)	山地(m)	比例尺	平地(m)	丘陵地(m)	山地(m)
1∶500	0.5	0.5	1	1∶2000	0.5	1	2，2.5
1∶1000	0.5	1	1	1∶5000	1	2，2.5	2.5，5

三、典型地貌的等高线

地貌形态繁多，通过仔细研究和分析就会发现它们是由几种典型的地貌综合而成的。了解和熟悉用等高线表示典型地貌的特征，有助于识读、应用和测绘地形图。

1. 山头和洼地

图 3-5-3 所示为山头的等高线，图 3-5-4 所示为洼地的等高线。山头与洼地的等高线都是一组闭合曲线，但它们的高程注记不同。内圈等高线的高程注记大于外圈者为山头；反之，小于外圈者为洼地。

为了表示山头与洼地的示坡方向，也可以用坡线表示山头或洼地。示坡线是垂直于等高线的短线，用以指示坡度下降的方向，如图 3-5-3 和图 3-5-4 中的短线。

2. 山脊和山谷图

山的最高部分为山顶，有尖顶、圆顶、平顶等形态，尖峭的山顶叫山峰。山顶向一个方向延伸的凸棱部分称为山脊。山脊的最高点连线称为山脊线。山脊等高线表现为一组凸向低处的曲线，如图 3-5-5 所示。

相邻山脊之间的凹部是山谷。山谷中最低点的连线称为山谷线，如图 3-5-6 所示。山谷等高线表现为一组凸向高处的曲线。在山脊上，雨水会以山脊线为分界线而流向山脊的两侧，所以山脊线又称为分水线。在山谷中，雨水由两侧山坡汇集到谷底，然后沿山谷线流出，所以山谷线又称为集水线。山脊线和山谷线合称为地性线。

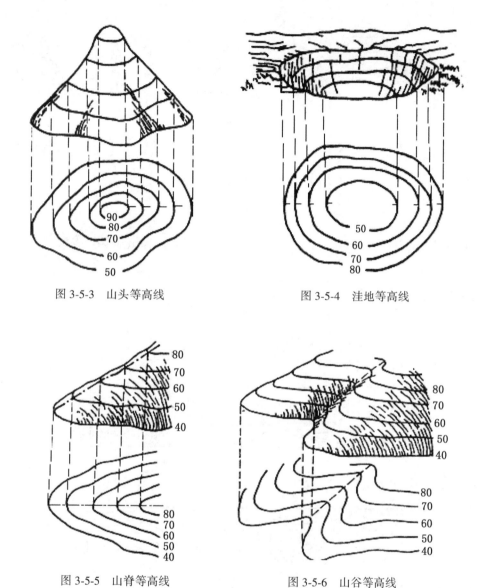

图 3-5-3 山头等高线

图 3-5-4 洼地等高线

图 3-5-5 山脊等高线

图 3-5-6 山谷等高线

3. 鞍部

鞍部是相邻两山头之间呈马鞍形的低凹部位(图 3-5-7 中的 S 处)。它左右两侧的等高线是对称的两组山脊线和两组山谷线。鞍部等高线的特点是在一圈大的闭合曲线内,套有两组小的闭合曲线。

4. 陡崖和悬崖

陡崖是坡度在 70°以上或为 90°的陡峭崖壁,若用等高线表示将非常密集或重合为一条线,因此采用陡崖符号来表示,如图 3-5-8(a)、(b) 所示。

悬崖是上部突出,下部凹进的陡崖。上部的等高线投影到水平面时,与下部的等高线相交,下部凹进的等高线用虚线表示,如图 3-5-8(c) 所示。

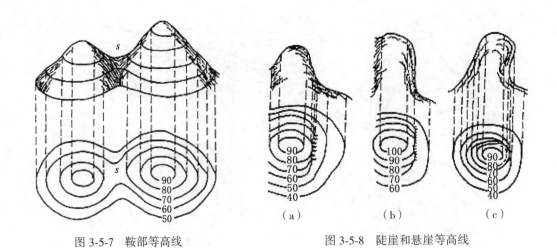

图 3-5-7　鞍部等高线　　　　　　图 3-5-8　陡崖和悬崖等高线

图 3-5-9 为某地区综合地貌，图 3-5-10 为对应的等高线，读者可将两图参照阅读。

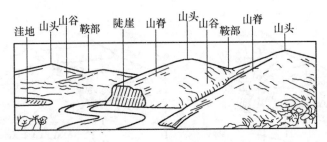

图 3-5-9　某地区地貌

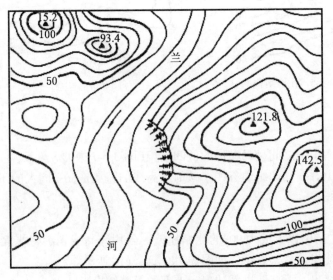

图 3-5-10　地貌等高线

第六节　传统地形图测绘方法

在图根控制测量结束后，以图根控制点为基础，测出各地物、地貌特征点的位置和高程，按规定的比例尺缩绘到图纸上，按《国家基本比例尺地图图式》规定的符号，勾绘出地物、地貌的位置、大小和形状，即成地形图。地物、地貌特征点统称为碎部点，测定碎部点的工作称为碎部测量，也称地形测绘。本节简要介绍传统的经纬仪测绘法成图方法。

一、测图前的准备工作

测图前，除做好仪器、工具及资料的准备工作外，还应着重做好测图板的准备工作。包括图纸的准备，绘制坐标格网及展绘控制点等工作。

1. 图纸准备

为了保证测图的质量，应选用质地较好的聚酯薄膜，其厚度为 0.03～0.1mm，表面经打毛后，便可用来测图。聚酯薄膜具有透明度好、伸缩性小、不怕潮湿、牢固耐用等优点。如果表面不清洁，还可用水洗涤，并可直接在底图上着墨复晒蓝图。但聚酯薄膜有易燃、易折和老化等缺点，故在使用过程中应注意防火、防折。

2. 坐标格网的绘制

为了准确地将图根控制点展绘在图纸上，首先要在图纸上精确地绘制 10cm×10cm 的直角坐标格网。绘制坐标格网可用坐标仪、坐标格网尺或绘图仪等专用仪器工具。如图 3-6-1 所示。

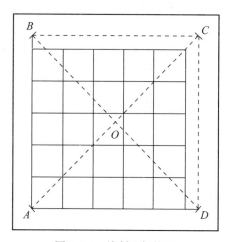

图 3-6-1　绘制坐标格网

3. 展绘控制点

展点前，要按图的分幅位置，将坐标格网线的坐标值标注在相应格网边线的外侧。展点时，先要根据控制点的坐标，确定所在的方格。将图幅内所有控制点展绘在图纸上，并在点的右侧以分数形式注明点号及高程。最后用比例尺量出各相邻控制点之间的距离，与相应的实地距离比较,其差值不应超过图上 0.3mm。如图 3-6-2 所示。

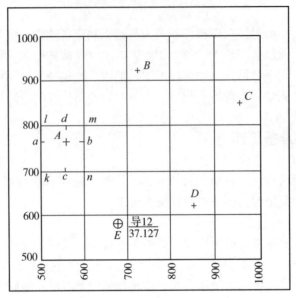

图 3-6-2　展绘图根控制点

二、碎部测量的方法

碎部测量就是测定碎部点的平面位置和高程。下面分别介绍碎部点的选择和碎部测量的方法。

1. 碎部点的选择

前面已述及碎部点应选择地物、地貌的特征点。对于地物,碎部点应选在地物轮廓线的方向变化处,如房角点、道路转折点、交叉点、河岸线转弯点以及独立地物的中心点等。连接这些特征点,便得到与实地相似的地物形状。由于地物形状极不规则,一般规定主要地物凸凹部分在图上大于 0.4mm 均应表示出来,小于 0.4mm 时,可用直线连接。对于地貌来说,碎部点应选在最能反映地貌特征的山脊线、山谷线等地性线上。如山顶、鞍部、山脊、山谷、山坡、山脚等坡度变化及方向变化处。根据这些特征点的高程勾绘等高线,即可将地貌在图上表示出来。

2. 经纬仪测绘法

经纬仪测绘法的实质是按极坐标定点进行测图,观测时先将经纬仪安置在测站上,绘图板安置于测站旁,用经纬仪测定碎部点的方向与已知方向之间的夹角、测站点至碎部点的距离和碎部点的高程。然后根据测定数据用量角器和比例尺把碎部点的位置展绘在图纸上,并在点的右侧注明其高程,再对照实地描绘地形。此法操作简单、灵活,适用于各类地区的地形图测绘。如图 3-6-3 所示。

操作步骤如下:

(1) 安置仪器于测站点 A(控制点)上,量取仪器高 i 填入手簿。

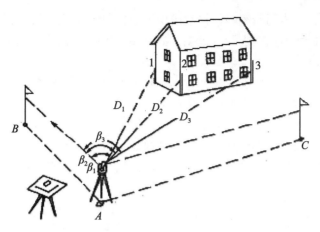

图 3-6-3　经纬仪测绘法

(2) 定向置水平度盘读数为 0°00′00″, 后视另一控制点 B。

(3) 立尺员依次将尺立在地物、地貌特征点上。立尺前, 立尺员应弄清实测范围和实地情况, 选定立尺点, 并与观测员、绘图员共同商定跑尺路线。

(4) 观测转动照准部, 瞄准标尺, 读视距间隔、中丝读数、竖盘读数及水平角。

(5) 记录, 将测得的视距间隔、中丝读数、竖盘读数及水平角依次填入手簿。对于有特殊作用的碎部点, 如房角、山头、鞍部等, 应在备注中加以说明。

(6) 计算依视距, 竖盘读数或竖直角度, 用计算器计算出碎部点的水平距离和高程。

(7) 展绘碎部点, 用细针将量角器的圆心插在图上测站点 A 处, 转动量角器, 将量角器上等于水平角值的刻划线对准起始方向线, 此时量角器的零方向便是碎部点方向, 然后用测图比例尺按测得的水平距离在该方向上定出点的位置, 并在点的右侧注明其高程。

同法, 测出其余各碎部点的平面位置与高程, 绘于图上, 并随测随绘等高线和地物。

为了检查测图质量, 仪器搬到下一测站时, 应先观测前站所测的某些明显碎部点, 以检查由两个测站测得该点平面位置和高程是否相同, 如相差较大, 则应查明原因, 纠正错误, 再继续进行测绘。若测区面积较大, 可分成若干图幅, 分别测绘, 最后拼接成全区地形图。为了相邻图幅的拼接, 每幅图应测出图廓外 5mm。

三、地形图的绘制

在外业工作中, 当碎部点展绘在图上后, 就可对照实地随时描绘地物和等高线。如果测区较大, 由多幅图拼接而成, 还应及时对各图幅衔接处进行拼接检查, 经过检查与整饰, 才能获得合乎要求的地形图。

1. 地物测绘

地物要按地形图图式规定的符号表示。房屋轮廓需用直线连接起来, 而道路、河流的弯曲部分则是逐点连成光滑的曲线。不能依比例描绘的地物, 应按规定的非比例符号表示。

2. 等高线的绘制

勾绘等高线时，首先用铅笔轻轻描绘出山脊线、山谷线等地性线，再根据碎部点的高程勾绘等高线。不能用等高线表示的地貌，如悬崖、峭壁、土堆、冲沟、雨裂等，应按图式规定的符号表示。

由于碎部点是选在地面坡度变化处，因此相邻点之间可视为均匀坡度。这样可在两相邻碎部点的连线上，按平距与高差成比例的关系，定出其他相邻两碎部点间等高线应通过的位置。将高程相等的相邻点连成光滑的曲线，即为等高线，等高线的绘制见图3-6-4。

勾绘等高线时，要对照实地情况，先画计曲线，后画首曲线，并注意等高线通过山脊线、山谷线的走向。地形图等高距的选择与测图比例尺和地面坡度有关。

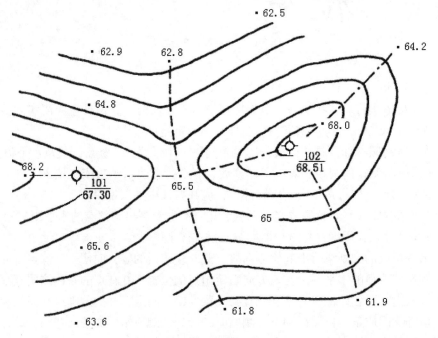

图 3-6-4 等高线的绘制

由于地貌特征点是选在地面坡度变化处，描绘等高线时，可以把相邻点间的坡度看成均匀的，因此，在内插等高线时，等高线的平距与高差应成正比。根据这个关系，就可以定出两点间的各条等高线通过的位置。如图3-6-5所示，A、B两点间的高程分别为62.6m和66.2m，设等高距为1m，则A、B两点间必有高程为63m、64m、65m、66m的四条等高线通过。

下面根据平距与高差成正比的原理，求出它们在图上的位置。

计算每1m等高线的平距为：

$$d_{1m} = \frac{ab}{66.2 - 62.6} = \frac{ab}{3.6}$$

由A点到1点(63m)的水平距离为：

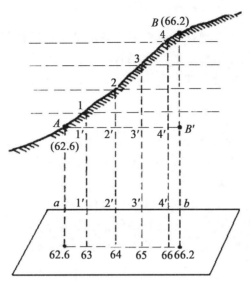

图 3-6-5 等高线的内插

$$a1' = \frac{ab}{3.6} \times (63 - 62.6) = \frac{ab}{3.6} \times 0.4$$

由 A 点到 4 点 (66m) 的水平距离为:

$$a4' = \frac{ab}{3.6} \times (66 - 62.6) = \frac{ab}{3.6} \times 3.4$$

式中 ab 到 A、B 两点间在图上的平距,可用比例尺量得。

算出 $a1'$、$a2'$、$a3'$ 和 $a4'$ 后,在 A、B 点的连线上,距 A 点分别量出相应的图上距离,便得到 63m、64m、65m、66m 四条等高线通过的位置。然后用光滑曲线连接高程相等的相邻点,即得到等高线,见图 3-6-4。

四、地形图的拼接、检查与整饰

1. 地形图的拼接

测区面积较大时,整个测区必须划分为若干幅图进行施测。这样,在相邻图幅连接处,由于测量误差和绘图误差的影响,无论是地物轮廓线还是等高线,往往不能完全吻合。相邻左、右两图幅相邻边的衔接情况,房屋、河流、等高线都有偏差。拼接时用宽 5.0cm 的透明纸蒙在左图幅的接图边上,用铅笔把坐标格网线、地物、地貌描绘在透明纸上,然后再把透明纸按坐标格网线位置蒙在右图幅衔接边上,同样用铅笔描绘地物和地貌;当用聚酯薄膜进行测图时,不必描绘图边,利用其自身的透明性,可将相邻两幅图的坐标格网线重叠;若相邻处的地物、地貌偏差不超过规定的要求时,则可取其平均位置,并据此改正相邻图幅的地物、地貌位置。如图 3-6-6 所示。

2. 地形图的检查

为了确保地形图质量,除施测过程中加强检查外,在地形图测完后,必须对成图质量做一次全面检查。

1）室内检查

室内检查的内容有：图上地物、地貌是否清晰易读；各种符号注记是否正确，等高线与地形点的高程是否相符，有无矛盾可疑之处，图边拼接有无问题等。如发现错误或疑点，应到野外进行实地检查修改。

2）外业检查

巡视检查根据室内检查的情况，有计划地确定巡视路线，进行实地对照查看。主要检查地物、地貌有无遗漏；等高线是否逼真合理；符号、注记是否正确等。

仪器设站检查根据室内检查和巡视检查发现的问题，到野外设站检查，除对发现的问题进行修正和补测外，还要对本测站所测地形进行检查，原测地形图是否符合要求。仪器检查量每幅图一般为10%左右。

3. 地形图的整饰

当地形图经过拼接和检查后，还应清绘和整饰，使图面更加合理、清晰、美观。整饰的顺序是：先图内，后图外；先地物，后地貌；先注记，后符号。图上的注记、地物以及等高线均按规定的图式进行注记和绘制，但应注意等高线不能通过注记和地物。最后，应按图式要求写出图名、图号、比例尺、坐标系统及高程系统、施测单位、测绘者及测绘日期等。

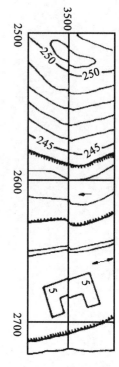

图 3-6-6　地形图的拼接

思考题与习题

1. 什么是地物？什么是地貌？
2. 地形图是一种什么类型的图？
3. 什么是数字地图？有哪些特点？
4. 什么是数字比例尺？
5. 什么是比例尺精度？比例尺越大精度越高吗？
6. 在比例尺为 1∶2000 的地形图上，两点间距离为 5.2cm，试求其实地水平距离。
7. 我国各比例尺地形图是怎样分幅和编号的？
8. 1∶1000~1∶500 地形图的图幅编号方法与其他比例尺地形图编号方法有何不同？
9. 某点经度为 114°33′45″，纬度为 39°22′30″，试计算 1∶50000、1∶5000 和 1∶500 比例尺地形图的编号。
10. 地形图图外注记有哪些内容？
11. 什么是比例符号、非比例符号和半比例符号？举例说明。
12. 我国有哪几种地貌类型？
13. 什么是等高线？有哪些特征？
14. 已知经纬仪上、下视距丝间隔为 0.853m，竖直角为 +3°25′ 时中丝读数为 1.6m，仪器高为1.45m，测站高程为20m，求测站至碎部点的水平距离 D 及碎部点的地面高程。

15. 阅读下列地形图，试指出：(1)图中最高点、最低点位置及其坡度；(2)等高距；(3)山脊线和山谷线；(4)山地与平地分布；(5)图中种植地名称；(6)主要交通线、电力线的分布；(7)居民点的主要分布区域。

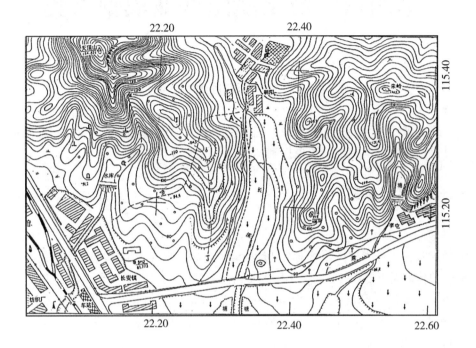

第四章　数字测图外业数据采集

第一节　数字测图的外业工作

和传统的纸质测图一样，数字地形图测绘的外业工作包括控制测量和碎部测量。其中控制测量包括测区基本控制、图根控制和测站点的加密。

一、测区控制测量

1. 平面控制测量

测区控制测量分为测区平面控制测量和测区高程控制测量。按照控制测量的基本原则，测区的控制是从整体到局部，由高级到低级进行的。随着 GNSS 测量和全站仪的普及，从各生产单位的经验来看，测区平面控制测量已不再使用常规的耗费耗时的三角(边)网测量，取而代之的是快速高效的 GNSS 网和导线网测量。一般而言，对于测区面积大于 $15km^2$，测区首级控制等级不应低于导线一级或 RTK 一级精度。经验表明，导线测量应用于一级及以上等级时，不仅工作量大而且精度难于保证，对测区通视条件、测量仪器和测量者要求较高。在这种情况下，GNSS 测量就具有非常好的优势。大量的实践证明，采用 GNSS 作测区平面控制，不仅速度快，而且平面位置精度非常高。

2. 高程控制测量

高程控制测量是控制测量的重要组成部分。高程控制测量的目的主要是测定图根点的高程。作为最末级图根点的高程，其精度为图根水准级(等外水准)，也就是说为了满足测图要求，测区首级高程控制选取等外水准测量就可以了。但对于大面积测区来讲，更合理的做法是应该建立更高一级控制，然后用等外水准测量加密。近年来，随着 GNSS 技术的发展，GNSS 水准越来越多地获得了广泛的应用。通过合理地布设一定数量的水准点，利用大地水准面模型，选取最佳的拟合模型和方法，可以达到四等水准测量的精度。

对于山区，当 GNSS 水准精度难以满足要求时，通常的作业程序是：先用水准测量方法建立部分控制点的高程，然后用三角测量方法得出其他所有控制点之间的高差，最后应用测量平差方法计算出所有其他点的高程。

3. 图根控制测量

尽管测区控制点的精度较高，但密度较小，这就需要在测区基本控制的基础上进一步加密，也就是进行图根控制测量。对于小测区而言，图根控制可直接在首级控制下进行。图根控制可在测区基本控制点上扩展两次，即一级图根(20秒)和二级图根(40秒)。与传统的图根控制测量不同的是，数字化成图中的图根控制更多的是直接用 GNSS-RTK 技术进行全面一次加密，也可直接用全站仪在测区基本控制点用极坐标法、自由设站法得出图根点的三维坐标。根据规范要求，极坐标法可扩展一次。即在极坐标点上可再进行一次极坐标测量。这种作业方法虽然快速，但也可能造成错误，因此即时进行检核是必不可少的。

以上是测区控制测量的通常做法。实际上只要能满足精度要求，可不必顾及分级布网、逐级控制的原则。如一个测区可一次性整体布网、整体平差，而所需的少量已知控制点可以用 GNSS 确定。另外，测区控制点的密度不一定非要满足规范要求，图根控制点的加密可与碎部测量同时进行，这样不必非要等待所有的测图控制完成后才能进行碎部测量。

二、外业碎部点测量

外业碎部点数据的质量在数字测图中至关重要，它直接决定成图的质量。外业碎部点数据的采集就是利用测量仪器和记录装置在野外直接测定地形特征点的三维坐标，并记录地物的连接关系及其属性，为内业提供必要的信息以及便于数字地图深加工利用。

1. 采集设备

1) 全站仪

全站仪是全站型电子速测仪的简称，其基本功能是在仪器照准目标后，通过微处理器的控制，能自动地完成测距、水平方向、天顶距读数和观测数据的显示、存储。数据记录的格式可以是角度、边长等类型测量数据，也可以直接记录三维坐标数据。随着电子仪器的快速发展，全站仪的功能越来越强，而操作越来越简单。目前所有的全站仪内 ROM 都固化有常用测量专用软件，如地形测量常用的"数据采集"程序模块，使用十分方便。

用于地形测量的电子速测仪的测距精度一般为 5mm+5ppm，测角精度为 2″~5″。下面是大比例尺数字测图野外数据采集常用的电子速测仪：

瑞士徕卡厂生产的 TC 系列，如 TC1000，TC1600；

日本索佳厂生产的 SET 系列，如 SET2，SET3，SET4；

日本拓普康生产的 GTS 系列，如 GTS-200，GTS300，GTS600，GTS700，GTS800；

日本宾得厂生产的 PTS 系列，如 PTS-Ⅲ05，PTS-Ⅲ10；

德国 OPTON 厂生产的 ELTA 系列，如 Elta3，Elta4，Elta5，Elta6；

德国蔡司厂生产的 ZEISS 系列，如 ZeissR45，ZeissR50；

我国广州南方集团公司生产的南方 NTS 系列、科力达 KOLIDA 系列、三鼎 STS 系列、瑞得 Ruide 系列；

我国中海达集团公司生产的中海达 ZTS 系列、海星达 ATS 系列、华星 HTS 系列；

我国北京博飞 BTS 系列；

我国苏州苏一光 RTS 系列。

2) GNSS-RTK

RTK(Real Time Kinematic)是 GNSS 载波相位实时动态差分技术的简称，是一种将常用的 GNSS 测量和数据通信相结合的快速定位方法。在 RTK 作业模式下，基准站通过数据链将其观测值和测站坐标信息一起传送给流动站。流动站不仅通过数据链接收来自基准站的数据，还要采集 GNSS 观测数据，并在系统内组成差分观测值进行实时处理，同时在几秒之内给出厘米级三维坐标定位结果。它的出现极大地提高了工程放样、地形测图，各种控制测量作业效率。目前 RTK 的作业模式有：基于电台或 GPRS 手机卡的基站方式、基于网络的参考站 CORS 方式等。

GNSS 接收机的主要生产商有：

美国天宝 Trimble 系列，如 Trimble5600、Trimble5700、Trimble5800；

瑞士徕卡 Laika 系列，如 GS10、GS14、GS18；

日本拓普康 GNSS 接收机，如 GB-1000；

广州南方测绘集团公司 GNSS 系列，如灵锐 S86、银河 6、天宇 C96、科力达 K9；

广州中海达集团公司 GNSS 系列，如中海达 V8、中海达 V9、海信达 H32、华星 V60、华星 V90；

上海华测导航公司 GNSS 系列，如 X900、X10；

上海司南导航公司 GNSS 系列，如 T30、T300、M600。

2. 数据采集方法

1）经纬仪法

用经纬仪测量地形点，需要在已知点上设站，观测已知点到待测地形点间的距离、与某一已知方向的水平夹角、垂直角，并量取仪器高与觇标高，根据极坐标公式计算地形点的坐标和高程。由于测角、测距仪器不同，有多种组合模式，如光学经纬仪+视距模式，光学经纬仪+红外测距模式等。由于这种作业方法得到的是地形点的原始测量数据，还需要利用成图软件中原始测量数据转换功能，可以很方便地将测量原始数据一次转换成作业成图需要的坐标数据文件。经纬仪法虽然成本相对较低，与传统的作业方法一致，但需要 2~3 人协作，且手工记录，效率和精度相对不高，目前较少采用。

2）全站仪法

用全站仪测量地形点，操作与经纬仪相类似。在数字化测图中，只要将测量模式设置为坐标方式或启用数据采集模块，在已知点上设站，后视定向后，一次照准观测目标，测距、测角同时完成，同时得到地形点的三维坐标，并将测量、坐标数据保存在全站仪内存中，无需人工记录，两人协同操作即可完成测图工作。目前全站仪的成本越来越低，全站仪已是各测量单位的常用仪器设备了。

3）RTK 作业法

用 RTK 定位技术测量地形点，作业前需要架设基站或启动网络 CORS 参考站。流动站上需要设置好坐标转换参数和通信参数，然后在需要测量的位置上等待固定解后按"确定"即可。通常情况下，流动站上只要收到四颗以上卫星，就可以得到测量固定解。RTK 作业法简单，一人即可完成测量工作，效率最高。但缺点是在上空有信号遮挡的情况下，得不到固定解，浮点解时测量精度不高。因此，实际地形测量工作中，常与全站仪协同工作。目前单个 GNSS 接收机的价格已在 2 万元以内，RTK 作业模式已进入普及阶段。

第二节　全站仪数据采集

一、全站仪坐标测量原理

1. 测量原理

全站仪野外数据采集是根据极坐标测量的方法，通过测定出已知点与地面上任一待定点之间的相对关系（角度、距离、高差），利用全站仪内部自带的计算程序计算出待定点的三维坐标（X，Y，H），也可以通过对已知点的观测，用交会的方法求测站点的坐标。

1）坐标测量原理

如图4-2-1所示，在已知点和后视点分别架设全站仪和棱镜，量取仪器高，量取或读取棱镜高，输入已知点坐标或起始方位角（测站点到后视点的方位角），通过设置棱镜常数、大气改正值或气温、气压值等改正参数，精确照准后视点后，进行坐标测量（后方交会法除外）。

采用全站仪进行坐标测量，如图4-2-1(a)所示，一般应已知地面上S、B两点的平面坐标，S点为测站点（Station），B点为后视点（Backsight），T点为目标点（Target），将已知坐标数据输入全站仪并输入直线的坐标方位角，由全站仪测量S点处水平角，即可计算直线ST的坐标方位角，进一步根据S、T间的距离可算得两点间的坐标差值，从而求得T点的坐标。

2）高程测量原理

已知测站点高程，量取仪器高与目标点棱镜高，通过三角高程测量原理，可测得测站点与目标点之间的高差，即可计算目标点的高程，如图4-2-1(b)所示。

全站仪三维坐标测量计算公式如下：

$$\left.\begin{array}{l} x_T = x_S + D_{ST}\cos(\alpha_{SB} + \beta) \\ y_T = y_S + D_{ST}\sin(\alpha_{SB} + \beta) \\ H_T = H_S + D_{ST}\cot Z_{ST} + i - t + c \times D_{ST}^2 \end{array}\right\} \qquad (4\text{-}2\text{-}1)$$

式中，平距$D_{ST} = S_{ST} \times \sin Z_{ST}$；$C = (1 - K)/2R$，$K$为大气折光系数（约0.14），$R$为地球半径。

2. 基本步骤

目前虽然全站仪种类繁多，但坐标测量的操作步骤大同小异。基于上述的测量原理，全站仪三维坐标测量的主要操作步骤如下：

（1）全站仪初始设置。输入测量时测站周围环境的温度、气压以及量取的仪器高、目标高等参数，选择测量模式（免棱镜、放射片、棱镜，当使用棱镜时，所用棱镜的棱镜常数）。

（2）建立项目（文件夹）。全站仪存储数据时，对测量的数据仅存储在指定的项目（文件夹）中，用于后续数据处理，有时还可以对自己的项目进行个性化设置。

（3）建站。又称设站，就是让所采集的碎部点坐标统一到所采用的坐标系中，即"告

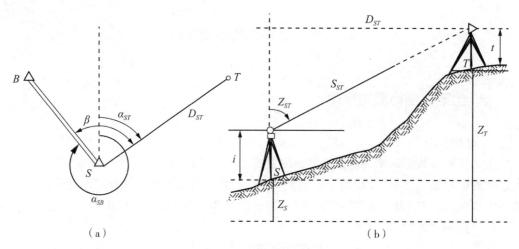

图 4-2-1　全站仪坐标测量原理

诉"全站仪所测点与设站的相对关系。在进行坐标测量时，必须建站。

（4）坐标测量。在建站基础上，开始对待测点的三维坐标(X，Y，H)进行测量。

（5）存储。将采集的碎部点基本信息（点号、坐标、代码、原始数据）存储在全站仪内存中，还可存储碎部点的属性和连接信息。

二、碎部点测绘原则

在地形图测绘中，能否准确确定和取舍典型地物地貌特征点是正确绘出符合要求地形图的关键。

1. 居民地及相关建筑

多边形房屋和建筑物应准确测量外墙角，部分不能直接测量的房角也应依几何条件确定。圆形建筑物（如油库、烟囱、水塔等）的轮廓线应实测三个点并用圆连接。房屋和建筑物轮廓的凸凹在图上小于 0.4mm（简单房屋小于 0.6mm）时可用直线连接。对于散列式的居民地、独立房屋应分别测绘。1∶2000 比例尺测图房屋可适当综合取舍。

2. 道路和附属建筑

路堤、路堑均应按实地宽度绘出边界，并应在其坡顶、坡脚处适当注记高程。公路路堤应分别绘出路边线与堤（堑）边线。二者重合时，可将其中之一移位 0.2mm 表示。

公路、街道按路面材料划分为水泥、沥青碎石、砾石等，以文字注记在图上，路面材料改变处应实测其位置，并用点线分离。

对于大车路、乡村路和小路等，测绘时，一般在中心线上取点立尺，道路宽度能依比例表示时，按道路宽度的 1/2 在两侧绘平行线。对于宽度在图上小于 0.6mm 的小路，选择路中心线立尺测定，并用半比例符号表示。路堤、路堑均应按实地宽度绘出边界，并应在其坡顶、坡脚适当位置注记高程。公路路堤应分别绘出路边线与堤（堑）边线，二者重合时，可将其中之一移位 0.2mm 表示。

对于桥梁，铁路桥、公路桥应实测桥头、桥身和桥墩位置，桥面应测定高程，桥面上的人行道图上宽度大于 1mm 的应实测，各种人行桥图上宽度大于 1mm 的应实测桥面位置，不能依比例的，实测桥面中心线。

3. 线路和相关建筑

永久性的电力线和通信线路的电杆、铁塔位置应实测。同一杆上架有多种线路时，应表示其中主要线路，并要做到各种线路走向连贯、线类分明。居民地、建筑区内的电力线、通信线可不连线，但应在杆架处绘出连线方向。电杆上有变压器时，变压器的位置按其与电杆的相应位置绘出。

地面上架空的、有堤基的管道应实测并注记输送的物质类型。当架空的管道直线部分的支架密集时，可适当取舍。地下管线检修井应测定其中心位置，按类别以相应符号表示。

境界线应测绘至县和县级以上，乡与国营农、林、牧场的界线应按需要进行测绘。两级境界重合时，只绘高一级符号。

4. 水系

海岸、河流、溪流、湖泊、水库、池塘、沟渠、泉、井以及各种水利设施均应实测。河流、沟渠、湖泊等地物无特殊要求时通常均以岸边为界，如果要求测出水涯线（水面与地面的交线）、洪水位（历史上最高水位的位置）及平水位（常年一般水位的位置）时，应按要求测绘。

河流的两岸一般不太规则，在保证精度的前提下，对于小的弯曲和岸边不甚明显的地段可作适当取舍。河流图上宽度小于 0.5mm、沟渠实际宽度小于 1m（1∶500 测图时小于 0.5m）时，不必测绘其两岸，只要测出其中心位置即可。渠道比较规则，有的两岸有堤测绘时可以参照公路的测法。对于那些田间临时性的小渠不必测出，以免影响图面清晰度。

5. 植被

对于各种树林、苗圃、灌木林丛、散树、独立树、行树竹林、经济林等，要测定其边界。

三、全站仪坐标测量方法

在实际工作中，根据具体的情况有时采用"测、算"结合的方式，利用全站仪通过极坐标的方法采集部分"基本碎部点"，结合勘丈数据测定出部分碎部点，再运用共线、对称、平行、垂直等几何关系最终测定出所需要的碎部点，以提高作业效率。常用方法有极坐标法、延长量边法、距离交会法、单交会法、定向直角法、计算法、平行曲线法、直线相交法、平行线交会法、对称点法、图形平移法以及作图法等。本小节只介绍全站仪极坐标法数据采集。

由于全站仪具有三角高程测量功能，因此可进行三维坐标测量，用于控制及碎部测量十分方便。相对于距离测量与角度测量而言，坐标测量的操作略微复杂，不过在了解导线坐标计算的内容后，结合全站仪的具体操作方法，就容易掌握操作步骤了。

坐标测量步骤如下：

（1）在一个已知点架设仪器作为测站点，在目标点上架设棱镜。首先照准后视点，将当前水平度盘读数设置为后视方向的坐标方位角值。

(2) 照准目标点，输入目标点棱镜高、仪器高、测站点坐标等数值。

(3) 使用坐标测量功能进行观测，结果自动显示在屏幕上。平面坐标(x, y)及高程分别以(N, E, Z)表示。

1. 全站仪坐标测量过程

以 NTS-360 全站仪为例，在后视点、测站点及目标点安置好全站仪与棱镜后，坐标测量步骤如下：

(1) 在角度测量模式下，照准后视点，将计算好的后视方向坐标方位角设置为当前的水平度盘读数(提示：利用角度测量模式，输入水平角值)。

(2) 设置测站点坐标。按下坐标测量模式键进入坐标测量模式，表 4-2-1 显示了测站点坐标设置的操作过程。

表 4-2-1　　　　　　　　　　　　　测站点坐标设置

操作过程	操作键	显示
①在坐标测量模式下，按[F4](P1↓)键，转到第 2 页功能	【F4】	V: 95°06′30″ HR: 86°01′59″ N: 0.168 m E: 2.430 m Z: 1.782 m 测存　测量　模式　P1↓ 设置　后视　测站　P2↓
②按[F3](测站)键	【F3】	设置测站点 N0: 0.000　m E0: 0.000　m Z0: 0.000　m 回退　　　　　　　确认
③输入N坐标，并按[F4]确认键	输入数据 【F3】	设置测站点 N0: 36.976　m E0: 0.000　m Z0: 0.000　m 回退　　　　　　　确认
④按同样方法输入E和Z坐标，输入完毕，屏幕返回到坐标测量模式		V: 95°06′30″ HR: 86°01′59″ N: 36.976 m E: 30.008 m Z: 47.112 m 设置　后视　测站　P2↓

输入范围：　-99999999.9999m≤N、E、Z≤+99999999.9999m

(3)设置仪器高及目标高。操作过程如表 4-2-2 所示。

表 4-2-2 仪器高及目标高设置

操作过程	操作键	显示
①在坐标测量模式下,按[F4](P1↓)键,转到第 2 页功能	【F4】	V: 95°06′30″ HR: 86°01′59″ N: 0.168 m E: 2.430 m Z: 1.782 m 测存 测量 模式 P1↓ 设置 后视 测站 P2↓
②按[F1](设置)键,显示当前的仪器高和目标高	【F1】	输入仪器高和目标高 仪器高: 0.000 m 目标高: 0.000 m 回退　　　　　　　确认
③输入仪器高和目标高,并按[F4](确认)键	输入仪器高 【F4】	输入仪器高和目标高 仪器高: 2.000 m 目标高: 1.500 m 回退　　　　　　　确认

输入范围: −9999.9999m≤仪器高、目标高≤+9999.9999m

(4)坐标测量。

在设置完定向方位角、棱镜高、仪器高及测站点坐标之后,全站仪自动测量目标点坐标。操作过程及结果显示如表 4-2-3 所示。在全站仪中,平面坐标(x, y)及高程分别以(N, E, Z)表示。

表 4-2-3 坐标测量操作过程

操作过程	操作	显示
①设置已知点 A 的方向角	设置方向角	V: 276°06′30″ HR: 90°00′30″ 测存 置零 置盘 P1↓

续表

操作过程	操作	显示
②照准目标B，按[CORD]坐标测量键	照准棱镜 [CORD]	V： 276°06′30″ HR： 90°09′30″ N *[单次] －< m E： m Z： m 测存 测量 模式 P1↓
③开始测量，按[F2]（测量）键可重新开始测量	[F2]	V： 276°06′30″ HR： 90°09′30″ N： 36.001 m E： 49.180 m Z： 23.834 m 测存 测量 模式 P1↓
④按[F1]（测存）键启动坐标测量，并记录测得的数据，测量完毕，按[F4]（是）键，屏幕返回到坐标测量模式。一个点的测量工作结束后，程序会将点名自动+1，重复刚才的步骤即可重新开始测量	[F1]	V： 276°06′30″ HR： 90°09′30″ N： 36.001 m E： 49.180 m Z： 23.834 m >记录吗？ [否] [是] 点名:1 编码:SOUTH N： 36.001 m E： 49.180 m Z： 23.834 <完 成>

以下作几点说明：

（1）若未输入测站点坐标，系统则以最后一次测量值作为默认坐标值。

（2）关机后，测站点坐标、仪器高与棱镜高可保留。

（3）坐标测量有精测（fine）/粗测（coarse）/跟踪（tracking）三种模式，可根据需要选择使用。

（4）坐标测量仍然需要设置正确的大气改正数与棱镜常数，方法同距离测量模式。

（5）在一个测站点上连续测量时，可将待测点的棱镜高固定，每次观测，只需重复照准目标、按下测量键这一步骤即可。

2. 全站仪数据采集操作过程

在地形测量中，需要测量大量地形点的三维坐标，且有时需要标注地形点的不同属性。按照上述坐标测量方法虽然可以测量其坐标，但测量效率不高，且无法标注点的属性。现今生产的全站仪都提供了不同的应用程序，封装后集成在菜单组下。通过菜单下的

第二节 全站仪数据采集

"数据采集"应用程序可以很好、快速地实现三维地形点测量。

在 NTS360 系列全站仪中，数据采集的过程步骤如下：

(1)在测站安置好全站仪，测量仪器高。开机后点击菜单(MENU)键，选择数据采集，按对应的数字键"1"或回车键，输入新建文件或选择已有文件后确认。操作过程如表 4-2-4 所示。

表 4-2-4　　　　　　　　　　输入新建文件或选择已有文件

操作过程	操作键	显示
①按下[MENU]键，仪器进入主菜单 1/2，按数字键[1](数据采集)	[MENU] [1]	菜单　　　　　　1/2 1. 数据采集 2. 放样 3. 存储管理 4. 程序 5. 参数设置　　P1↓
②输入新建文件名，按[F4](确认)键或[ENT]键	【F2】	选择测量和坐标文件 文件名：SOUTH 回退　调用　字母　确认
③如果要选择已有的测量文件，需要按[F2](调用)键，在显示的文件列表中选择		SOUTH　　　　[测量] SOUTH2.SMD　　[测量] 属性　查找　退出　P1↓

(2)用键盘输入测站点坐标，或调入先前已有坐标文件(储存在内存中)的点坐标，并输入仪器高。操作过程如表 4-2-5 所示。

表 4-2-5　　　　　　　　　　内存文件坐标设定测站坐标过程

操作过程	操作键	显示
①由数据采集菜单 1/2，按数字键[1](设置测站点)，即显示原有数据	[1]	数据采集　　　　1/2 1. 设置测站点 2. 设置后视点 3. 测量点 　　　　　　　　P1↓
②按[F4](测站)键	[F4]	设置测站点 测站点→ 编　码： 仪器高：　0.000m 输入　查找　记录　测站

续表

操作过程	操作键	显示
③按[F1](输入)键	[F1]	数据采集 设置测站点 点名： 输入　调用　坐标　确认
④输入点号，按[F4]键	输入点号 [F4]	数据采集 设置测站点 点名：PT-01 输入　调用　坐标　确认
⑤系统查找当前调用文件，找到点名，则将该点的坐标数据显示在屏幕上，按[F4](是)键确认测站点坐标	[F4]	设置测站点 N0:　　　　100.000 m E0:　　　　100.000 m Z0:　　　　 10.000 m >确定吗？　[否]　[是]
⑥屏幕返回设置测站点界面。用[▼]键将→移到编码栏		设置测站点 测站点→1 编　码：SOUTH 仪器高：0.000 m 输入　查找　记录　测站
⑦按[F1](输入)键，输入编码，并按[F4](确认)键	[F1] 输入编码 [F4]	设置测站点 测站点：　　1 编　码→ 仪器高：0.000 m 回退　调用　字母　确认
⑧将→移到仪器高一栏，输入仪器高，并按[F4](确认)键	输入仪器高 [F4]	设置测站点 测站点：　　1 编　码：SOUTH 仪器高→　2.000 m 回退　　　　　　确认
⑨按[F3](记录)键，显示该测站点的坐标	[F3]	设置测站点 测站点：　　1 编　码：SOUTH 仪器高→　2.000 m 输入　　记录　　测站 设置测站点 N0:　　　　100.000 m E0:　　　　100.000 m Z0:　　　　 10.000 m >确定吗？　[否]　[是]

续表

操作过程	操作键	显示
⑩按[F4](是)键，完成测站点的设置。显示屏返回数据采集菜单1/2	[F4]	数据采集　　　　　　1/2 1. 设置测站点 2. 设置后视点 3. 测量点　　　　　　P↓

(3)设置后视点定向，输入目标高。

后视点定向有三种方法设定：①利用内存中的坐标数据来设定；②直接键入后视点坐标；③直接键入设置的定向角(通过坐标反算)。操作过程如表4-2-6所示。

表4-2-6　　　　　　　**内存文件坐标设定后视点坐标过程**

操作过程	操作键	显示
①由数据采集菜单1/2，按数字键[2]（设置后视点）	[2]	数据采集　　　　　　1/2 1. 设置测站点 2. 设置后视点 3. 测量点　　　　　　P↓
②屏幕显示上次设置的数据，按[F4]（后视）键	[F4]	设置后视点 后视点→1 编　码： 目标高：　0.000 m 输入　查找　测量　后视
③按[F1]（输入）键	[F1]	数据采集 设置后视点 点名：2 输入　调用　NE/AZ　确认
④输入点名，按[F4]（确认）键	输入点号 [F4]	数据采集 设置后视点 点名：2 回退　调用　字母　确认
⑤系统查找当前作业下的坐标数据，找到点名，则将该点的坐标数据显示在屏幕上，按[F4]键，确认后视点坐标	[F4]	设置后视点 NBS：　　　20.000 m EBS：　　　20.000 m ZBS：　　　10.000 m >确定吗？　　[否]　[是]

操作过程	操作键	显示
⑥屏幕返回设置后视点界面。按同样方法，输入点编码、目标高		设置后视点 后视点：1 编　码：SOUTH 目标高→　　1.500 m 输入　　置零　　测量　　后视
⑦按[F3]（测量）键，可以检测坐标设置偏差	[F3]	设置后视点 后视点：1 编　码：SOUTH 目标高→　　1.500 m 角度　　*平距　　坐标

（4）在大数据采集页面选择"3. 测量点"，在相应页面中输入待测点的目标高，按"测量"或"同前"开始采集，存储数据。

第三节　GNSS-RTK 数据采集

目前，因 GNSS-RTK 测量快捷、方便、精度高且均匀等优点，已被广泛用于碎部点数据采集工作中。GNSS-RTK 测量已成为数字测图和 GIS 野外数据采集的主要手段之一。在大比例尺数字测图工作时，采用 GNSS-RTK 技术进行碎部点数据采集，可不布设各级控制点，仅依据一定数量的基准控制点，不要求点间通视（但在影响 GPS 卫星信号接收的遮蔽地带，还应采用常规的测绘方法进行细部测量），可一人独立操作，能实时测定点的位置，并达到厘米级精度。若同时输入采集点的特征编码，通过电子手簿或便携机记录，在点位精度合乎要求的情况下，把一个区域内的地形点、地物点的坐标测定后，可在室外或室内用专业测图软件测绘成电子地图。

一、GNSS-RTK 工作原理与系统组成

RTK 测量技术是 GNSS 实时动态定位技术（Real Time Kinematic，RTK）的简称，是以载波相位观测量为根据的实时差分 GNSS（RTD GNSS）测量技术，它是集计算机技术、数字通信技术、无线电技术和 GNSS 测量技术为一体的组合系统。

1. GNSS-RTK 工作原理

将一台接收机置于基准站上，另一台或几台接收机置于载体（称为流动站或移动站）上，基准站和流动站同时接收同一时间、同一 GNSS 卫星发射的信号，基准站所获得的观测值与已知位置信息进行比较，得到 GNSS 差分改正值。将这个改正值通过无线电数据链电台及时传递给共视卫星的流动站，精化其 GNSS 观测值，从而得到经差分改正后流动站较准确的实时位置。

2. GNSS-RTK 系统组成

单基站 GNSS-RTK 系统由一台基准站(又称参考站)接收机或多台流动站(移动站)接收机,以及用于数据实时传输的数据链系统构成。图 4-3-1 所示即是基于外挂电台工作模式的基准站和移动站主要设备,图 4-3-2 所示是基于网络 CORS 工作模式的参考站和移动站主要设备。

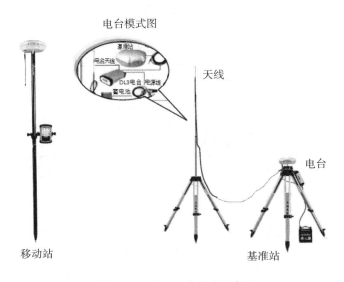

图 4-3-1　外持电台模式示意图

图 4-3-2　网络 CORS 模式示意图

二、GNSS-RTK 野外数据采集

1. GNSS-RTK 数据采集的准备工作

在运用 GNSS-RTK 进行碎部点数据采集之前,需要做一系列的准备工作,具体包括以下步骤:

(1)外业踏勘;

(2)收集资料;

(3)制订观测计划;

(4)星历预报；

(5)器材准备：经检定合格的 GPS 接收机（基准站+流动站）1 套，电源（含充电器），数据链电台 1 套，手机或对讲机（每台 GNSS 接收机上配 1 个），每台 GNSS 接收机配观测记录手簿 1 本，相应运输工具。

2. GNSS-RTK 野外数据采集

利用 GNSS-RTK 进行地形测量时，主要技术要求应符合表 4-3-1 的规定。

表 4-3-1　　　　　　　　GNSS-RTK 地形测量主要技术要求

等级	点位中误差（mm）	高程中误差	与基准站的观测距离(km)	次数	起算点等级
图根点	≤±0.1	1/10 等高距	≤7	≥2	平面三级及以上
碎部点	≤±0.3	相应比例尺成图要求	≤10	≥1	平面图根及以上

注：①点位中误差指控制点相对于起算点的误差；②采用网络 GPS-RTK 测量可不受流动站到参考站间距离的限制，但宜在网络覆盖的有效服务范围内。

(1) GNSS-RTK 图根控制点采集。在一个测区内进行数字地形图测绘时，若很多作业组（有 GNSS-RTK 组和全站仪组）同时开工，要是按照惯例进行"先控制，后碎部"的作业程序作业，就会出现全站仪组闲置或等待的现象，浪费资源和人力。利用 GNSS-RTK 进行图根点数据采集非常快捷（它在一个点上测几秒至几分钟就完成了数据采集），最重要的是弥补了图根点间"通视"条件下边角测量、坐标计算的条件限制。利用 GNSS-RTK 进行图根点测量时，应注意以下几点：

①GNSS-RTK 图根点测量时，注意地心坐标系与地方坐标系的转换。

②GNSS-RTK 图根点测量平面坐标转换残差应小于等于图上±0.07mm，GNSS-RTK 图根点测量高程拟合残差应不大于 1/12 等高距。

③GNSS-RTK 平面控制点测量流动站观测时，应采用三脚架对中、整平，每次观测历元数应大于 10 个。

④GNSS-RTK 图根点测量平面测量的两次测量点位较差应小于等于图上±0.1mm，高程测量两次测量的高程较差应小于等于 1/10 等高距，两次结果取中数作为最后成果。

⑤用 GNSS-RTK 技术施测的图根点平面成果应进行 100%的内业检查和不少于总点数 10%的外业检测，外业检测采用相应等级的全站仪测边长和角度等方法进行，高程外业检测采用相应等级的三角高程、几何水准测量等方法进行，其检测点应均匀分布测区。检测结果应满足表 2-4-5 的要求。

(2) GNSS-RTK 碎部点测量。由于工程应用中使用的 GNSS 卫星定位系统采集到的数据是 WGS-84 坐标系数据，而目前我们测量成果普遍使用的是 2000 国家大地坐标系或是地方独立坐标系为基础的坐标数据。因此，必须将 WGS-84 坐标转换到 2000 国家大地坐标系或地方（任意）独立坐标系。在获取测区坐标系转换参数时，可以直接利用已知的参数。在没有已知转换参数时，可以自己求解。地心坐标系（2000 国家大地坐标系）与参心坐标系（如 1954 年北京坐标系、1980 国家大地坐标系或地方独立坐标系）转换参数的求解，应采用不少于 3 点的高等级起算点两套坐标系成果，所选起算点应分布均匀，且能控制整个测区。转换时，应根据测区范围及具体情况，对起算点进行可靠性检验，采用合理的数学模型，进行多种点组合方式分别计算和优选，也可以在测区现场通过点校正的方法获取，至少选取 2 个水平控制点进行点校正。

点校正就是求出 WGS-84 和当地平面直角坐标系统之间的数学转换关系（转换参数）。

一般而言，两个椭球间的坐标转换比较严密的方法是七参数法，即 X 平移、Y 平移、Z 平移、X 旋转、Y 旋转、Z 旋转、尺度变化 K。若求得七参数，就需要在一个地区有 3 个以上的已知点；如果区域范围不大，最远点间的距离不大于 30km（经验值），就可以用三参数，即 X 平移、Y 平移、Z 平移，而将 X 旋转、Y 旋转、Z 旋转、尺度变化 K 视为 0，所以三参数只是七参数的一种特例。当测区面积较大，采用分区求解转换参数时，相邻分区应不少于 2 个重合点。

GPS-RTK 碎部点测量一般规定：

①GPS-RTK 碎部点测量平面坐标转换残差应小于等于图上 ±0.1mm。GPS-RTK 碎部点测量高程拟合残差应小于等于 1/10 等高距。

②GPS-RTK 碎部点测量流动站观测时，可采用固定高度对中杆对中、整平，每次观测历元数应大于 5 个。

③连续采集组地形碎部点数据超过 50 点，应重新进行初始化，并检核一个重合点。当检核点位坐标较差小于等于图上 0.30mm 时，方可继续测量。

3. GPS-RTK 野外数据采集操作步骤

测量工作中用 GPS-RTK 进行野外数据采集步骤一般归结为：架设基准站（架设完成后，打开电台，设置电台频率和发射频道）→启动基准站（打开 GPS-RTK 手簿，建立、设置项目名称，坐标系统等）→启动移动站→点校正→碎部点数据采集。

（1）架设基准站。将基座安置在脚架上，基准站可架设在已知点上（对中整平）或未知点上（只需要整平），打开基准站主机，设置为"工作模式"，等待基准站锁定卫星；通过连接头将主机固定在基座上；用电缆将主机和电台连接；架设电台发射天线，用电缆将发射天线和电台连接；打开电台，设置电台发射频道和频率；量取仪器高（一般量取斜高：对中的地面点至主机橡胶圈的距离，读取到毫米）。

基准站架设点必须满足以下要求：

①高度角在 15°以上，开阔，无大型遮挡物；

②无电磁波干扰（200m 内没有微波站、雷达站、手机信号站等，50m 内无高压线）；

③在用电台作业时，位置比较高，基准站到移动站之间最好无大型遮挡物，否则差分传播距离迅速缩短；

④至少两个已知坐标点（已知点可以是任意坐标系下的坐标，最好为 3 个或 3 个以上，可以检校已知点的正确性）；

⑤不管基准站架设在未知点上还是已知点上，坐标系统也不管是国家坐标还是地方施工坐标，此方法都适用。

（2）设置、启动基准站。连接手簿和基准站主机（用电缆或蓝牙连接）；打开 GPS-RTK 手簿，输入项目名称、坐标系统、天线类型、通信类型、通信端仪器高等内容，在手簿中搜索到基准站机身仪器号，连接启动基准站。注意检查主机和电台的信号灯闪烁是

第四章 数字测图外业数据采集

否正常。

（3）设置、启动移动站。连接好碳纤杆和移动站主机及接收天线；将移动站和手簿连接好（用电缆或蓝牙连接）；启动移动站（方法基本同基准站启动），检查信号灯是否正常，信号灯由"单点"变为"浮动"再变为"固定"，设置完毕。

（4）点校正（参数计算）。将移动站在已知点上对中、整平，开始测量，将已知点坐标和测量坐标调入后，进行参数计算，检查点位中误差是否符合限差要求。

选择校正点时，应注意：

①注意控制范围，在一个测区要有足够的控制点，并避免短边控制长边；

②对于高程，要特别注意控制点的线性分布（几个控制点分布在一条线上），特别是做线路工程，参与校正的高程点建议不要超过 2 个；

③注意坐标系统、中央子午线、投影面（特别是海拔比较高的地方），控制点与放样点是否是一个投影带；

④如果一个区域比较大、控制点比较多，要分区做校正，不要一个区域十几个点或更多的点全部参与校正；

⑤注意所有残差不要超过 2cm，否则应检查控制点是否有误。

在每个测区进行测量工作，有时需要几天甚至更长的时间，为了避免每天都重复进行点校正工作或者每次架在已知点上对中、整平比较麻烦，而采取任意架设基准站或者自启动，可以在每天开始测量工作以前先做重设当地坐标的工作，进行整体平移。

（5）测量。在点校正符合限差要求后，开始进行测量。

三、中海达 GPS-RTK 野外数据采集的一般过程

根据设备硬件配备不同，常规的基准站+流动站作业模式有三种：内置电台模式、外挂电台模式和 GPRS 网络模式。该模式的特点是作业方式灵活，基准站既可以架设在已知点，也可以架设在未知点。另一种较常用的是基于网络的连续运行参考系统（CORS）模式，这是近年来快速发展起来的一种作业模式。特点是参考站是固定的，只需一台流动站即可，测量范围较大。下面结合中海达公司生产的接收机 iRTK2 分别对以上四种作业模式进行详细介绍。

1. 内置电台模式

1）设备

三脚架 1 个；基座 1 个；iRTK2 GPS 2 台；Andriod 系统 RTK 手簿 1 个；测量杆 1 个；长天线 1 根。

2）基准站设置

（1）基准站模式设置。

单击 1 台 GPS 主机开关键，启动 GPS，双击开关键进行工作模式切换（注：每双击一次，切换一个模式），直到语音提示"工作模式为 UHF 基准站"。

（2）手簿与基准站连接。

①打开手簿，点击 Hi-Survey Road 图标，启动 RTK 测量界面。软件界面如图 4-3-3 所示，与手机界面相似。图中的九宫格菜单，每个菜单都对应一个功能，界面简洁直观，操作简单。

图 4-3-3　手簿界面

②方法一：将手簿与主机 NFC 识别触碰，听到"咚"的一声后，手簿中出现蓝牙连接进度条，并提示已连接(图 4-3-4)。

③方法二：点击图 4-3-3 下方的【设备】，进入蓝牙连接界面，如图 4-3-5 所示。点击下方【搜索设备】查找接收机，搜到相应的仪器号后选中该设备蓝牙名，弹出蓝牙配对的对话框，输入配对密码(默认 1234 或 0000)，蓝牙配对成功后即可连接接收机，或在已配对设备里选择相应的仪器号进行连接。

图 4-3-4　触碰连接　　　　　　　　图 4-3-5　手动搜索连接

(3)基准站位置及数据链设置

①设定基准站的坐标为 WGS-84 坐标系下的经纬度坐标。一般在基准站可以通过【平

滑】进行采集，获得一个相对准确的 WGS-84 坐标进行设站(注：任意位置设站，不意味着任意输入坐标，务必进行平滑多次后进行设站，平滑次数越多，可靠度也越高)。如果基准站架设在已知点上，也可以通过输入已知点的当地平面坐标，或通过点击右端【点库】按钮从点库中获取。如图 4-3-6 所示。

②基准站使用内置电台功能，只需设置数据链为内置电台，设置频道与功率；进入【高级】界面可获取最优频道；功率有高、中、低三个选项(如图 4-3-7 所示)。

图 4-3-6　基准站位置设置

图 4-3-7　基准站数据链设置

3) 移动站设置

设置移动站主要设定移动站的工作参数，包括移动站数据链等，移动站的设置与基准站的设置类似，只是输入的信息不同。

移动站使用内置电台，只需设置数据链为内置电台，修改电台频道，在移动站模式下搜索最优频道必须确保基准站关闭电台发射，以免影响搜索结果。电台频道必须和基准站一致。

断开基准站 GPS，启动另 1 台 GPS 将其工作模式设置为"移动站"模式。连接移动站 GPS，进入移动站设置，数据链选择"内置电台"，频道与基准站频道必须相同。

其他差分模式选 RTK，电文格式选 RTCM(3.0)，截止高度角选择 15 度，最后点击【设置】(图 4-3-8)。

注意：点击【天线高】按钮可设置天线类型、天线高(一般情况下量天线高为斜高，强制对中时可能用到垂直高，千万不要忘记输入)。

4) 新建项目

在主界面上点击【项目】→【新建】→【输入项目名】→右下角【√】，点击左上角【项目信息】→【坐标系统】→【椭球】(源椭球为 WGS-84，当地椭球根据测区要求选择北京 1954、国家 1980 或国家 2000)→【投影】→【投影方法】(根据测区要求情况选择)→【中央子午线】

图 4-3-8 其他差分模式设置

(输入正确的中央子午线),【椭球转换】【平面转换】【高程拟合】都改为无,【保存】→【OK】→【OK】→【×】。项目信息、系统设置输入对应操作见图 4-3-9、图 4-3-10。

图 4-3-9 项目信息

图 4-3-10 系统设置

5) 参数计算

参数坐标系统→参数计算→计算类型(图 4-3-11)→添加源坐标(一般直接采集)→输入目标坐标,重复操作第二个点,【计算】→【应用】→【保存】即可。参数计算界面如图 4-3-11、图 4-3-12 所示。

图 4-3-11　参数计算界面　　　　图 4-3-12　添加参数计算

计算类型："七参数""三参数""四参数+高程拟合""四参数""高程拟合"。

三参数：方法简化，只取 X、Y、Z 平移，运用于信标、SBAS 固定差改正以及精度要求不高的地方。用于 RTK 模式下，其作用距离最好小于 3km 且处于较平坦的地方（基准站开机的模式），要求至少有一个已知点坐标。

四参数+高程拟合：X、Y、Z 平移，尺度因子 K，也是 RTK 坐标转换常用的一种模式。通过四参数完成 WGS-84 平面到当地平面的转化，利用高程拟合完成 WGS-84 椭球高到当地水准的拟合。至少要有两个已知点坐标，作用范围限制在小测区使用。

七参数：平移 α_x、α_y、α_z，旋转 ω_x、ω_y、ω_z，尺度因子 K，适用范围较大和距离较远的 RTK 模式或 RTD 模式下 WGS-84 坐标系到北京 1954 坐标系或者国家 1980 坐标系的转化，至少要有三个已知点坐标。

【添加】：添加坐标点信息，包括点名、点坐标、点描述。点坐标可以来源于点选、图选及设备实时采集。

对于四参数计算结果，缩放值越接近 1 越好，一般要在 0.999 或者 1.000 以上才是合格的。旋转要看已知点的坐标系，如果是标准的北京 1954 坐标系或者国家 1980 坐标系，则旋转一般只会在几秒内，超过了就是不理想了。如果已知点是任意坐标系，旋转就没有参考意义，平面残差小于 0.02m，高程残差小于 0.03m 基本就可以了。计算结果合格后，点击"运用"，启用这个结果，画面跳入坐标系统界面，我们可以查看一下，之前都为"无"的"平面转换"和"高程拟合"是否已启用。

6) 坐标测量

点击测量页主菜单上的【碎部测量】按钮，可进入碎部测量界面，这时就可以测量点的坐标了。文本界面和图形界面可通过【文本】/【图形】按钮切换，如图 4-3-13 所示。

7) 数据导出

点击【项目】里的数据交换，单击下方的文件名框输入文件名，选择【数据类型】。进入数据格式设置界面后选择相应的数据格式,点击【确定】,数据导出成功。如图 4-3-14 所示。原始数据导出格式包括:自定义(*.txt)、自定义(*.csv)、AutoCAD(*.dxf)、SHP 文件(*.shp)、Excel 文件(*.csv)、开思 SCS G2000(*.dat)、南方 CASS7.0(*.dat)、PREGEO(*.dat)等。

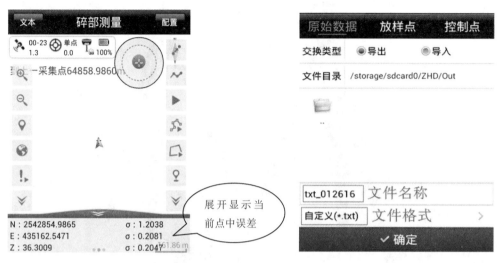

图 4-3-13　坐标测量界面　　　　图 4-3-14　数据导出界面

2. 外挂电台模式

1)设备

三脚架 2 个、基座 2 个、电台 1 台、蓄电池 1 台、大电台发射天线 1 个、iRTK2 GPS 2 台、iRTK2 GPS 长天线 2 根、Andriod 系统 RTK 手簿 1 个、测量杆 1 个。

2)架设基准站

基准站一定要架设在视野比较开阔、周围环境比较空旷、地势比较高的地方;避免架在高压输变电设备附近、无线电通信设备收发天线旁边、树下以及水边,这些都会对 GPS 信号的接收以及无线电信号的发射产生不同程度的影响。

(1)基准站架设步骤如下(见图 4-3-15):

①将其中 1 台接收机设置为基准站外置模式。

②架好三脚架,安放电台天线的三脚架最好放到高一些的位置,两个三脚架之间保持至少 3m 的距离。

③固定好机座和基准站接收机(如果架在已知点上,要做严格的对中、整平),打开基准站接收机。

④安装好电台发射天线,把电台挂在三脚架上,将蓄电池放在电台的下方。

⑤用多用途电缆线连接好电台、主机和蓄电池。多用途电缆线是一条"Y"形的连接线,用来连接基准站主机(五针红色插口)、发射电台(黑色插口)和外挂蓄电池(红黑色夹子),具有供电、数据传输的作用。

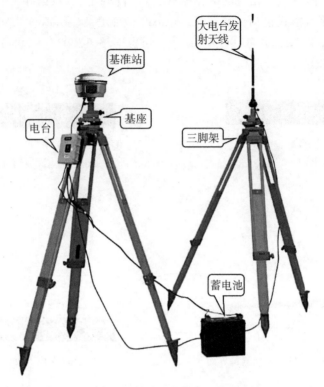

图 4-3-15　外挂电台模式连接示意

重要提示：在使用"Y"形多用途电缆连接主机的时候，注意查看五针红色插口上标有红色小点，在插入主机的时候，将红色小点对准主机接口处的红色标记即可轻松插入。连接电台一端的时候进行同样的操作。

（2）基准站模式设置。

单击 1 台 GPS 主机开关键启动 GPS，双击开关键进行工作模式切换（注：每双击一次，切换一个模式），直到语音提示"工作模式为 UHF 基准站"。

（3）手簿与基准站连接。

手簿与基准站连接的具体操作与"1. 内置电台模式"相同。

（4）基准站位置及数据链设置。

进入设备界面，点击【设备连接】，点击【连接】进入蓝牙列表界面，选中基准站蓝牙编号，点击【连接】。连接成功，设置基准站接收机，输入仪器高，点击【平滑】，等待十秒钟平滑结束，点击【数据链】，设置数据链，然后点击【其他】选项卡，广播格式选择 SCMRX（三星效果），RTCM3.0（双星效果），然后点击【设置】，提示设置成功，基准站设置成功。基准站平滑坐标、天线高的输入如图 4-3-16 所示，数据链设置如图 4-3-17 所示。

3）移动站设置

断开基准站与手簿连接。启动另 1 台 GPS 将其工作模式设置为"移动站"模式。手簿

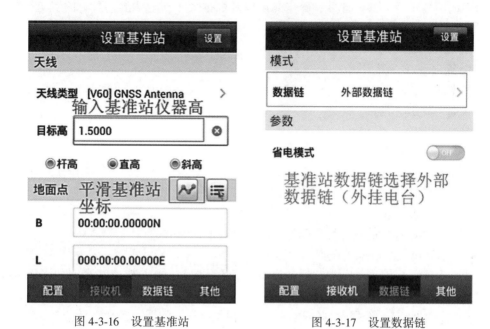

图 4-3-16　设置基准站　　　　　图 4-3-17　设置数据链

蓝牙连接移动站，点击【移动站设置】，基准站是外挂电台，移动站数据链选择"内置电台"。注意电台通道设置与基准站外挂电台一致，其他选项卡设置广播格式为 SCMRX(三星效果)或 RTCM3.0(双星效果)。此处差分电文格式必须与基准站完全一致，否则无法正常工作。然后点击"确定"，移动站设置成功，等待移动站固定就行了，固定以后就可以直接外业。移动站参数设置见图 4-3-18、图 4-3-19。

图 4-3-18　外挂数据链界面　　　　图 4-3-19　外挂其他界面

109

后面的新建项目、参数计算、碎步测量以及数据导出作业步骤与"1. 内置电台模式"相同。

3. GPRS 网络模式

1）设备

三脚架 1 个；基座 1 个；iRTK2 GPS 2 台；Andriod 系统 RTK 手簿 1 个；测量杆 1 个；移动或联通手机卡 2 张。

2）基准站设置

(1) 基准站模式设置。

1 台 GPS 主机插入手机卡，单击开关键启动 GPS，双击开关键进行工作模式切换（注：每双击一次，切换一个模式），直到语音提示"工作模式为 UHF 基准站"。

(2) 手簿与基准站连接。

手簿与基准站连接的具体操作与"1. 内置电台模式"相同。

(3) 基准站位置及数据链设置。

①点击【平滑】按钮，平滑完后点击右上角【设置】，输入基准站高，如下图 4-3-20 所示。

②点击【数据链】，选择数据链类型，输入相关参数，如图 4-3-21 所示。

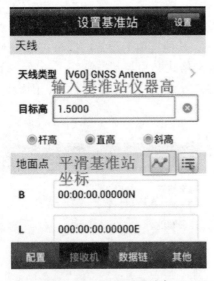

图 4-3-20　设置基准站高

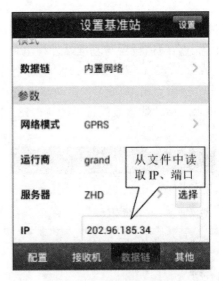

图 4-3-21　设置数据链界面

（例如：需设置的参数，选择内置网络时，其中分组号和小组号可变动，分组号为七位数，小组号为<255 的三位数）。

点击【其他】，选择差分模式、电文模式（默认为 RTK、RTCA 不需要改动），点击右上角【设置】确定。

3）移动站设置

断开基准站 GPS 与手簿的连接。将另 1 台 GPS 主机插入同网络手机卡，启动后将工作模式设置为"移动站"模式。蓝牙连接手簿，使用菜单【移动站设置】，弹出"设置移动站"对话框。在【数据链】界面，选择和输入的参数和基准站一致，如图4-3-22所示。

点击【其他】界面，选择、输入与基准站一样的参数，修改移动站天线高。

后面的新建项目、参数计算、碎步测量以及数据导出作业步骤与"1. 内置电台模式"相同。

4. 单基站 CORS 网络差分模式

1) 设备

已建设完成的单基站 CORS 并开通；iRTK2 GPS 1 台；Andriod 系统 RTK 手簿 1 个；测量杆 1 个；通讯卡 1 张。

2) 移动站与手簿的连接

选择 PDA 手簿与 GNSS 接收机的连接方式为"蓝牙"，接收机和手簿的蓝牙功能都要开启，点击右下角的"连接"进入蓝牙连接界面。点击"搜索设备"搜索需要连接的设备，在设备列表中选择（接收机的仪器号），弹出蓝牙配对的对话框，输入配对密码，密码默认为1234，已配对的设备不需再输入配对密码。iRTK2 系列弹出蓝牙配对对话框时，不需要输入密码，直接点击配对即可，蓝牙配对成功后连接接收机；如果没有找到设备，可以点击下方【搜索设备】重新查找接收机，搜到相应的仪器号后选中该设备进行连接。设置待连接的设备连接方式、天线类型（可在连接后再进行修改）后，点击右下角【连接】。

3) 移动站使用内置网络设置（图4-3-24）

(1) 数据链选择"内置网络"。

(2) 网络模式选择菜单请选择网络类型"GPRS"。

(3) 设置"运营商"：用 GPRS 时输入"CMNET"；用 CDMA 时输入"card, card"。（这里我们选择通用的"CMNET"）

(4) 设置"网络服务器"：包括 ZHD 和 CORS。如果使用中海达服务器时，使用 ZHD，接入 CORS 网络时，选择 CORS。（这里我们选择"CORS"，服务器地址选择如图4-3-23所示）

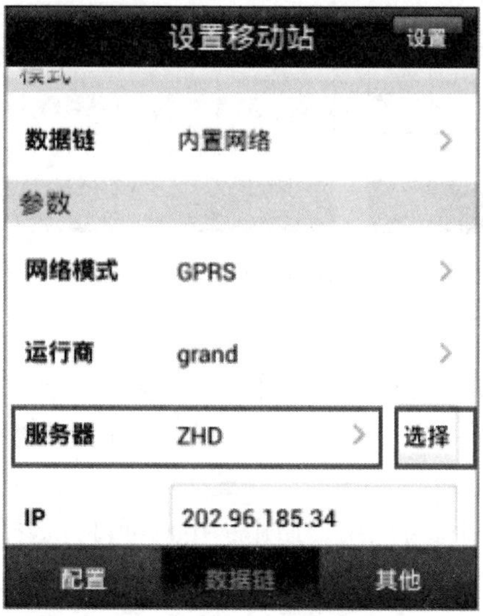

图 4-3-22　移动站数据链界面 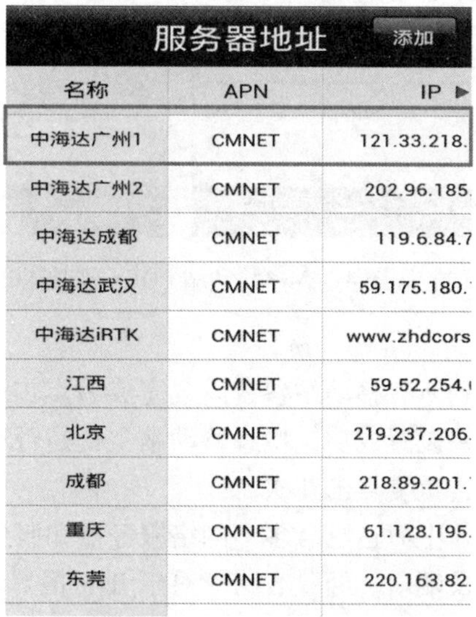　　　　图 4-3-23　连接 CORS 的用户界面

(5)"连接 CORS"的 IP 地址与端口号：手动输入 CORS 的 IP、端口号，如图 4-3-23 所示。

(6)输入"源节点号"：可获取 CORS 源列表，选择"源列表"，也可以手动输入源节点号，输入"用户名""密码"，然后点击【设置】。

(7)点击【确定】完成设置，返回上一个界面。

4）移动站其他选项

移动站其他选项包括设定差分模式、电文格式、截止高度角、天线高等参数。

(1)差分模式：包括 RTK、RTD、RT20，默认为 RTK，RTD 表示码差分，RT20 为单频 RTK 差分。

(2)电文格式：包括 RTCA、RTCM(2.X)、RTCM(3.0)、CMR、NovAtel、sCMRx。

(3)截止高度角：表示 GNSS 接收卫星的截止角，可在 5°至 20°之间调节。

(4)天线高：点击天线高按钮可设置基准站的天线类型、天线高(注：一般情况下所量天线高为斜高，强制对中时可能用到垂直高，千万不要忘记输入)。

(5)发送 GGA：当连接 CORS 网络时，需要将移动站位置报告给计算主机，以进行插值获得差分数据，若正在使用此类网络，应该根据需要，选择"发送 GGA"，后面选择发送间隔，时间一般默认为"1"秒。如图 4-3-25 所示。

图 4-3-24 移动站 CORS 数据链设置

图 4-3-25 移动站 CORS 其他设置

等到所有移动站参数设置完成后点击界面右上角的【设置】，点击完成后会弹出提示框，如果设置成功，检查移动站主机是否正常接收差分信号，如果失败，检查参数是否设置错误，重复点击几次。

目前中海达已有多个网络服务器和服务器端口可供用户使用，用户可自行选择合适的服务器及端口。经验表明，对于 IP，最好选择中海达广州 1。

第四节　草图绘制与地形描绘方法

目前，基于测记模式的数字测图方法在数据采集过程中，除了测量点的坐标外还需要绘制一份简单的草图，以便在内业作图时参考。同时针对不同的地物、地貌测量点，如何根据其特点进行选取，也是数据采集中需要考虑的问题。

一、草图绘制

所谓草图法，就是在把待采集的碎部点信息（点号、点的大概相对位置、点与点间的相对连接关系、点的属性等）绘制到草图上，在数据传输到计算机站点后，根据草图绘制数字地形图。草图可以根据测区内已有的相近比例尺图编绘，也可以随碎部点采集时画出。在用编绘或复制方法画草图时，一般要到实地对照记录和草图不一致的地物。在随采集数据一块进行时，可按地物相互关系一块绘出，也可按测站绘制，地物密集处可放大处理，根据测站所测地物环境选择草图是横向还是竖向。画草图时，注意图上点号标注一定要清楚、准确，有电子记录手簿时，一定要和手簿记录的点号一致。

草图的主要内容有：地物的相对位置、地貌的地性线、点名、丈量距离记录、地理名称和说明注记等。在用随测站记录时，应注记测站点点名、北方向、绘图时间、绘图者姓名等，最好在每到一测站时整体观察一下周围地物，尽量保证一张草图把一测站所测地物表示完全，对地物密集处标上标记另起一页放大表示。图4-4-1所示为某测区的一张草图。

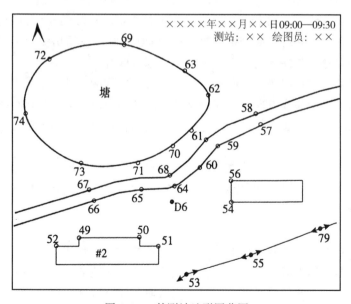

图 4-4-1　某测站地形图草图

二、简码配合草图法

简码配合草图法就是在野外操作时仅输入简单的提示性编码,经内业简码识别后,自动转换为程序内部码,在绘图时直接使用简码识别,计算机即可自动绘制出图形的一种快捷方法。在测区内有较多的独立地物或测区非常简单时一般采用此方法,可提高绘图效率。在南方CASS9.1软件平台上,此方法的具体操作步骤是:在野外测量存储数据时,输入南方CASS9.1软件自定义的地物编码,回到室内成图时,通过CASS9.1软件"绘图处理"中的"编码识别"即可直接绘制出所测点。

对于有相连关系的地物,可采用"地物序号+地物类别+属性"的自定义编码,但因为逻辑关系复杂,一般不提倡用此方法,而直接使用草图法。

三、地物描绘方法

野外测量时,知道测的是什么,是房屋还是道路等,但怎么测还需要了解绘制地物轮廓的规律,掌握地物描绘的方法,以减少野外盲目测点,提高作业效率。

1. 居民地

测绘居民地时根据测图比例尺的不同,在综合取舍方面有所不同。1:1000或更大的比例尺测图,各类建筑物和构筑物及主要附属设施应按实地轮廓逐个测绘,其内部的主要街道和较大的空地应加以区分,图上宽度小于0.5mm的次要道路不予表示,其他碎部可综合取舍。房屋以房基角为准立尺测绘,并按建筑材料和质量分类予以注记,对于楼房还应注记层数。圆形建筑物(如油库、烟囱、水塔等)的轮廓线应实测三个点并用圆连接。房屋和建筑物轮廓的凸凹在图上小于0.4mm(简单房屋小于0.6mm)时可用直线连接。对于散列式的居民地、独立房屋应分别测绘。1:2000比例尺测图房屋可适当综合取舍。围墙、栅栏等可根据其永久性、规整性、重要性等综合取舍。

对于排列整齐的大片房屋,不必逐一施测,可在精确测定该片房屋的两条互相垂直的外边沿线后,用量距内插或方向与直线相交法确定各房角点。居民地内部不便布设控制点的地方,则需在周围较大建筑物已测的基础上,利用各种量距、定向的方法逐一确定。

2. 独立地物

大比例尺数字测图中,独立地物大多依比例尺测绘其外围轮廓,而于其中央位置配以相应的符号。对于圆形地物,如散热塔,可测定周围3点,绘出其圆形外轮廓,中央绘上塔形建筑物符号,并注"散"字。

3. 管线和垣栅

地面上输送石油、煤气或水等的管道,以及各种电力线和通信线等,统称管线;各类城墙、围墙、栏栅,称为垣栅。它们都属于线状物体,在地形图上一般采用半依比例尺的线状地形符号表示。大比例尺数字测图时,除城墙一般要依比例尺测绘外,有些架空管线的支架塔柱或其底座基础,也须按比例尺测定其实际位置,若为双杆高压线,则画双圆圈表示,其中两个小圆圈表示两电杆的实际位置。

永久性的电力线通信线路的电杆、铁塔位置应实测。同一杆上架有多种线路时,应表示其中主要线路,并要做到各种线路走向连贯、线类分明。居民地、建筑区内的电力线、通信线可不连线,但应在杆架处绘出连线方向。电杆上有变压器时,变压器的位置按其与电杆的相应位置绘出。

地面上架空的、有堤基的管道应实测并注记输送的物质类型。当架空的管道直线部分的支架密集时,可适当取舍。地下管线检修井测定其中心位置,按类别以相应符号表示。

4. 境界

境界是划定国家之间或国内行政区划的界线。特别是国界,它涉及国家的领土主权和与邻国的政治、外交关系等问题。测绘国界线,须由有经验的测量员在边防人员陪同下,准确而迅速地进行,不得有任何差错;国内行政区划界线,通常依据居民地或其他地物的归属绘出,应由地方政府有关部门指定专人在实地指认确定。

境界线应测绘至县和县级以上,乡与国营农、林、牧场的界线应按需要进行测绘。两级境界重合时,只绘高一级符号。

5. 道路及附属设施

道路是连接居民地的纽带,是国家经济生活的脉络,是军事行动的命脉。因此,各类地图都十分重视对道路的正确测绘和表示。

地形图中通常有双线道路和单线道路两类符号。在中、小比例尺测图中铁路和公路多用双线符号表示,其中心线即为道路的真实位置;大车路以及人行小路等多用单线表示。在大比例尺测图中,除人行小路用单线表示外,其他类型的道路大多可以按比例尺测绘其宽度,然后用相应的符号表示之。

测绘道路时,除了道路本身的位置应当准确、等级应当分明、取舍应当恰当、分布应当合理外,沿道路的各种附属地物,如桥梁、隧道、里程碑、路标、路堤和路堑等,也应准确测绘;道路两侧附近那些具有方位意义的地物,如独立房屋、碑亭等,也应准确表示;道路与居民地的接合处应当十分明确,特别是双线道路在居民地内的走向及通行情况,更应交代清楚。

6. 水系

水系是江、河、湖、海、水库、渠道、池塘、水井等及其附属地物和水文资料的总称,它与人类生活密切相关,是地形图的要素之一,必须准确地测绘和表示。

海岸线是多年大潮(朔潮、望潮)的高潮所形成的岸线,一般根据海水侵蚀后的岸边坎部、海滩堆积物或海滨植被所形成的痕迹来确定,比较容易用仪器测定其准确的位置。低潮时的水涯线称为低潮界,它与海岸线之间的地段称为干出滩(即浸潮地带),干出滩内的土质、植被、河道及其他地物均应表示。因此,首先应设法测定低潮界的位置,方可正确表示有关干出滩的地形。

低潮界一般采用这样的方法测定:当干出滩伸展的范围不大(几百米以内)时,可于低潮时刻直接用视距法测定低潮线;当干出滩伸展的范围较大(1km 以上)时,通常可于退潮时刻在距低潮界数百米处设站,快速地用视距法测定几个低潮界的碎部点和主要河道的特征点等,便可准确地描绘出干出滩的位置及其附属地物;当干出滩十分平坦且来不及于退潮时刻设站时,可于低潮界的特征点处竖立标志,用单交会法确定其位置,也可参照海图或询问当地居民用目测或半仪器法测定。

大比例尺测图中,水系及其附属地物多应依比例尺测绘,并以相应的符号表示;只有宽度小于图上 0.5mm 的河流可用单线表示。

河流岸线只要准确测定其交叉点和明显的转弯点，即可参照实地形状描绘，细小的弯曲和变化可以舍弃或综合表示之。

河流、沟渠、湖泊等地物无特殊要求时通常均以岸边为界，如果要求测出水涯线（水面与地面的交线）、洪水位（历史上最高水位的位置）及平水位（常年一般水位的位置）时，应按要求测绘。

河流的两岸一般不太规则，在保证精度的前提下，对于小的弯曲和岸边不甚明显的地段可作适当取舍。河流图上宽度小于 0.5mm、沟渠实际宽度小于 1m（1∶500 测图时小于 0.5m）时，不必测绘其两岸，只要测出其中心位置即可。渠道比较规则，有的两岸有堤，测绘时可以参照公路的测法。对于那些田间临时性的小渠不必测出，以免影响图面清晰度。

7. 植被

植被系指覆盖在地表上的各类植物。地形图上要充分反映地面植被分布的特征和性质，准确地表示植被覆盖的范围，这对于资源开发、环境保护、农牧业生产规划和军事行动等方面的用图，都具有十分重要的意义。因此，要求准确测绘地类界的转折点，以便准确地描绘植被覆盖的范围；有关植被的说明注记，应遵照图式规定的内容，于实地准确查看和量取，以确保其可靠性。

综上所述，尽管地物类别很多，但在图上表示无非点状、线状和面状符号三类。其测绘要领是：

(1) 测绘点状地物时，应测定其底部的中心位置，再以相应符号的定位点与图上点位重合，并按规定的方向描绘。独立地物底部经缩绘后若大于符号尺寸，需将其轮廓按真实形状绘出，并在轮廓内绘相应符号。

(2) 测绘线状地物时，主要测定物体中心线上的起点、拐点、交叉点和终点，再对照实地地物，以相应符号的定位线与图上点位重合绘出。

(3) 测绘面状地物时，应测绘地物轮廓的特征点，再对照实地地物，以相应符号的轮廓线与图上点位重合后绘出。部分面状地物如居民地、水库、森林等，还应在轮廓范围内（或外）加注地理名称或说明注记等。

四、地貌描绘方法

1. 山顶

山顶是山的最高部分。按其形状分为尖山顶、圆山顶、平山顶等。这几种不同形状的山顶用等高线表示的方法也不太一样，希望读者学习时把握勾画的特点与规律。具体形状和表示见图 4-4-2。

尖山顶：在尖顶山的山顶附近倾斜比较一致，因此，尖山顶的等高线之间的平距大小相等，即使在顶部，等高线之间的平距也没有多大的变化。测绘时标尺点除立在山顶外，其周围适当立一些就够了。

圆山顶：在圆山顶的顶部坡度比较平缓，然后逐渐变陡，等高线之间的平距在离山顶较远的山坡部分较小，愈至山顶，平距逐渐增大，在顶部最大。测绘时山顶最高点应立尺，在山顶附近坡度逐渐变化的地方也需要立尺。

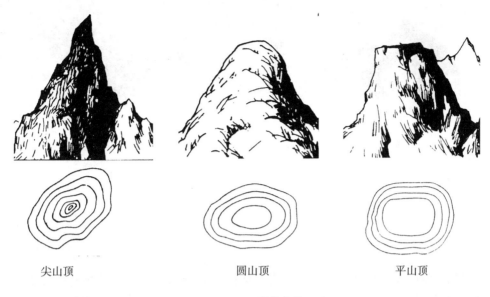

图 4-4-2 山顶等高线

平山顶：平山顶的顶部平坦，到一定范围时坡度突然变化。因此，等高线之间的平距，在山坡部分较小，但不是向山顶方向逐渐变化，而是到山顶时平距突然增大。测绘时必须特别注意在山顶坡度变化处立尺，否则地貌的真实性将受到显著影响。

根据等高线特性，山顶表示为数条封闭曲线，且内圈高程大于外圈。如图 4-4-2 所示，圆山顶，图上顶部环圈大，由顶向下等高线由稀变密，测绘时山顶点和其周围坡度变化的地方均需站立棱镜；尖山顶，顶部环圈小，由顶向下等高线由密变稀，测绘时除山顶外，其周围要适当增加棱镜点；平山顶，顶部环圈不仅大，且又宽阔空白，向下等高线变密，测绘时应注意在山顶坡度变化处站立棱镜。

2. 山脊

山脊是山体延伸的最高棱线，山脊的等高线均向下坡方向凸出，两侧对称。山地地貌显示得像不像，主要看山脊与山谷，山脊如果绘得真实、形象，整个山形就较逼真。测绘山脊要真实地表现其坡度和走向，特别是大的分水线倾斜变换点的山脊、山谷的转折点应准确表现出来。

山脊按形状分为尖山脊、圆山脊和平山脊，其形状见图 4-4-3（上）。它们都可通过等高线的弯曲程度表现出来。如图 4-4-3（下）所示。尖山脊的山脊线比较明显，测绘时，除在山脊线上立尺外，两侧山坡也应有适当的立尺点；圆山脊的脊部有一定的宽度，测绘时需要特别注意正确确定山脊线的实地位置，然后立尺。此外对山脊两侧山坡也必须注意它的坡度变化，恰如其分地选定立尺点；平山脊应注意由脊部至两侧山坡坡度变化的位置，测绘时，应恰当地选择立尺点，才能控制山脊的宽度。不要把平山脊的地貌测绘成圆山脊或尖山脊地貌。尖山脊的等高线依山脊延伸方向呈较尖的圆角状，圆山脊的等高线依山脊延伸方向呈较尖的圆弧状，平山脊的等高线依山脊延伸方向呈疏密悬殊的长方形状。

在实际地貌中，山脊也千姿百态，往往出现不规则的情况，例如山脊出现支岔等现象。一般情况下，分岔脊的大小与分岔角的大小成反比，同时分岔点常常隆起。

图 4-4-3　山脊等高线

主脊和分脊的关系是分脊方向与主脊方向略成直角形态。只有了解了它们之间的关系，才能很好地把握山脊等高线的走向。测绘时，在山脊的分岔处必须立尺，以保证分岔山脊的正确性。

3. 山谷

山谷是指山中的两侧高中间低的狭长地带，它与山脊的表示相反。山谷按其形状分为尖底谷、圆底谷和平底谷。如图 4-4-4(上)所示，尖底谷等高线通过谷底时呈现尖状；圆底谷等高线通过谷底时呈现圆弧状；平底谷等高线通过谷底时在其两侧近于呈现直角状。

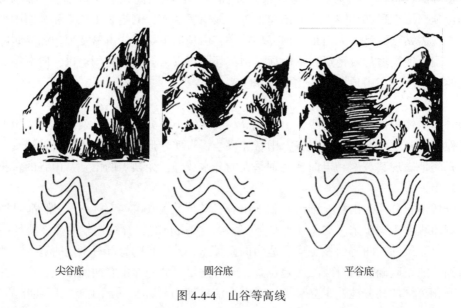

图 4-4-4　山谷等高线

如图 4-4-4(下)所示，尖底谷是底部尖窄，等高线在谷底处呈圆尖状；圆底谷是底部较圆，等高线在谷底处呈圆弧状，测绘时山谷线不太明显，应注意找准位置；平底谷是底部较宽，底部平缓，两侧较陡，等高线过谷底时其两侧呈近似直角状，测绘时棱镜应站立在山坡与谷底相交处，以控制谷宽和走向。

4. 鞍部

鞍部属于山脊上的一个特殊部位,是相邻两个山顶之间呈马鞍形的地方,可分为窄短鞍部、窄长鞍部和平宽鞍部。鞍部往往是山区道路通过的地方,有重要的方位作用。测绘时在鞍部的最低点必须有立尺,以便使等高线的形状正确。鞍部附近的立尺点应视坡度变化情况选择。描绘等高线时要注意鞍部的中心位于分水线的最低位置上,并针对鞍部的特点,抓住两对同高程的等高线分别描绘,即一对高于鞍部的山脊等高线,另一对低于鞍部的山谷等高线,这两对等高线近似地对称。

如图 4-4-5 所示,各种鞍部都是凭借两对等高线的形状和位置来显示其不同特征,一对是高于鞍部高程的等高线,另一对是低于鞍部高程的等高线,具有较明显的对称性。测绘时鞍部的最低点必须站立棱镜,其附近要视坡度变化情况适当选择测量点位。

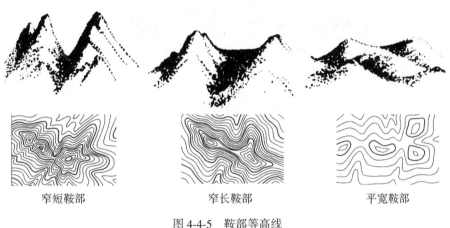

窄短鞍部　　　　　窄长鞍部　　　　　平宽鞍部

图 4-4-5　鞍部等高线

5. 盆地

盆地是中间低四周高的地形,其等高线的特点与山顶相似,但与其高低相反,即外圈的等高线高于内圈的等高线。如图 4-4-6 所示。测绘时,除在盆底最低处立尺外,对于盆底四周及盆壁地形变化的地方均应适当选择立尺点,才能正确显示出盆地的地貌。

图 4-4-6　盆地的表示

6. 变形地貌的表示

变形地貌是指由于地表面受内力或外力因素的影响，而经常发生变动或特殊的地貌。这些地貌很难用等高线表示，或用等高线表示不够理想时，必须采用符号与等高线搭配的方法才能表示其特征。这类变形地貌有以下几种。

1）崩崖

崩崖是指沙土质或石质的山坡长期受风吹日晒影响而风化，致使山坡迸裂的地段。其上边缘明显，测绘时将其上边缘两端或中间变换点测定出来，然后绘以符号表示，如图4-4-7所示。若崩崖上缘陡峭时还应配以陡崖符号，面积较大时用等高线配合表示。

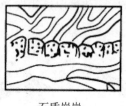

石质崩崖　　　　　沙质崩崖

图 4-4-7　石质、沙质崩崖

2）陡崖

陡崖是形态壁立、难以攀登的陡峭绝壁。分为土质和石质两种，其表示方法，如图4-4-8所示。

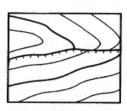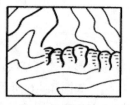

土质陡崖　　　　　石质陡崖

图 4-4-8　土质、石质陡崖

3）陡石山、露岩地

陡石山是坡度陡峭而裸露的岩石，当石山坡度大于70°时，用陡石山符号表示，如图4-4-9所示。小于70°时则用等高线配合露岩地符号表示。

露岩地是指岩石部分裸露出地面且比较集中的地段，其表示方法用等高线配合散列三角形块符号表示，如图4-4-9所示。

4）滑坡、冲沟

滑坡是因地表面覆盖植物太少，失去自然凝聚力的斜坡表层，大量碎石沿着斜坡下滑的地段。其上边缘线较明

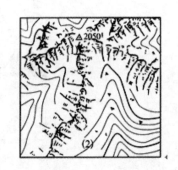

图 4-4-9　陡石山、露岩地

显，可用仪器测定，以陡崖符号表示，其余轮廓线测定后以点表示。滑坡内的等高线以长短不一的虚线表示，但应尽量保持其倾斜或起伏的特征。如图4-4-10(a)所示。

冲沟是由暂时性急流冲蚀而成的大小沟壑。在山坡上接近山麓处的狭窄冲沟又叫雨裂。冲沟或雨裂的边缘棱线比较明显，可以用仪器测定。其图上宽度小于0.5mm时，用单线表示；大于0.5mm时用双线表示，较宽的沟壑用陡崖符号表示。等高线经过雨裂或冲沟时断开，并微微转向处，同时应注意两侧等高线的衔接和对称。雨裂冲沟均应适当测注比高。一般图上宽度大于5mm时，冲沟底部应描绘等高线，并注记比高。如图4-4-10(b)所示。

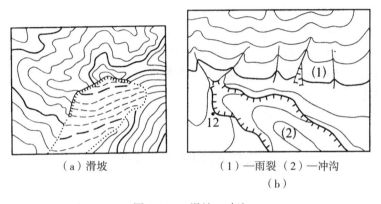

图4-4-10　滑坡、冲沟

5)梯田坎、沙地

梯田坎多沿平缓山坡的自然表面按水平方向修筑，故梯田坎符号大致平行于等高线描绘，旱地有时有少许等高线。用石料修筑的梯田坎用加固符号表示，其余用一般陡坎符号表示。大比例尺测图时，应如实测绘其位置，较宽梯田内应加绘等高线或加注高程点，并量注梯田坎比高。其坡度在70°以上时，表示为陡坎；70°以下时表示为斜坡。梯田坎较缓，梯田接近自然山坡时也可用等高线表示。如图4-4-11(a)所示。

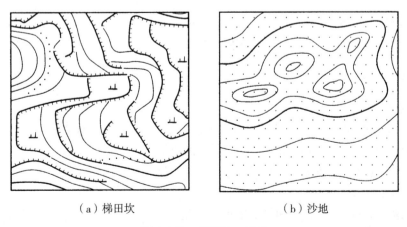

图4-4-11　梯田坎、沙地

121

沙地地貌是在干燥气候区形成的风沙地貌，风沙地貌的特点是流沙覆盖着整个地表，因此地貌应表示总的起伏和走向，并用等高线表示，加绘沙地符号。如图 4-4-11（b）所示。

思考题与习题

1. 全站仪进行坐标测量的基本原理是什么？
2. 在全站仪坐标测量过程中，为何后视点不需要输入高程及棱镜高？
3. 简述全站仪进行数据采集的主要步骤。
4. 简述 GNSS-RTK 的工作原理。
5. GNSS-RTK 动态定位系统由哪几部分组成？
6. 在进行 GNSS-RTK 测量时为什么要计算转换参数？
7. 简述中海达 GPS-RTK 内置电台模式的数据采集步骤。
8. 简述地物特征点的确定方法。
9. 试简述地貌有哪几种类型。

数据采集技能训练

技能训练一　全站仪的基本测量

一、目的与要求

（1）了解常用品牌全站仪的基本构造。
（2）熟悉全站仪的操作界面及作用。
（3）掌握全站仪的基本使用。

二、仪器及工具

（1）由仪器室借领：全站仪 1 套、棱镜 1 块、伞 1 把、小钢卷尺 1 支。
（2）自备工具：铅笔、小刀、尺子及记录表格。

三、实习步骤

1. 全站仪的认识
全站仪由照准部、基座、水平度盘等部分组成，采用编码度盘或光栅度盘，读数方式为电子显示。有功能操作键及电源，还配有数据通信接口。
2. 全站仪的使用（以南方 NTS 全站仪为例进行介绍）
1）测量前的准备工作
（1）电池的安装。（注意，测量前电池需充足电）
①把电池盒底部的导块插入装电池的导孔。

②按电池盒的顶部直至听到"咔嚓"响声。
③向下按解锁钮，取出电池。
(2)仪器的安置。
①在实训场地上选择一点作为测站，另外两点作为观测点。
②将全站仪安置于点，对中、整平。
③在两点分别安置棱镜。
(3)调焦与照准目标。
操作步骤与一般经纬仪相同，注意消除视差。
2)角度测量
(1)首先从显示屏上确定是否处于角度测量模式，如果不是，则按操作键转换为角度测量模式。
(2)盘左瞄准左目标 A，按置零键，使水平度盘读数显示为 0.0000，顺时针旋转照准部照准右目标 B，读取显示读数。
(3)同样方法可以进行盘右观测。
(4)如果测竖直角，可在读取水平度盘的同时读取竖盘的显示读数。
3)距离测量
(1)首先从显示屏上确定是否处于距离测量模式，如果不是，则按操作键转换为距离测量模式。
(2)照准棱镜中心，按测量键，得出距离，HD 为水平距离，SD 为倾斜距离，VD 为垂直距离。
4)坐标测量
(1)首先从显示屏上确定是否处于坐标测量模式，如果不是，则按操作键转换为坐标测量模式。
(2)输入本站点 O 点及后视点坐标，以及仪器高、棱镜高。
(3)照准棱镜中心，按测量键，得出点的坐标。

四、注意事项

(1)运输仪器时，应采用原装的包装箱运输、搬动。
(2)近距离将仪器和脚架一起搬动时，应保持仪器竖直向上。
(3)拔出插头之前应先关机。在测量过程中，若拔出插头，则可能丢失数据。
(4)换电池前必须关机。
(5)仪器只能存放在干燥的室内。充电时，周围温度应在 10℃~30℃。
(6)全站仪是精密贵重的测量仪器，要防日晒、防雨淋、防碰撞震动。严禁将仪器直接照准太阳。

五、上交资料

以小组为单位，每位成员上交全站仪测量纸质记录表一份。

全站仪测量记录表

组别：　　　　仪器号码：　　　　　　　　　　　　　　　　　　年　　月　　日

仪器高 (m)	棱镜高 (m)	竖盘位置	水平角观测		竖直角观测		距离高差观测			坐标测量		
			水平度盘读数	方向值或角值	竖直度盘读数	竖直角	斜距 (m)	平距 (m)	高程 (m)	x (m)	y (m)	H (m)

技能训练二　全站仪数据采集

一、实训目的

（1）掌握用全站仪的程序进行碎部点数据采集，并利用内存记录数据的方法。
（2）掌握全站仪和计算机之间进行数据传输的方法，并学会输出碎部点三维坐标。

二、实训器具

（1）每组借全站仪1台，数据电缆1根，脚架1个，棱镜杆1根，棱镜1个，钢卷尺（2m）1把。
（2）自备：4H或3H铅笔，绘草稿纸。

三、实训步骤

1. 野外数据采集

用全站仪进行数据采集可采用三维坐标测量方式。测量时，应有一位同学绘制草图。草图上须标注碎部点点号（与仪器中记录的点号对应）及属性。

（1）安置全站仪：对中、整平，量取仪器高，检查中心连接螺旋是否旋紧。
（2）打开全站仪电源，并检查仪器是否正常。
（3）建立控制点坐标文件，并输入坐标数据。

(4)新建项目文件,进入数据采集界面。
(5)设置测站:选择测站点点号或输入测站点坐标,输入仪器高并记录。
(6)设置后视定向和定向检查:选择已知后视点或后视方位进行定向,并选择其他已知点进行定向检查。
(7)碎部测量:测定各个碎部点的三维坐标并记录在全站仪内存中,记录时注意棱镜高、点号和编码的正确性。
(8)归零检查:每站测量一定数量的碎部点后,应进行归零检查,归零差不得大于1′。

2. 全站仪数据传输

(1)利用数据传输电缆将全站仪与电脑进行连接。
(2)运行数据传输软件,并设置通信参数(端口号、波特率、奇偶校验等)。
(3)进行数据传输,并保存到文件中。
(4)进行数据格式转换。将传输到计算机中的数据转换成内业处理软件能够识别的格式。

当全站仪具有内存卡或USB接口时,可直接用读卡器或U盘插入接口将数据读入计算机中。

四、注意事项

(1)在作业前应做好准备工作,将全站仪的电池充足电。
(2)使用全站仪时,应严格遵守操作规程,注意爱护仪器。
(3)外业数据采集后,应及时将全站仪数据导出到计算机中并备份。
(4)用电缆连接全站仪和电脑时,应注意关闭全站仪电源,并注意正确的连接方法。
(5)拔出电缆时,注意关闭全站仪电源,并注意正确的拔出方法。
(6)控制点数据、数据传输软件由指导教师提供。
(7)小组每个成员应轮流操作,掌握在一个测站上进行外业数据采集的方法。

五、上交成果

实训结束后将测量实训报告、电子版的原始数据文件以小组为单位打包提交。

技能训练三 GNSS 的认识与 RTK 数据采集

一、目的与要求

(1)了解常用品牌 GNSS 接收机的基本构造,理解动态 GNSS-RTK 测量的基本原理。
(2)掌握 GNSS-RTK 测量的几种作业模式。
(3)掌握 GNSS-RTK 四种作业模式下数据采集的操作方法。
(4)复习教材中的有关内容,每个人当场记录一份观测手簿。

二、仪器及工具

(1)由仪器室借领:以班为单位轮流借用 GNSS 接收机 2 套、小钢卷尺 1 支。

(2)自备工具：铅笔、小刀、尺子及记录表格。

三、实习步骤

1. 中海达 GNSS 接收机认识

（1）中海达 GNSS 接收机的按键及对应的功能；

（2）GNSS 接收机工作模式设置；

（3）GNSS 接收机安置；

（4）GNSS 接收机与手簿的连接；

（5）手簿软件操作；

（6）坐标系与椭球参数选择；

（7）数据链参数的意义和设置；

（8）数据采集方法。

2. 基准站架设

在开阔地方，将一台 GNSS 接收机从仪器箱中取出，在测站上安置仪器，整平、对中，量取仪器高，并将它设置为基准站模式；蓝牙连接手簿，按教材要求设置坐标系（椭球参数）、数据链等相关参数。

3. 移动站设置

将另一台 GNSS 接收机从仪器箱中取出，开机后设置为移动台模式；蓝牙连接手簿，按教材要求设置坐标系（椭球参数）、数据链等相关参数。

4. 参数计算

将移动站移到已知点 A_1，测量该点坐标；同理移到已知点 A_2，测量该点坐标。然后计算四参数。并在其他已知点上检验参数的正确性。

5. 地面点测量

在手簿中新建工程项目，或打开已建立的项目，输入杆高，固定解后记录其坐标。每人测量 10 个坐标点。

四、注意事项

（1）GNSS 接收机属特贵重设备，实习过程中应严格遵守测量仪器的使用规则。

（2）在测量观测期间内，由于观测条件的不断变化，要注意不时地查看接收机是否工作正常，电池是否够用。

（3）基准站 GNSS 接收机应尽量安置在开阔且较高的地方，高度角大于 15°。

（4）移动站测量杆应竖直，显示的坐标解应为固定解。

五、提交资料

以小组为单位，每名成员提交一份 GNSS-RTK 测量实训报告。报告内容可根据自己的兴趣选择四种测量模式中的任意一种测量模式。

第五章 数字测图内业处理

第一节 数据传输与格式转换

在野外地形点坐标数据采集过程中,其坐标数据是以文件的形式保存在全站仪内存或手簿内存中。在内业绘图工作开始之前,需要将保存在仪器或手簿存储器上的点的坐标数据文件通过一定的传输方法和手段保存到计算机的硬盘上,供成图软件绘图时使用。

一、全站仪数据传输

全站仪数据传输即全站仪数据通信,是指全站仪与计算机或 PDA 之间经通信线路而进行的数据交换。早期的全站仪与计算机通信主要是利用全站仪的输出接口,通过通信电缆直接将全站仪内存中的数据文件传送至计算机,也可以利用计算机将坐标数据和编码库数据直接装入全站仪内存中。随着全站仪技术的发展,目前几乎所有的全站仪都支持 USB 接口、MicroSD 卡和蓝牙方式,数据传输非常方便。

全站仪数据传输方法主要有两种:一是通过全站仪配套数据传输软件进行数据传输、转换;二是利用绘图软件自带的数据传输与转换功能。例如,南方 CASS 成图软件里面有"读取全站仪数据"模块,可以将拓普康、尼康等很多种全站仪内存中的数据直接转换成坐标数据(南方 CASS 成图软件使用的坐标数据文件 *.dat 格式是:点号,代码,Y 坐标,X 坐标,Z 坐标)。

1. RS232C 串口传输

在全站仪数据传输前,首先打开 RS232 串口,用数据线连接好全站仪和计算机,设置通信参数(全站仪和计算机中参数必须一致),根据需要选择数据格式进行传输。

1)通信参数设置

全站仪通信参数的设置一般包括以下几项。

(1)波特率。

波特率表示数据传输速度的快慢,用位/秒(b/s)表示,即每秒钟传输数据的位数(bit)。例:如果数据传送的速度为 480 个字符/s,而每个字符又包含 10 位(起始位 1 位,数据位 7 位,校验位 1 位,停止位 1 位),则波特率为 4800b/s。

常见的波特率有 2400b/s、4800b/s、9600b/s 和 19200b/s 等。目前全站仪通信中常采用 4800b/s 以上。

(2)数据位。

数据位是指单向传输数据的位数,数据代码通常使用 ASCII 码,一般用 7 位或 8 位。

(3)校验位。

校验位，又称奇偶校验位，是指数据传输时接在每个 7 位二进制数据信息后面发送第 8 位，它是一种检查传输数据正确与否的方法，即将 1 个二进制数(校验位)加到发送的二进制信息中后，让所有二进制数(包含校验位)的总和总保持是奇数或偶数，以便在接收单元检核传输的数据是否有误。校验位通常有以下五种校验方式：

①NONE(无校验)：这种方式规定发送数据信息时，不使用校验位。这样就使校验位所占用的第 8 位成为可选用的位，这种方法通常用来传送内 8 位二进制数组成的数据信息。这时，数据信息就占用了原来由校验位使用的位置。

②EVEN(偶校验)：这是一种最常用的方法，它规定校验位的值与前面所传输的二进制数据信息有关，并且应使校验位和 7 位二进制数据信息中"1"的总和总为偶数。换言之，如果二进制数据信息中"1"的总数是偶数，则校验位为"0"；如果二进制数据信息中"1"的总数是奇数，则校验位是"1"。

③ODD(奇校验)：这种方法规定校验位的值与它所伴随的二进制数据信息有关，并且应使校验位和 7 位二进制数据信息中"1"的总和总为奇数，也就是说，如果数据信息中所有二进制数"1"的总和是偶数，则校验位为"1"；如果所有二进制数"1"的总和是奇数，则校验位是"0"。

④MARK(标记校验)：这种方法规定校验位总是二进制数"1"，而与所传输的数据信息无关。因此，这种方式下，二进制数"1"仅仅是简单地填补了这个位置，并不能校验数据传输正确与否，它的存在并无实际意义。

⑤SPACE(空号校验)：这种方法规定校验位总是二进制数"0"，它也只是简单地填补位置，虽有校验位存在，但并不用来做传送质量的检验，其存在也无实际意义。

在全站仪的通信中，一般采用前三种校验方式，占一位，用 N 或 E 或 O 表示(分别代表 NONE、EVEN 和 ODD)。

例：若规定数据校验方式为奇校验，则字母 A 和数字 4 的数据信息应表示为 1000001 和 00110100。

(4)停止位。

在校验位之后再设置一位或两位停止位，用来表示传输字符的结束。

有的全站仪还规定了自己的发送与接收端间的应答信息。接收端没有发出请求发送的信息，全站仪送出的数据接收端不会接收，以确保数据传输的正确性和完整性。只有全站仪与计算机(或其他设备如 PDA 等)两端设置的参数一致，才能实现正确的通信。

注意：在通信参数设置时，一般数据位、检校位、停止位三个参数的数字加起来等于 9。

2)全站仪数据传输

全站仪数据传输主要包括下载数据(即将全站仪上存储的数据下载到计算机或手簿中)和上传数据(将计算机或手簿中的数据上传至全站仪中，部分全站仪品牌有此功能)两种功能，其中最常用的是数据下载功能。数据下载的步骤是：

(1)仪器连接。

操作者将全站仪安置好，用专配的数据线将全站仪和计算机连接(若使用笔记本电脑，常需数据转换接口线)。

(2)通信参数设置。

打开全站仪和计算机(或手簿)及计算机软件平台(有些全站仪需要打开专用配套传输软件),进行通信参数设置。

(3)数据传输。

在参数设置好后,进行数据传输。

注意:若计算机上出现乱码,重新检查全站仪和计算机参数;若没有数据传出,则检查数据线和数据线接口。

2. USB 接口传输

有两种操作方法:一是将 USB 电缆线分别连接全站仪 USB 口和计算机 USB 口,通过在电脑上操作找到全站仪上的项目文件夹,复制到计算机中;另一种是将 U 盘插到全站仪 USB 接口,通过全站仪数据传输功能,将数据保存到 U 盘中。

3. MicroSD 卡

当前全站仪都配置有 SD 卡,在全站仪启动之前需要将卡插入全站仪卡槽中。这样测量作业当中各种数据都可以方便地保存到 SD 卡中。数据采集完成后关闭全站仪,拔出 SD 卡,通过笔记本电脑插槽或读卡器就可以轻松在电脑上读取 SD 卡内的数据,免除了繁琐的数据传输操作。通常情况下,SD 卡上每 1 兆(MB)的内存可存储 8500 组测量数据,或者 22000 个坐标数据。

4. 蓝牙方式

目前推出的全站仪大多支持蓝牙通信方式。操作方法是将计算机和全站仪蓝牙打开,利用计算机的蓝牙搜索功能找到全站仪蓝牙后配对,然后在全站仪中将数据文件的发送方式设置为蓝牙方式即可。

二、GPS-RTK 数据传输

GPS-RTK 数据通信是接收机或电子手簿与计算机之间经通信线路而进行的数据交换,其数据传输的原理与全站仪的数据传输相同。早期下载数据的方法主要有两种:一是用 GNSS 接收机供应商提供的专用程序进行操作,二是利用 Microsoft ActiveSync 的同步数据传输软件。不过,这两种方式传输均较麻烦,有时容易出错。随着 GNSS 接收机制造技术的发展,其手簿均支持 USB 或 SD 卡,传输相当快捷、方便。

1. 利用同步软件的专用程序进行操作

在 GPS-RTK 数据传输前,首先在手簿里进行数据导出,导出需要的数据格式文件之后,进行连接、复制、导出文件。

(1)数据导出。在"项目信息"中选择"记录点库",选择"导出数据",对导出的数据文件进行命名和格式选择,导出数据。

(2)用数据线将手簿和计算机连接。

(3)直接复制出导出数据的文件夹。

2. 利用 Microsoft ActiveSync 的同步数据传输软件通过 USB 口进行数据传输

(1)在计算机上安装连接程序。在中海达软件光盘的"工具"文件夹里选择"连程序",再选择里面"ActiveSync"文件夹里的"MSASYNC41.EXE"文件,双击此文件,按步骤提示进行安装连接程序。

如果是 GIS+手簿第一次在这个电脑上使用，在插上手簿的 USB 后，系统会提示安装硬件驱动，我们在中海达光盘里"驱动程序"文件夹下选择"GIS 手持机驱动"，将驱动程序安装上即可。

(2) 仪器连接。将数据线一端连接到打开的手簿上，另一端与电脑 USB 口进行连接(也可串口连接)。

(3) 选择导出文件。连接好后，计算机上的连接程序就会自动启动，取消"建立合关系"，点击"浏览"，打开"Nand Flash"文件夹(这是手簿的存储卡)里 Project 文件夹下的"Road"文件夹，再点击里面的"Points"文件夹，找到我们刚才导出的文件复制到电脑上，数据传输完毕。

3. USB 接口传输

将 U 盘插到全站仪 USB 接口，通过手簿数据传输功能，将数据保存到 U 盘中。

4. MicroSD 卡

在 RTK 启动之前需要将卡插入手簿卡槽中。这样测量作业当中各种数据都可以方便地保存到 SD 卡中。数据采集完成后关闭全站仪，拔出 SD 卡，通过笔记本电脑插槽或读卡器就可以轻松在电脑上读取 SD 卡内的数据，免除了繁琐的数据传输操作。

5. 蓝牙方式

对于具有蓝牙通信方式的手簿，先将计算机和 GNSS 手簿蓝牙打开，利用计算机的蓝牙搜索功能找到手簿蓝牙后配对，然后在 GNSS 手簿中将数据文件的发送方式设置为蓝牙方式即可。

三、数据格式转换

全站仪传输到计算机硬盘上的测量坐标数据文件应满足绘图软件对数据格式的要求。一般来说，不同的绘图软件对坐标数据文件的格式可能不同，但都提供了坐标格式转换功能。目前无论是全站仪还是 RTK 手簿，导出的坐标格式都能满足绘图软件的要求。

1. 南方 CASS 数字成图软件数据格式

南方 CASS 数字成图软件定义了自己的标准数据格式：

1 点点号，[代码]，E 坐标，N 坐标，H 高程

2 点点号，[代码]，E 坐标，N 坐标，H 高程

……

N 点点号，[代码]，E 坐标，N 坐标，H 高程

注意：①每个数据占一行，中间用英文逗号分隔；②[ ]中的代码可省略；③Y 坐标在前，X 坐标在后。

2. 清华山维 EPS2016 数字成图软件数据格式

清华山维 EPS2016 数字成图软件支持的数据格式如下：

(1) 简单坐标格式：X Y [Z]

(2) 编码坐标格式：CODEPN　X　Y [Z]

(3) 点号坐标格式：CODEPN CODE　X　Y　[Z]

CODEPN-点名，包括两部分：地物码和辅助码。地物码和辅助码之间用"."分隔。如：921.1. KAN.2。辅助码可以缺省。"."前后可以交换，如"1. KAN"。

第二节　南方 CASS9.1 绘地形图

当数据采集过程完成之后，即进入数据处理与图形处理阶段，亦称内业处理阶段。内业处理工作主要是在计算机上进行的，但要完成数据处理与图形的处理，单有计算机的硬件设备是远远不够的，还必须有相应的软件支持才行。国内已经开发出了许多测图软件，目前国内市场上比较有影响力的数字化测图软件主要有以下几种：基于 AutoCAD 支撑平台的有广州南方 CASS、广州开思 SCS 以及北京的威远图 CitoMap，独立平台的有清华山维 EPS、武汉中地 MAPSUV 等成图系统。

本节以市场上占有率较高的南方 CASS 为例进行介绍。

一、南方 CASS9.1 软件简介

南方测绘地形地籍成图软件(CASS)是基于 AutoCAD 平台开发的一款面向国家地理信息公共服务平台，集数据采集、检查、更新于一体的地理信息前端数据处理软件。自 1996 年问世以来，CASS 服务于测绘地理信息行业二十余年，用户遍及全国各地，并涵盖了国土、规划、市政、水利、矿山等相关行业，在我国第二次土地调查、第三次国土资源调查、国情监测、不动产调查登记发证等项目中发挥了重大作用，已成为用户量最大、升级最快、服务最好的主流成图系统。

随着我国测绘地理信息化的不断发展，CASS 结合行业最新动态，按照 GIS 数据组织要求和最新基础地理信息要素数据字典重新划分数据结构，更新并完善了新的图式符号库和相应的功能，新增了属性面板等大量实用工具，极大地提升了测绘技术人员的作业效率。

南方 CASS9.1 的主要特点：

(1)地形成图：提供了"草图法""简码法""电子平板法""数字化仪录入法"等多种成图作业方式。

(2)采用了最新的地形图式，增加了城市测量过程中新图式所没有的城市部件符号，共七类 100 多个符号，方便进行城市测量。

(3)可连接市面上最常见的全站仪进行数据传输。

(4)具有图形复制、属性拷贝、微导线、各种交会、线跟踪等多种方便成图的图形编辑功能。

(5)采用骨架线技术、编组技术，保证实体图形完整、图形编辑效率高；

(6)自动生成等高线。CASS 成图软件系统在绘制等高线时，充分考虑到等高线通过地性线和断裂线时情况的处理，如陡坎、陡崖等。能自动切除通过地物、注记、陡坎的等高线。由于采用了轻量线来生成等高线，在生成等高线后，文件大小比其他软件小了很多。

(7)工程应用：基本几何要素的查询、DTM 法土方计算、断面法道路设计及土方计

算、方格网法土方计算、断面图的绘制、公路曲线设计、面积应用、图数转换。

(8)检查入库：面向数据建库标准进行软件定制，可以提供直接面向各地地形地籍数据建库标准定制，可方便按实际标准进行属性定义、质量检查、数据输出，采用骨架线（+编组）和实体扩展属性来组织实体的技术，既保证了图形编辑的灵活性，又保证了与GIS 数据转换的完整性。

(9)骨架线是数字地图导入 GIS 的一种概念性数据结构和支撑技术。同时也是 CASS 的一种底层数据结构。这种数据结构使得 CASS 的地图编辑可以直接针对骨架线进行。任何线状地物或面状地物，只要骨架线的数据(位置等)发生改变，与骨架线相关的所有符号也会发生相应的改变。编组选择功能则使得复杂地物(如斜坡、陡坎、填充地物等)在编辑时自动分解，输出时又是一个整体。

(10)实体扩展属性数据可存储地物编码和大量的属性信息。采用这种方式，扩展属性与图形对象能紧密地结合在一起，有利于图形和属性的一体化操作，维护数据逻辑一致性。

二、南方 CASS 绘制平面图

有了野外碎部点的坐标数据，再加上野外草图，我们就可以绘制平面图了。下面以南方 CASS9.1 成图系统为蓝本，详细介绍地形图 5-2-1 的绘制过程。该图的测量坐标数据 STUDY.DAT 存放在 CASS 的 DEMO 文件夹中。

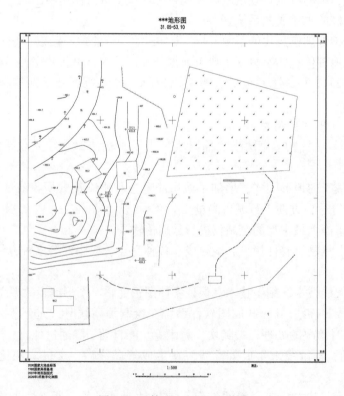

图 5-2-1　某地 1∶500 地形图

南方 CASS 数字化测图软件支持"草图法""简编码法""电子平板法"等多种测图方法。其中"草图法"是初学者常用的一种学习测图方法。"草图法"的工作方式要求外业工作时，除了测量地物特征点外，还要随时绘制草图，要标注出所测的是什么地物（属性信息）及记下所测点的点号（位置信息）。在测量过程中草图员要和测量员及时联系，使草图上标注的某点点号要和全站仪里记录的点号一致，而在测量每一个碎部点时不用在电子手簿或全站仪里输入地物编码，故又称为"无码方式"。

"草图法"在内业工作时，根据作业方式的不同，分为"点号定位""坐标定位""编码引导"几种方法。下面着重介绍"点号定位"方法。"点号定位"的意思是，在绘制平面地物时不必用鼠标选择点位或在命令行输入点位坐标，而是直接输入野外测量时记录的点号。其好处是内业作业员不必关心每个点位在何处，只要按照野外草图上的点号依次输入即可。不仅效率高，而且不容易出错。采用"点号定位"法的作业流程和步骤如下。

1. 展野外测点点号

启动 CASS9.1，鼠标点按【绘图处理】→【展野外测点点号】，弹出如图 5-2-2 所示的"输入坐标数据文件名"对话框。在 CASS 的 DEMO 文件夹下，找到 STUDY.DAT 文件，然后点按"打开"，比例尺输 1∶500。绘图区显示测量数据点号。如图 5-2-3 所示。

图 5-2-2　输入坐标数据文件对话框

2. 点号定位模式设置

CASS 测图软件缺省的绘图方式是坐标定位模式，如图 5-2-3 右侧绘图工具导航栏顶部所示。鼠标点按【坐标定位】→【点号定位】，弹出"选择点号对应的坐标点数据文件名"对话框，找到 STUDY.DAT 文件，然后点按"打开"，命令行显示"读点完成！共读入 106 个点"，表明已进入点号定位模式。

接下来按照草图上的点号和地物，在 CASS 测图软件中选择相应的地物绘制命令逐一绘制。不过，对于第一次接触绘图的人来讲，建议按照分地类由点、线或面状地物的顺序绘制，也就是每次绘同一地类。比如，绘房子就连续把房子绘完。等有了一定的绘图经验后就可以进行自由绘制。

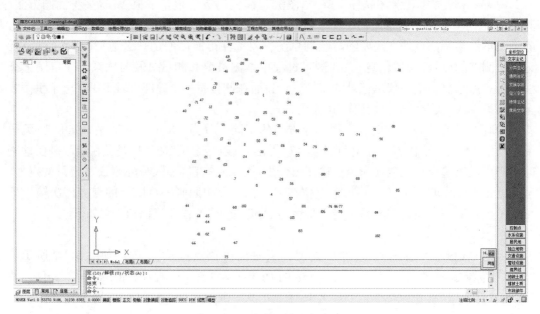

图 5-2-3　展绘野外测点点号

3. 绘制地物

1) 绘制交通设施

(1) 绘制平行道路。

单击绘图显示区右侧地物绘制工具导航栏【交通设施】→【城际公路】，弹出图 5-2-4 所示城际公路列表框。

图 5-2-4　交通设施地类列表框

在上述列表中鼠标左键选中"平行县道乡道",点击【确定】按钮后,在绘图显示区底部命令行按如表 5-2-1 所示步骤进行绘制。

表 5-2-1 平行道路绘制操作表

步骤	命令行提示信息	输入字符	键操作	说明
1	第一点: 鼠标定点 P/<点号>	92	回车	
2	曲线 Q/边长交会 B/跟踪 T/区间跟踪 N/垂直距离 Z/平行线 X/两边距离 L/点 P/<点号>	45	回车	使用折线依次连接道路一侧的测点点号
3		46	回车	
4	曲线 Q/边长交会 B/跟踪 T/区间跟踪 N/垂直距离 Z/平行线 X/两边距离 L/隔一点 J/微导线 A/延伸 E/插点 I/回退 U/换向 H 点 P/<点号>	13	回车	
5		47	回车	
6		48	回车	
7			回车	结束道路一侧的测点连接
8	拟合线<N>?	7	回车	Y—拟合为光滑曲线; N—不拟合为光滑曲线
9	1. 边点式/2. 边宽式/(按 ESC 键退出)	1	回车	1—要求输入道路另一侧测点; 2—要求输入道路宽度
10	对面一点: 鼠标定点 P<点号>	19	回车	输入道路另一侧测点确定路宽完成道路绘制

(2)绘制两条小路。

单击绘图显示区右侧地物绘制工具导航栏【交通设施】→【乡村道路】,弹出类似图 5-2-4 所示的乡村道路列表框,选中"小路",点击【确定】按钮后,在绘图显示区底部命令行按如表 5-2-2、表 5-2-3 所示步骤进行绘制。

表 5-2-2 为第一条小路绘图操作过程,表 5-2-3 为第二条小路绘图操作过程。这里有个技巧,如果继续绘制同属性地物,即与刚绘制过的地物完全相同,则可直接按回车,表示重复上次绘制命令。由于第二条小路与第一条小路属性相同,因此,直接绘制第二条小路时,按回车键即可重复执行绘制小路命令。

2)绘制居民地

(1)绘制四点砖房屋。

单击绘图显示区右侧地物绘制工具导航栏【居民地】→【一般房屋】,弹出图 5-2-5 所示一般房屋列表框。

表 5-2-2　　　　　　　　　　　第一条小路绘制操作表

步骤	命令行提示信息	输入字符	键操作	说明
1	第一点： 鼠标定点 P/<点号>	103	回车	
2	曲线 Q/边长交会 B/跟踪 T/区间跟踪 N/垂直距离 Z/平行线 X/两边距离 L/点 P/<点号>	104	回车	使用折线依次连接第一段小路的测点点号
3	曲线 Q/边长交会 B/跟踪 T/区间跟踪 N/垂直距离 Z/平行线 X/两边距离 L/隔一点 J/微导线 A/延伸 E/插点 I/回退 U/换向 H 点	105	回车	
4		106	回车	
5			回车	结束第一段小路的测点连接
6	拟合线<N>?	Y	回车	Y—拟合为光滑曲线； N—不拟合为光滑曲线

表 5-2-3　　　　　　　　　　　第二条小路绘制操作表

步骤	命令行提示信息	输入字符	键操作	说明
1	命令		回车	使用回车再次调用上一次绘制小路的命令，也可以使用地物绘制工具栏的进行操作
2	输入地物编码：<164300>		回车	
3	第一点： 鼠标定点 P/<点号>	86	回车	
4	曲线 Q/边长交会 B/跟踪 T/区间跟踪 N/垂直距离 Z/平行线 X/两边距离 L/点 P/<点号>	87	回车	使用折线依次连接第二段小路的测点点号
5		88	回车	
6	曲线 Q/边长交会 B/跟踪 T/区间跟踪 N/垂直距离 Z/平行线 X/两边距离 L/隔一点 J/微导线 A/延伸 E/插点 I/回退 U/换向 H 点 P/<点号>	89	回车	
7		90	回车	
8		91	回车	
9			回车	结束第二段小路的测点连接
10	拟合线<N>?	Y	回车	Y—拟合为光滑曲线； N—不拟合为光滑曲线

在上述列表中鼠标左键选中"四点砖房屋"，点击【确定】按钮后，在绘图显示区底部命令行按如表 5-2-4 所示步骤进行绘制。

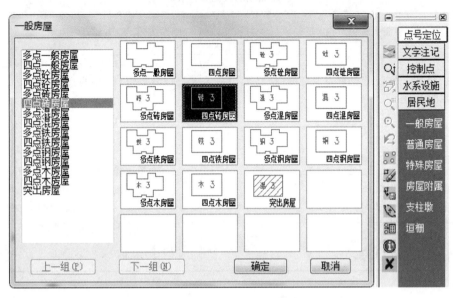

图 5-2-5 居民地地类列表框

表 5-2-4　　　　　　　　　　　四点砖房屋绘制操作表

步骤	命令行提示信息	输入字符	键操作	说明
1	1. 已知三点/2. 已知两点及宽度/3. 已知四点<1>	1	回车	1—以已知三点方式绘制房屋； 2—以已知两点和宽度方式绘制房屋； 3—以已知四点方式绘制房屋
2	第一点： 鼠标定点 P/<点号>	3	回车	
3	第二点： 鼠标定点 P/<点号>	39	回车	依次输入房屋的 3 个已知测点
4	第三点： 鼠标定点 P/<点号>	16	回车	
5	输入层数：<1>	2	回车	输入砖房层数，完成房屋绘制

（2）绘制四点棚房。

单击绘图显示区右侧地物绘制工具导航栏【居民地】→【普通房屋】，弹出类似图 5-2-5 所示普通房屋列表框，在列表中选中"四点棚房"，点击【确定】按钮后，在显示区底部命令行按如表 5-2-5 所示步骤进行绘制。

表 5-2-5　　　　　　　　　　　　　　四点棚房绘制操作表

步骤	命令行提示信息	输入字符	键操作	说明
1	1. 已知三点/2. 已知两点及宽度/3. 已知四点<1>	1	回车	1—以已知三点方式绘制房屋； 2—以已知两点和宽度方式绘制房屋； 3—以已知四点方式绘制房屋
2	第一点： 鼠标定点 P/<点号>	76	回车	依次输入房屋的 3 个已知测点。应先连接边长较长的两点，再连边长短的一点，以避免房屋未知第四点推算偏差过大
3	第二点： 鼠标定点 P/<点号>	77	回车	
4	第三点： 鼠标定点 P/<点号>	78	回车	

（3）绘制多点砼房屋。

单击绘图显示区右侧地物绘制工具导航栏【居民地】→【一般房屋】，弹出同图 5-2-5 所示一般房屋列表框，在列表框中选中"多点砼房屋"，点击【确定】按钮后，在显示区底部命令行按如表 5-2-6 所示步骤进行绘制。

表 5-2-6　　　　　　　　　　　　　　多点砼房屋绘制操作表

步骤	命令行提示信息	输入字符	键操作	说明
1	第一点： 鼠标定点 P/<点号>	49	回车	
2	曲线 Q/边长交会 B/跟踪 T/区间跟踪 N/垂直距离 Z/平行线 X/两边距离 L/点 P/<点号>	50	回车	
3	曲线 Q/边长交会 B/跟踪 T/区间跟踪 N/垂直距离 Z/平行线 X/两边距离 L/隔一点 J/微导线 A/延伸 E/插点 I/回退 U/换向 H 点 P/<点号>	51	回车	J—隔一点选项，系统自动计算出一点，该点可以使前一测点 51 与后一测点 52 之间构成直角
4		J	回车	
5	指定点： 鼠标定点 P/<点号>52	52	回车	
6	曲线 Q/边长交会 B/…/换向 H 点 P/<点号>	53	回车	
7		C	回车	C—闭合选项，使房屋闭合至起点 49
8	输入层数：<1>	1	回车	输入房屋层数，完成多点砼房绘制

接着绘制第二个多点砼房屋。这里有个技巧，如果继续绘制同属性地物，即与刚绘制

过的地物完全相同，则可直接按回车键，表示重复上次绘制命令。因此，接着绘制第二个多点砼房屋时不必重新启动命令，并在列表框中选中"多点砼房屋"(表5-2-7)。

表5-2-7 相同多点砼房屋绘制操作表

步骤	命令行提示信息	输入字符	键操作	说明
1	命令		回车	使用回车再次调用上一次绘制多点砼房的命令，也可以使用地物绘制工具栏进行操作
2	输入地物编码：<141111>		回车	
3	第一点： 鼠标定点 P/<点号>	60	回车	
4	曲线 Q/边长交会 B/跟踪 T/区间跟踪 N/垂直距离 Z/平行线 X/两边距离 L/点 P/<点号>	61	回车	
5	曲线 Q/边长交会 B/跟踪 T/区间跟踪 N/垂直距离 Z/平行线 X/两边距离 L/闭合 C/隔一闭合 G/隔一点 J/微导线 A/延伸 E/插点 I/回退 U/换向 H 点 P/<点号>	62	回车	A—微导线选项，由用户鼠标在绘图区指定前进的方向单击(与上一条折线垂直或平行的方向)，并输入与上一测点 62 的距离 4.5m，系统计算出该点位置并连线至下一测点 63。 微导线 A 选项，适合于野外测量时仪器无法观测到的，但可通过已知的相对角度和距离来量算确定未知点位的情况
6		A	回车	
7	微导线-键盘输入角度<K>/<指定方向点(只确定平行和垂直方向)>		鼠标单击	
8	距离<m>：	4.5	回车	
9	曲线 Q/边长交会 B/.../隔一闭合 G/隔一点 J/微导线 A/.../换向 H 点 P/<点号>	63	回车	J—隔一点选项，同上
10		J	回车	
11	指定点： 鼠标定点 P/<点号>	64	回车	
12	曲线 Q/边长交会 B/.../换向 H 点 P/<点号>	65	回车	
13		c	回车	
14	输入层数：<1>	2	回车	

(4)绘制依比例围墙。

单击绘图显示区右侧地物绘制工具栏【居民地】→【垣栅】，弹出垣栅列表框，选中"依比例围墙"，点击【确定】按钮后，在显示区底部命令行按如表5-2-8所示步骤进行绘制。

3)绘制地貌土质

(1)绘制未加固陡坎。

单击绘图显示区右侧地物绘制工具导航栏【地貌土质】→【人工地貌】，弹出人工地貌列表框。在列表中选中"未加固陡坎"，点击【确定】按钮后，在显示区底部命令行按如表5-2-9所示步骤进行绘制。

表 5-2-8　　　　　　　　　　　依比例围墙绘制操作表

步骤	命令行提示信息	输入字符	键操作	说明
1	第一点： 鼠标定点 P/<点号>	68	回车	依次输出围墙测点点号。同陡坎示坡齿相似，围墙的另一侧，默认按照测点连接前进方向左侧绘制。 在【文件】-【CASS 参数配置】-【地物绘制】选项卡中，设置"围墙是否封口"为"是"
2	曲线 Q/边长交会 B/跟踪 T/区间跟踪 N/垂直距离 Z/平行线 X/两边距离 L/点 P/<点号>	67	回车	
3	曲线 Q/边长交会 B/跟踪 T/区间跟踪 N/垂直距离 Z/平行线 X/两边距离 L/隔一点 J/微导线 A/延伸 E/插点 I/回退 U/换向 H 点 P/<点号>	66	回车	
4			回车	结束测点连接
5	拟合线<N>?	N	回车	Y—拟合为光滑曲线； N—不拟合为光滑曲线
6	输入宽度(左+右-米)：<0.500>	0.4	回车	输入围墙宽度，常见的围墙宽为 0.4m。 +：输入正值按测点连接前进方向左侧绘制； -：输入负值按测点连接前进方向右侧绘制

表 5-2-9　　　　　　　　　　　未加固陡坎绘制操作表

步骤	命令行提示信息	输入字符	键操作	说明
1	输入坎高：<米><1.000>	1	回车	输入陡坎顶部与底部的高差，默认为 1m
2	第一点： 鼠标定点 P/<点号>	54	回车	依次连接未加固陡坎测点点号。 注意：陡坎示坡齿的朝向在连接点号前进方向的左侧。 如果逆序输入测点点号，陡坎示坡齿的朝向正好相反。当陡坎绘制完成后，可以使用 cass 快捷命令 H，对陡坎示坡齿进行换向
3	曲线 Q/边长交会 B/跟踪 T/区间跟踪 N/垂直距离 Z/平行线 X/两边距离 L/点 P/<点号>	55	回车	
4	曲线 Q/边长交会 B/跟踪 T/区间跟踪 N/垂直距离 Z/平行线 X/两边距离 L/隔一点 J/微导线 A/延伸 E/插点 I/回退 U/换向 H 点 P/<点号>	56	回车	
5		57	回车	
6			回车	结束未加固陡坎测点连接
7	拟合线<N>?	Y	回车	Y—拟合为光滑曲线； N—不拟合为光滑曲线

(2)绘制加固陡坎。

单击绘图显示区右侧地物绘制工具导航栏【地貌土质】→【人工地貌】,弹出人工地貌列表框。在列表中选中"加固陡坎",点击【确定】按钮后,在显示区底部命令行按如表5-2-10所示步骤进行绘制。

表5-2-10　　　　　　　　　　　加固陡坎绘制操作表

步骤	命令行提示信息	输入字符	键操作	说明
1	输入坎高:<米><1.000>	1	回车	输入陡坎顶部与底部的高差,默认为1m
2	第一点: 鼠标定点 P/<点号>	93	回车	依次连接加固陡坎测点点号。 注意:陡坎示坡齿的朝向在连接点号前进方向的左侧。 如果逆序输入测点点号,陡坎示坡齿的朝向正好相反。当陡坎绘制完成后,可以使用cass快捷命令H,对陡坎示坡齿进行换向
3	曲线 Q/边长交会 B/跟踪 T/区间跟踪 N/垂直距离 Z/平行线 X/两边距离 L/点 P/<点号>	94	回车	
4	曲线 Q/边长交会 B/跟踪 T/区间跟踪 N/垂直距离 Z/平行线 X/两边距离 L/隔一点 J/微导线 A/延伸 E/插点 I/回退 U/换向 H 点 P/<点号>	95	回车	
5		96	回车	
6			回车	结束加固陡坎测点连接
7	拟合线<N>?	N	回车	Y—拟合为光滑曲线; N—不拟合为光滑曲线

4)绘制管线设施

绘制地面上的输电线:

单击绘图显示区右侧地物绘制工具导航栏【管线设施】→【电力线】,弹出图5-2-6所示电力线列表框。

在上述列表框中选中"地面上的输电线",点击【确定】按钮后,在绘图显示区底部命令行按如表5-2-11所示步骤进行绘制。

5)绘制植被土质

(1)绘制有界范围线菜地。

单击绘图显示区右侧地物绘制工具导航栏【植被土质】→【耕地】,弹出图5-2-7所示耕地列表框。

第五章 数字测图内业处理

图 5-2-6　管线设施地类列表框

表 5-2-11　　　　　　　　　　管线设施绘制操作表

步骤	命令行提示信息	输入字符	键操作	说明
1	第一点： 鼠标定点 P/<点号>	75	回车	依次连接输电线电杆测点点号。通常输电线电杆为方形的塔架，大比例尺地形图中应先绘出塔架后再用输电线连接。 注意：在输电线上的白色线条为 Assist 图层上的骨架线，Assist 图层上的对象不会被打印出来
2	曲线 Q/边长交会 B/跟踪 T/区间跟踪 N/垂直距离 Z/平行线 X/两边距离 L/点 P/<点号>	83	回车	
3	曲线 Q/边长交会 B/跟踪 T/区间跟踪 N/垂直距离 Z/平行线 X/两边距离 L/隔一点 J/微导线 A/延伸 E/插点 I/回退 U/换向 H 点	84	回车	
4		85	回车	
5			回车	结束输电线测点连接
6	是否在端点绘制电杆：(1)绘制(2)不绘制<1>	1	回车	1—在测点处绘制电杆； 2—在测点处不绘制电杆

在上述列表框中，选中"菜地"，点击【确定】按钮后，在绘图显示区底部命令行按如表 5-2-12 所示步骤进行绘制。

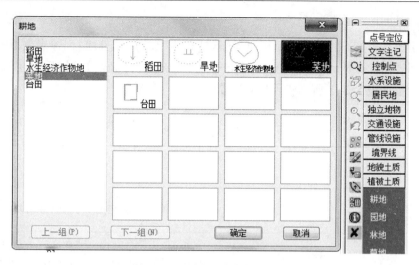

图 5-2-7　植被土质地类列表框

表 5-2-12　　　　　　　　　　有界范围线菜地绘制操作表

步骤	命令行提示信息	输入字符	键操作	说明
1	请选择：（1）绘制区域边界；（2）绘制单个符号；（3）查找封闭区域<1>	1	回车	1—要求输入测点点号，围成封闭区域；2—绘制出单个独立的植被符号；3—需先绘制封闭多边形，用鼠标点击封闭多边形后，系统会对选中区域进行符号填充
2	第一点： 鼠标定点 P/<点号>	58	回车	
3	曲线 Q/边长交会 B/跟踪 T/区间跟踪 N/垂直距离 Z/平行线 X/两边距离 L/点 P/<点号>	80	回车	依次连接测点点号，形成封闭区域。可在【文件】-【CASS 参数配置】-【地物绘制】选项卡中，"填充符号间距"中设置植被填充的密度
4		81	回车	
5	曲线 Q/边长交会 B/跟踪 T/区间跟踪 N/垂直距离 Z/平行线 X/两边距离 L/隔一点 J/微导线 A/延伸	82	回车	
6		C	回车	C—闭合选项，形成封闭多边形界线
7	拟合线<N>？	N	回车	Y—封闭多边形拟合为光滑曲线；N—封闭多边形不拟合为光滑曲线
8	请选择：（1）保留边界；（2）不保留边界<1>	1	回车	1—保留点状地类线构成的封闭多边形界线

(2)绘制果树独立树。

单击绘图显示区右侧地物绘制工具导航栏【植被土质】→【林地】,弹出类似图5-2-7所示的林地列表框。在林地列表中选中"果树独立树",点击【确定】按钮后,在绘图显示区底部命令行按如表5-2-13所示步骤进行绘制。

表5-2-13　　　　　　　　　　　　果树独立树绘制操作表

步骤	命令行提示信息	输入字符	键操作	说明
1	指定点: 鼠标定点 P/<点号>	99	回车	完成测点99处单个果树独立树绘制
2	命令		回车	使用回车再次调用上一次绘制果树独立树的命令,也可以使用地物绘制工具栏进行
3	输入地物编码:<213803>		回车	
4	指定点: 鼠标定点 P/<点号>	100	回车	完成测点100处单个果树独立树绘制,101,102

6)绘制独立地物

(1)绘制宣传橱窗。单击绘图显示区右侧地物绘制工具导航栏【独立地物】→【其他设施】,弹出图5-2-8所示其他设施列表框。

图5-2-8　独立地物列表框

在列表中选中"双柱宣传橱窗",点击【确定】按钮后,在绘图显示区底部命令行按表5-2-14所示步骤进行绘制。

表 5-2-14　　　　　　　　　双柱宣传橱窗绘制操作表

步骤	命令行提示信息	输入字符	键操作	说明
1	第一点： 鼠标定点 P/<点号>	73	回车	注意：宣传橱窗朝向在连接点号前进方向的左侧
2	第二点： 鼠标定点 P/<点号>	74	回车	

(2) 单击绘图显示区右侧地物绘制工具导航栏【独立地物】→【其他设施】，弹出图 5-2-8 所示列表框，在列表中选中"路灯"，点击【确定】按钮后，在底部命令行分别输入 69，70，71，72，97，98 点号，完成路灯绘制。

(3) 单击绘图显示区右侧地物绘制工具导航栏【独立地物】→【农业设施】，弹出农业设施列表框，在列表中选中"不依比例肥气池"，点击【确定】按钮后，在底部命令行输入 59，完成肥气池绘制。

(4) 单击绘图显示区右侧地物绘制工具导航栏【水系设施】→【水系要素】，弹出水系要素列表框，在列表框中选中"水井"，点击【确定】按钮后，在底部命令行分别输入 79，完成不以比例水井绘制。

7) 绘制控制点

绘制埋石图根点：单击绘图显示区右侧地物绘制工具导航栏【控制点】→【平面控制点】，弹出图 5-2-9 所示平面控制点列表框。

图 5-2-9　平面控制点列表框

第五章 数字测图内业处理

在上述列表框中选中"埋石图根点",点击【确定】按钮后,在底部命令行按如表5-2-15所示步骤进行绘制。

表 5-2-15 测量控制点绘制操作表

步骤	命令行提示信息	输入字符	键操作	说明
1	指定点: 鼠标定点 P/<点号>	1	回车	输入测点点号
2	等级一点名	D121	回车	输入该测点点号对应的控制点名称
1	命令		回车	使用回车再次调用上一次绘制埋石图根点的命令,也可以使用地物绘制工具栏进行
2	输入地物编码:<131700>		回车	
3	指定点: 鼠标定点 P/<点号>	2	回车	输入测点点号
4	等级一点名	D123	回车	输入该测点点号对应的控制点名称
1	命令		回车	使用回车再次调用上一次绘制埋石图根点的命令,也可以使用地物绘制工具栏进行
2	输入地物编码:<131700>		回车	
3	指定点: 鼠标定点 P/<点号>	4	回车	输入测点点号
4	等级一点名	D125	回车	输入该测点点号对应的控制点名称

8)添加文字注记

单击绘图显示区右侧地物绘制工具导航栏【文字注记】→【通用注记】,在弹出的"文字注记信息"对话框中:

"注记内容"文本框内输入所需注记的文字:经纬路;

"图面文字大小"内输入注记文字的高度:3;

勾选复选框"字头朝北";

"注记排列":屈曲字列;

"注记类型":交通设施。

说明:注记类型是用于确定把文字注记放置在哪个图层上的。如"居民地垣栅"是放置于 JMD 图层上的,"独立工矿建筑物"是放置于 DLDW 图层上的,"交通设施"是放置于 DLSS 图层上的,如图 5-2-10 所示。各类文字注记需要参照《1:500 1:1000 1:2000 地形图图示》的规范要求进行文字注记。

点击【确定】后,命令行提示"选择线状地物:",用鼠标点选平行道路任一边线,然后用鼠标将"经""纬""路"三个字移到平行道路中间。

通过以上内业绘制工作,我们完成了 STUDY.DWG 中常见的基本地物和地貌平面图形的绘制,如图 5-2-11 所示。

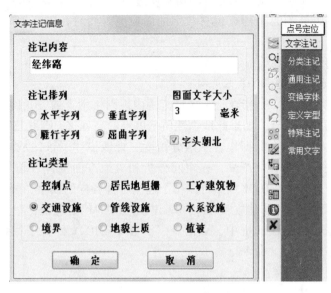

图 5-2-10 文字注记信息框

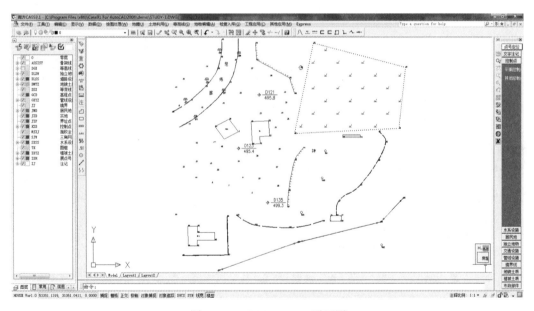

图 5-2-11 STUDY.DAT 平面图

三、南方 CASS 绘制等高线

在地形图中，等高线是表示地貌起伏的一种重要手段。常规的平板或经纬仪测图，等高线是由手工描绘的，等高线可以描绘得比较圆滑，但精度稍低。在数字化自动成图中，等高线由计算机自动勾绘，计算机勾绘的等高线精度是相当高的。各类成图软件在绘制等高线时，充分考虑到实际作业情况能自动切除通过地物、注记、陡坎的等高线。在绘等高线之前，必须先将野外测的高程点建立数字地面模型，然后在数字地面模型上勾绘出等高线。

下面学习如何绘制等高线。

1. 建立数字地面模型(构建三角网)

数字地面模型(DTM)，是指在一定区域范围内规则格网点或三角网点的平面坐标(x，y)和其地物性质的数据集合，如果此地物性质是该点的高程 Z，则此数字地面模型又称为数字高程模型(DEM)。这个数据集合从微分角度三维地描述了该区域地形地貌的空间分布。DTM 作为一种新兴的数字产品，在空间分析和决策方面发挥着越来越大的作用。借助计算机和地理信息软件，DTM 数据可以用于建立各种各样的模型，解决一些实际问题。

单击主菜单【等高线】→【建立 DTM】，弹出"建立 DTM"信息框，单选信息如图 5-2-12 所示。在坐标数据文件名输入框中，点击"…"，在 DEMO 文件夹中找到 STUDY.DAT 数据文件，然后点击【确定】。命令行显示：

正在连三角网，请稍候！

连三角网完成！共 70 个三角形。

表明 DTM 建立完成，三角网显示如图 5-2-13 所示。

图 5-2-12　建立 DTM 信息框

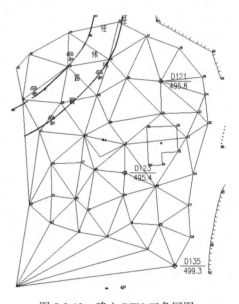
图 5-2-13　建立 DTM 三角网图

一般来说，第一次生成的三角网并不完全符合实际，需要对三角网进行多次重复修改完善。南方 CASS 提供了多种修改、编辑方法。本案例较简单，不做修改。

2. 绘制等高线

单击主菜单【等高线】→【绘制等高线】，弹出"绘制等高线"信息框，如图 5-2-14 所示。信息框内显示最小高程和最大高程。单选"三次 B 样条拟合"；在等高距输入框中输入 1，点击【确定】键后，绘图显示区显示等高线。如图 5-2-15 所示。

 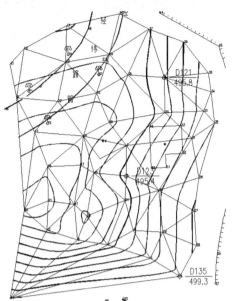

图 5-2-14　绘制等高线信息框　　　　　图 5-2-15　等高线图

3. 等高线修饰

1) 删三角网

等高线完成并检查无误后,可将其写入文件保存,然后再从图面上删除。单击主菜单【等高线】→【删三角网】,此时三角网消失。

2) 等高线修剪

当等高线穿过平行的道路、建筑房屋、陡坎及斜坡时,需要将其修剪掉。单击主菜单【等高线】→【等高线修剪】→【切除指定二线间等高线】,分别选择第一条线、第二条线即可。当然,我们也可用 AutoCAD 内部命令 TRIM 进行修剪。

单击主菜单【等高线】→【等高线修剪】→【切除指定区域内等高线】,然后选择房屋线,则穿过房屋的等高线被剪除。

绘完等高线后的地形图如图 5-2-16 所示。

四、图幅整饰

图幅整饰包括画图廓线、图廓外文字注记等内容。对于传统的手工整饰来说非常费时,而目前所有的成图软件都有自动图幅整饰功能。图廓的大小不仅有标准的,还有任意大小的,也有斜图框,十分方便。

1. 图廓参数输入

单击主菜单【文件】→【CASS 参数配置】,弹出"CASS90 综合设置"对话框,如图 5-2-17所示。在对话框中选择"图廓属性"选项卡,并设置如下参数:

坐标系:2000 国家大地坐标系;

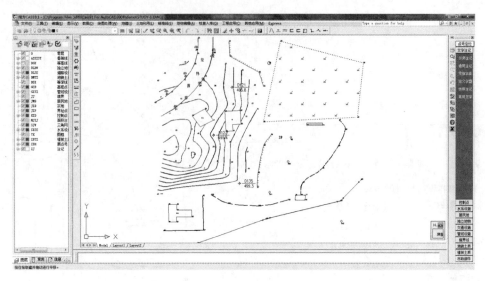

图 5-2-16　绘完等高线后的地形图

高程系：1985 国家高程基准；
图式：2007 年地形图图式；
日期：2020 年 3 月数字化成图；
密级：秘密。
其他参数请按图示中的参数输入或选择，完成后按【确定】保存。

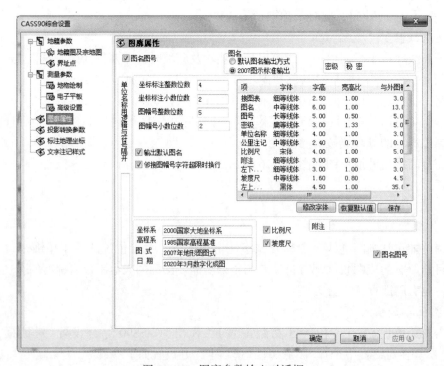

图 5-2-17　图廓参数输入对话框

2. 绘制图框

(1)加方格网。由于本案例面积较小,不是标准的分幅图幅,需要按照测绘范围加任意图框。因此,先对测区加方格网,这样就知道了图幅的边界。

单击主菜单【绘图处理】→【加方格网】,底部命令行提示:

请用鼠标器指出需加方格网区域的左下角点:用鼠标在绘图区左下角单击;

请用鼠标器指出需加方格网区域的右上角点:用鼠标在绘图区右上角单击;

这时就看到绘图区显示了许多浅蓝色的十字丝"+"符号,如图5-2-18所示。

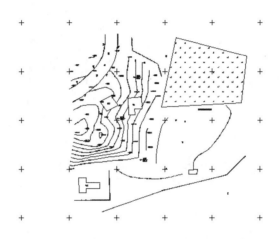

图5-2-18 添加图幅方格网

十字丝"+"符号在地形图中具有重要的作用,其交点实地位置坐标是已知的,相当于地形图的坐标参考点。因此,通过这个十字丝的坐标,我们可以结合比例尺确定出图中任意地物的位置(坐标)。相邻左、右或上、下两个十字丝的交点组成一个方格,在制图规定中规定:方格网的图上间距为10cm。从图5-2-18中可以看出,测区范围落在图上40cm×40cm(或者4×4格)内。

(2)添加任意图幅。单击主菜单【绘图处理】→【任意图幅】,弹出"图幅整饰"信息输入对话框。根据框中信息名称设置或输入信息如下:

图名:输入本幅地形图名称;

附注:按需要输入;

图幅尺寸:横向4分米;纵向4分米;

接图表:以本图幅为中心,分别输入上、下、左、右、上左、下左、上右和下右图幅名称;

点击单选"取整到米";

左下角坐标:用鼠标点击拾取坐标按钮,然后点击测区左下角,并设置左下角坐标:东53100,北31050;

复选"删除图框外实体";

复选"去除坐标带号";

单击【确认】按钮,添加分幅图框完成。如图 5-2-19 所示。

图 5-2-19　图幅整饰信息输入框

五、地形图绘制总结

(1)数字地形图在绘图过程中,为了简便起见,总是将绘制平面地物和等高线分别进行处理,待分别处理完后再把平面图插入等高线图中,或将等高线图插入平面图中。

(2)CASS 中各类不同的绘图符号都是根据国家《1∶500　1∶1000　1∶2000 地形图图式》中规定的符号定制的,在学习绘图过程中要结合图式弄清每个符号的含义。

(3)等高线的绘制比绘制地物复杂,对于新手往往要绘制多次才能成功。一旦等高线不合理,或高程点有误还涉及 DTM 的修改。一般来说,第一次绘制等高线,主要是查看等高线的走向是否合理,周围高程点是否存在异常。修改过后再进行第二次绘制,并进行同样的检查,直至正确为止。

重要说明:本节用 CASS 绘制地形图过程中,所有的地物、地貌符号、各地类线型以及等高线等都是具有不同颜色的,为了在印刷中看得更清晰,方便读者练习,图中所有颜色均更改为黑色。

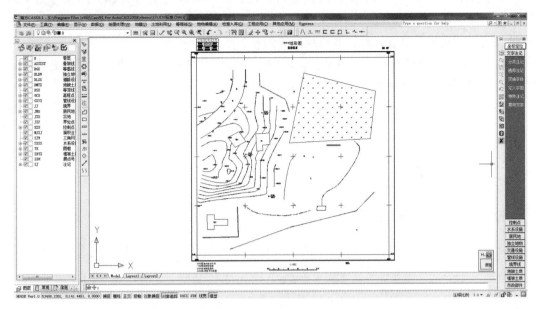

图 5-2-20　添加图廓后的地形图

第三节　地形图检查与验收

数字地形图是建立空间基础数据框架的重要数据源,它的数学精度将直接影响基础地理数据集的数据质量。因此数字地形图的质量检查验收工作是整个测绘工作的重中之重,是测绘生产中一个不可缺少的重要环节,也是测绘生产技术管理工作的一项重要内容。对地形图实行二级检查(过程检查和最终检查),一级验收制(验收工作由任务的委托单位组织实施)。地形图的检查验收工作,要在测绘作业人员已作充分检查的基础上,提请专门的检查验收机构组织进行最后总的检查和质量评定。若合乎质量标准,则应予验收。

地形图质量检验的依据是有关的法律法规,有关的国家标准、行业标准、设计书、测绘任务书、合同书和委托检验文件等。

一、基本要求

(1)被检验的地形图批成果应由相同技术要求下生产的同一测区、同一比例尺单位成果集合组成。

(2)检验使用仪器设备的精度指标不低于生产所使用仪器设备的精度指标。

(3)地形图检验的内容主要为自我检查、详查与概查。

(4)详查内容包括样本单位成果的数学精度、数据及结构的正确性、地理精度、整饰质量、附件质量以及批成果的附件质量。

(5)概查内容包括成图范围、区域的符合性,基本等高距的符合性,图幅分幅与编号、测图控制覆盖面、密度的符合性,测图控制施测方法的符合性,详查野外图幅的重要或特别关注的质量要求或指标,或系统性的偏差、错误。

(6)质量问题应记载在检查意见记录表中。检验记录应整洁、清晰,质量问题应描述完整、具体明确。质量问题所属错漏类别应规范、信息记载详尽。

(7)当检验批划分为多个批次进行检验时,各批次分别进行质量检验与批成果质量判定。

二、工作流程

检验工作流程如图 5-3-1 所示。

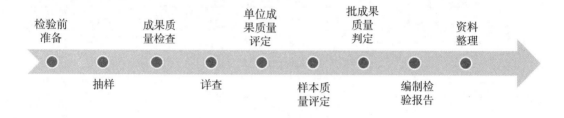

图 5-3-1　检验工作流程

三、检查内容

1. 数学精度检查

1)检查方法及一般规定

数据检查一般采用内业和外业检查相结合的方法进行。

内业检查一般检查坐标系、属性精度、数据完整性、逻辑一致性、表征质量、附件质量等。根据需要及成果特点,对批成果的特定检查项、特定要素以及可能出现的系统性错误进行检查。

外业检查一般是实地进行仪器采集数据检查,主要包括巡视、边长采集、碎部点采集等,根据采集数据与原地形图进行对照,检查数学精度。

根据测绘生产的相关规定,必须经过一级检查和二级检查,每级检查须形成检查意见表,质量问题记载在检查意见记录表上,检查记录应整洁、清晰,质量问题应描述完整、指示明确,质量问题所属错漏类别应明确。

2)数字地形图外业检查

(1)数学基础。主要检查该项目的平面坐标系、投影带、高程基准是否符合设计书要求,图形分幅是否符合设计及规范的要求。检查平面、高程起算点的来源是否合理,引用的成果是否正确等，控制计算是否有误，野外记录手簿是否记录完整、正确。基本等高距是否符合技术设计及规范要求。

（2）平面、高程精度检查。利用全站仪极坐标法采集地物、地貌特征点的平面坐标和高程。将采集的平面坐标展点上图，或量取地形图上的同名点坐标，进行同名点坐标或高程比对，计算误差，统计地形图平面或高程绝对位置中误差。等高线内插高程采用量取到最近相邻等高线进行内插推算的方式得出高程值进行比对，计算高程较差，按图幅统计地形图等高线插求点高程中误差。

（3）图幅接边精度检查。检查不同作业小组之间的图幅，通过量取两相邻图幅接边处要素端点的距离是否为0来检查接边精度，未连接的要记录其偏差值；检查接边要素几何上的自然连接情况，避免生硬接边。检查面状属性、线划属性的一致情况。

3）属性精度检查

逐项检查九大类地形要素属性值的正确性。各类控制点类型、等级等属性值；居民地、工矿等居民地要素的分类代码、名称等属性值；水系要素的分类代码、名称等属性值；道路的分类代码、名称、等级、编号、辅助材料等属性值；管线的分类代码、线路名称、电力线电压、通信线种类等属性值；各级行政代码属性值；等高线、高程注记、地貌要素的分类代码、高程、比高等属性值；植被土质要素的分类代码、类别等属性值；自然、人文地理名称分类代码、名称等属性值。

2. 图形编辑检查

1）分层及编码检查

重点检查图形的分层是否正确，图层文字、图层颜色是否符合设计规定，检查各层编码是否正确，有无漏层，各层间是否有重复要素，各层地物是否处于正确的图层之中。检查是否存在三维多段线、0长度线、异常高程等。重点检查房屋、道路、水系和高程层数据。

2）图面整饰质量检查

检查图形是否美观、线条是否光滑、线条粗细是否满足规范、设计要求。检查注记是否正确，位置是否合理，是否压盖重要地物或点状符号；指向是否合理，字体、字号、字向是否符合规定。检查各要素之间关系是否合理，是否有重叠、压盖现象，图面配置、图廓内外整饰是否符合规定。

3）拓扑关系检查

检查每个图层是否建立了拓扑关系、拓扑关系是否准确合理。重点检查面状元素是否闭合，房屋有无伪节点，多边形闭合，检查各要素之间是否有粘连、打结，地物"8"字相交等情况。

3. 附件质量检查

（1）检查所上交的文档资料填写是否正确、完整；

（2）逐项检查元数据文件内容是否正确、完整，文件的命名、格式是否正确；

（3）根据项目设计要求，分析各个图、簿填写是否正确及完整。

（4）其他附属资料：分析各种资料、参考资料的完整性、正确性和权威性；技术设计、技术总结、检查报告及其他文档资料的齐全性、规整性。检查测区内外业使用的测绘仪器是否有仪器检定证书，仪器精度是否达到项目要求。

四、提交资料

测图工作结束后，应将有关的测绘资料整理并装订成册，供最后的检查验收使用和甲方今后的保管与使用，提交的资料一般包括以下内容。

1. 控制测量部分
(1) 所用测绘仪器的检验校正报告。
(2) 测区的分幅及其编号图。
(3) 控制点展点图\埋石点点之记。
(4) 水准路线图。
(5) 各种外业观测手簿。
(6) 平面和高程控制网计算表册。
(7) 控制点成果总表。

2. 地形测图部分
(1) 地形图原图。
(2) 碎部点记载手簿。
(3) 接图边。
(4) 图历表或图历卡(记录地形图成图过程中的档案材料，包括对地形原图的内外业检查、图幅接边以及对成图质量的评定等)。

3. 综合资料
综合资料主要包括下列两部分。

1) 测区技术设计书

经对测区进行踏勘和收集有关测绘资料后编写的测区技术设计书，内容主要包括任务来源、测区范围、测图比例尺、等高距、对已有测绘资料的分析利用、作业技术依据、开工和完工日期以及地形测量平面、高程、地形测图的施测设计方案，各种设计图表等。

2) 技术总结

技术总结的主要内容包括一般说明、对已有测绘资料的检查和实际使用情况、各级控制测量施测情况、地形测图质量等。

五、检查方法

1. 室内检查

地形图室内检查内容主要包括应提交的资料是否齐全；控制点的数量是否符合规定，记录、计算是否正确；控制点、图廓、坐标格网展绘是否合格；图内地物、地貌表示是否合理，符号是否正确；各种注记是否正确、完整；图边拼接有无问题等。如果发现疑点或错误可作为野外检查的重点。

2. 室外检查

在室内检查的基础上进行室外检查。

1)野外巡视检查

野外巡视检查指检查人员携带测图板到测区,按预定路线进行实地对照查看。主要查看原图的地物、地貌有无遗漏;勾绘的等高线是否逼真合理,符号、注记是否正确等。这是检查原图的方法,一般应在整个测区范围内进行,特别是应对接边时所遗留的问题和室内图面检查时发现的问题做重点检查。发现问题后应在当场解决,否则应设站检查。样本图幅野外巡视范围应大于图幅面积的3/4。

2)野外仪器检查

对于室内检查和野外巡视检查过程中发现的重点错误、遗漏,应进行更正和补测。对一些怀疑点,地物、地貌复杂地区,图幅的四角或中心地区,也需抽样设站检查。平面、高程检测点位置应分布均匀,要素覆盖全面。检测点(边)的数量视地物复杂程度、比例尺等具体情况确定,一般每幅图应有20~50个点,尽量按50个点采集。

平面绝对位置检测点应选取明显地物点,主要为明显地物的角隅点,独立地物点,线状地物交点、拐角点,面状地物拐角点等。同名高程注记点采集位置应尽量准确,当遇到难以准确判读的高程注记点时,应舍去该点,高程检测点应尽量选取明显地物点和地貌特征点,且尽量分布均匀,避免选取高程急剧变化处;高程注记点应着重选取山顶、鞍部、山脊、山脚、谷底、谷口、沟底、凹地、台地、河川湖池岸旁、水涯线上等重要地形特征点。

仪器检查的方法有方向法、散点法与断面法。

方向法适用于检查主要地物点的平面位置有无偏差。检查时须在测站上安置平板仪(或经纬仪),用照准仪直尺边缘贴靠图上的该测站点,将照准仪对准被检查的地物点,检查已测绘在图上的相应地物点方向是否有偏离。

散点法与碎部测量一样,即在地物或地貌特征点上立尺,用视距测量的方法测定其平面位置和高程,然后与图板上的相应点比较,以检查其精度是否符合要求。

断面法是用原测图时采用的同类仪器和方法,沿测站某方向线测定的各地物、地貌特征点的平面位置和高程,然后与地形图上相应的地物点、等高线通过点进行比较。

对居民地密集且道路狭窄,散点法不易实施的区域,应采用平面相对位置精度的检验法。其基本思想为:以钢(皮)尺或手持测距仪实地量取地物间的距离,与地形图上的距离比较,再进行误差统计得出平面位置相对中误差。检查时应对同一地物点进行多余边长的间距检查,以保证检验的可靠性,统计时同一地物点相关检测边不能超过两条。检测边位置应分布均匀,要素覆盖全面,应选取明显地物点,主要为房屋边长、建筑物角点间距离、建筑物与独立地物间距离、独立地物间距离等。

检查结束后,对于检查中发现的错误和缺点,应立即在实地对照改正。如错误较多,上级业务单位可暂不验收,并将上缴的原图和资料退回作业组进行修测或重测,然后检查和验收。

各种测绘资料和地形图,经全面检查符合要求,即可予以验收,并根据质量评定标准,实事求是地作出质量等级的评估。

第四节　地形图质量评定

地形测量的资料、图纸经检查验收后，应根据国家测绘局发布的《测绘成果质量检验与验收》(GB/T 24356—2009)中的有关规定进行质量评定。地形测量产品质量实行优级品、良级品、合格品和不合格品4级评定制。

地形测量产品按图根控制测量、地形测图、图幅质量三项内容进行质量评定。若产品中出现一个严重缺陷(如伪造成果、中误差超限、使用了误差超限的控制点进行测图等)，则该产品为不合格品。合格品标准的统一规定是：符合技术标准、技术设计和技术规定的要求，但不满足良级品的全部条件；产品中有个别缺点，但不影响产品基本质量；技术资料齐全、完整。良级品、优级品的标准，除要满足合格品、良级品的全部条件外，还应满足各自的条件。它们的条件分述如下。

一、图根控制测量质量等级评定

1. 良级品的品级标准

(1)控制点的点位和密度能较好地适合测图要求。

(2)各项边长、总长、角度和扩张次数等完全符合要求，各项主要测量误差有60%以上小于限差的1/2，其余误差均在限差范围之内。

各项主要测量误差包括在平面方面为交会点平面移位差、各种图形的角度闭合差、锁(网)点的闭合差、线形锁重合点较差、导线方位角闭合差、全长相对闭合差。在高程方面为等外水准路线闭合差、三角高程路线闭合差、交会点高程较差。

(3)埋石点的分布良好，数量符合规定。

(4)各种手簿、图历簿项目填写、书写正规，成果正确，整饰较好。

2. 优级品的品级标准

(1)控制点分布均匀，密度合适，点位恰当，能很好地满足测图要求。

(2)各项主要测量误差有60%以上小于限差的1/3，其余误差小于限差的4/5。

二、地形测图质量等级评定

1. 良级品的品级标准

(1)坐标网点、图廓点、控制点展绘准确。

(2)测站点的布设方法正确，密度和位置能较好地满足测图要求。高程注记点的密度符合规定，位置较恰当。

(3)地物、地貌的综合取舍较恰当，符号运用正确，能较完整地反映测区特征。主要地物、地貌位置准确，没有遗漏。

(4)各种注记正确，注记数量和位置较恰当。

(5) 图历簿、手簿记载齐全、正确，整饰较好。

(6) 接边精度良好，误差配赋合理。

(7) 野外散点检查，地物点平面移位差和等高线的高程误差符合表 5-4-1 中相应品级的规定。

2. 优等品的品级标准

(1) 测站点的密度和位置完全满足测图要求。

(2) 地物、地貌综合取舍恰当，碎部逼真，符号配置协调，能正确完整地显示测区的地理特征。

(3) 图面整洁、清晰，线条光滑，注记正确，能完全满足下一工序的要求。

(4) 野外散点检查，地物点的平面移位差和等高线的高程误差与地形图品级评定参考表 5-4-1 的规定。

表 5-4-1　　　　　　　　　　　　地形图品级评定

限差区间	各品级较差出现的比例		
	合格	良	优
≤$\sqrt{2}$m	60%	70%	80%
>$\sqrt{2}$m, ≤2m	30%	26%	18%
>2m，其中>$\sqrt{2}$m 的不超过 2%	6%	4%	2%

注：表中 m 为中误差。

三、图幅质量的等级评定

图幅质量采用评分法评定，把图幅分成控制测量和碎部测量两个单项，先按百分制评出各单项的分数，然后依其所占图幅的百分比（权），综合求出图幅的总分数，最后根据总分数所能达到的区间，确定图幅质量品级（计算方法参照现行的《测绘成果质量检查与验收》（GB/T 24356—2009）。

图幅（或单项）各等级的分数区间：

优级品：90~100 分；

良级品：75~89 分；

合格品：60~74 分；

不合格品：0~59 分。

地形图的质量评定，是对测绘人员劳动成果的全面评定。测绘工作者在地形测量全过程中应当兢兢业业，精益求精，不断提高作业的技术水平，为达到优级质量而努力。

四、地形图的位置精度指标

1. 平面位置精度

地物点对最近野外控制点的图上点位中误差不得大于表 5-4-2 的规定。特殊和困难地区地物点对最近野外控制点的图上点位中误差按地形类别放宽 0.5 倍。

表 5-4-2　　　　　　　　　　平面位置精度(单位：mm)

地形图比例尺	平地、丘陵地	山地、高山地
1∶500~1∶2000	0.6	0.8

2. 高程位置精度

高程注记点、等高线对最近野外控制点的高程中误差不得大于表 5-4-3 的规定。特殊和困难地区高程中误差按地形类别放宽 0.5 倍。

表 5-4-3　　　　　　　　　　高程位置精度(单位：m)

		平地，等高距	丘陵地，等高距	山地，等高距	高山地，等高距
1∶500	注记点	0.2, 1.0~0.5	0.4, 1.0	0.5, 1.0	0.7, 1.0
	等高线	0.25, 1.0~0.5	0.5, 1.0	0.7, 1.0	1.0, 1.0
1∶1000	注记点	0.2, 1.0	0.5, 1.0	0.7, 1.0	1.5, 2.0
	等高线	0.25, 1.0	0.7, 1.0	1.0, 1.0	2.0, 2.0
1∶2000	注记点	0.4, 1.0	0.5, 1.0	1.2, 2.0~2.5	1.5, 2.0~2.5
	等高线	0.5, 1.0	0.7, 1.0	1.5, 2.0~2.5	2.0, 2.0~2.5

思考题与习题

1. 什么是地面数字测图？地面数字测图系统由哪些内容组成？
2. 与传统的纸质测图相比较，数字测图有何优点？
3. 地面数据采集设备有哪些？
4. 简述全站仪"草图法"数字化测图野外数据采集的工作过程。
5. 简述 GNSS-RTK 基于内置电台作业模式的"草图法"数据采集的工作过程。
6. 南方 CASS 测图软件有什么特点？
7. 简述南方 CASS 内业绘图的作业过程。
8. 下图为对应的南方 CASS 中 DEMO 文件夹下的 YMSJ.DAT 坐标数据文件野外草图，

请用 YMSJ.DAT 坐标数据按下图要求用"草图法"完成内业绘图工作。

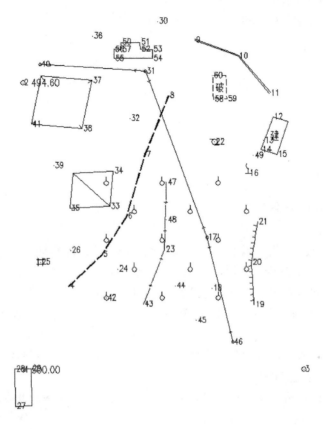

9. 地形图的检查有哪些内容？
10. 为了确保地形图质量，应采取哪些主要措施？
11. 如何评定地形测图质量等级？

地形测量技能训练

技能训练　1∶500 校园地形图测绘

一、目的与要求

（1）学会全站仪、GNSS-RTK 测绘地形图的方法和步骤。通过测绘校园大比例尺地形图的全过程，使学生加深对课堂所学理论知识的理解；提高同学们的仪器操作技能和计算、绘图能力及组织工作的能力；为今后识图、用图能力的提高打好基础；同时培养同学们严谨、细致、认真的工作态度和互帮互助、团结合作的职业精神。

（2）完成范围 100m×100m 的 1∶500 比例尺地形测量工作，最后达到规定的成果成图的任务。

(3)全站仪四人为一组，GNSS-RTK 两人为一组。小组成员要轮流担任观测、扶杆、绘草图和内业绘图等工作。

(4)内业绘图软件为 CASS9.0。

二、仪器与工具

全站仪 1 套，棱镜 1 个，钢尺 1 把，记录板 1 个，绘草图纸 1 张，测伞 1 把，铅笔自备。

采用单机站 CORS 时，GNSS 接收机 1 套，钢尺 1 把，记录板 1 个，绘草图纸 1 张，铅笔自备。

三、方法和步骤

1. 地形特征点的取舍

1)地物特征点

(1)对于各类建(构)筑物及其主要附属设施，应以房屋外廓墙角为地物特征点进行测绘，临时性建筑物可不测绘，居民区可视比例尺大小适当加以综合。

(2)对于重要的独立地物，能依比例在地形图上绘出的，应选其外廓点进行实测；不能按比例在图上绘出的，应在其外廓处选一点测绘，以便在图上准确表示其定位点或定位线。

(3)道路及其附属物、水系及其附属物等应按实际形状，在道路或水系拐弯处设点测绘。人行小道可择要选点测绘。

(4)管线应选其转角处作为地物特征点进行实测，当线路密集时或居民区的低压线、通信线等可视用图需要择要选点测绘。

(5)耕地应根据面积大小在田埂拐弯处设点测绘其具体形状。

(6)植被的测绘应按其经济价值和面积大小适当取舍。

2)地貌特征点的选择

地貌特征点选择的原则是：应选在能反映地貌特征的山脊线、山谷线等地性线上，即在山头、山脊、山谷、鞍部和所有坡度变化或方向变化处以及明显的特征地貌(如悬崖等)处选点测绘。

2. 全站仪草图法采集地形点

(1)在校园内选定 A、B 两个已知点分别作为测站点和定向点。

(2)将全站仪安置在测站点 A 上，对中、整平后量出仪器高，用盘左位置准确瞄准 B 点。

(3)启动全站仪，进入程序界面，选择"数据采集"，依次输入测站点坐标、后视点坐标定向。

(4)定向和定向检查。选择已知后视点或后视方位进行定向后，应选择其他已知点进行定向检查。

(5)将镜站移到地物点，全站仪照准棱镜后测量。

(6)归零检查。每站测量一定数量的碎部点后，应进行归零检查，归零差不得大于 1′。

3. 单机站 CORS 模式下草图法采集地形点

1）移动站与手簿连接

点击界面右下角的"连接"进入蓝牙连接界面，单击"搜索设备"搜索需要连接的设备，在设备列表中选择接收机的仪器号，弹出蓝牙配对的对话框，输入配对密码，密码默认为 1234，已配对的设备不需再输入配对密码。iRTK2 系列弹出蓝牙配对对话框时，不需要输入密码，直接点击"配对"即可。

2）移动站使用内置网络功能工作参数的设置

如下图所示，完成以下设置：

(1) 数据链选择"内置网络"；

(2) 网络模式选择菜单请选择网络类型为"GPRS"；

(3) 设置"运营商"：用 GPRS 时，APN 选择"CMNET"；

(4) 设置"网络服务器"：选择 CORS；

(5) "连接 CORS"的 IP 地址与端口号：手动输入 CORS 的 IP、端口号。

(6) 输入"源节点"：可获取 CORS 源列表，选择"源列表"，也可以手动输入源节点号，输入"用户名""密码"，然后点击【设置】。

(7) 点击【确定】完成设置，返回上一个界面。

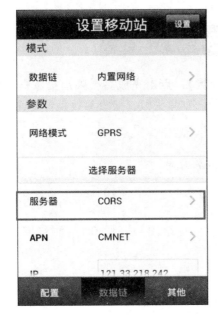 

3）移动站其他选项

包括设定差分模式、电文格式、截止高度角、天线高等参数。

(1) 差分模式：包括 RTK、RTD、RT20，默认为 RTK，RTD 表示码差分，RT20 为单频 RTK 差分。

(2) 电文格式：选择 CMR。

(3) 截止高度角：表示 GNSS 接收卫星的截止角，可在 5 至 20 度之间调节。

163

(4)天线高：点击"天线高"按钮可设置基准站的天线类型、天线高(注：一般情况下所量天线高为斜高，强制对中时可能用到垂直高，千万不要忘记输入)。

(5)发送 GGA：当连接 CORS 网络时，应该根据需要，选择"发送 GGA"，后面选择发送间隔，一般默认为"1"s。

等到所有移动站参数设置完成后点击【设置】，点击完成后会弹出提示框，如果设置成功，检查移动站主机是否正常接收差分信号，如果失败，检查参数是否设置错误，重复点击几次。

4. 数据传输与内业绘图

数据传输与内业绘图详细步骤参考教材相关内容。

四、实习成绩评定

按实习纪律20%、实习过程(数据采集、内业绘图)表现40%、测量成果40%综合评分。

五、上交资料(电子)

(1)资料说明书(一份)；
(2)布置略图(一份)；
(3)坐标数据表(一份)；
(4)地形图(包括接边透明纸条及实地检测结果)。

第六章　地形图的应用

地形图是包含丰富的自然地理、人文地理和社会经济信息的载体，也是一种全面反映地面上的地物、地貌相互位置关系的图纸。它是进行工程建设项目可行性研究的重要资料，也是工程规划、设计和施工的重要依据。

在进行工程建设的规划和设计阶段，首先应对规划地区的情况做系统而周密的调查研究，其中，现状地形图是比较全面、客观地反映地面情况的可靠资料。因此，地形图是国土整治、资源勘察、城乡规划、土地利用、环境保护、工程设计、矿藏采掘、水利工程、军事指挥、武器发射等工作中不可缺少的重要资料，需要从地形图上获取地物、地貌、居民点、水系、交通、通信、管线、农林等多方面的信息作为设计的依据。正确使用地形图，是每一个工程施工技术人员必须具备的基本技能。

第一节　地形图应用概述

一、地形图的主要用途

工程技术人员之所以离不开地形图，是因为地形图的主要用途表现在：在地形图上可以确定点位、点与点之间的距离和直线间的夹角；可以确定直线的方位，进行实地定向；可以确定点的高程、两点间的高差以及地面坡度；可以在图上勾绘出集水线和分水线，标出洪水线和淹没线；可以根据地形图上的信息计算出图上一部分地面的面积和一定厚度地表的体积，从而确定在生产中的用地量、土石方量、蓄水量、矿产量等；可以从图上了解到各种地物、地类、地貌等的分布情况，计算诸如村庄、树林、农田等数据，获得房屋的数量、质量、层次等资料；可以从图上决定各设计对象的施工数据；可以从图上截取断面，绘制剖面图，以确定交通、管线、隧道等的合理位置。

利用地形图作底图，可以编绘出一系列专题地图，如地质图、水文图、农田水利规划图、土地利用规划图、建筑物总平面图、城市交通图和地籍图等。为了正确地应用地形图，首先要读懂地形图，将地形图上的各种符号和注记，变成人们面前的实地立体模型。但在应用地形图之前，我们首先需要对地形图的图廓要素进行阅读。地形图的图廓要素包括图廓外要素和图廓内要素。

二、图廓外要素的阅读

图廓外要素是指内图廓之外的要素，图廓外要素是对地形图及地形图所表示的地物、地貌的必要说明。

首先要了解测图时间和测绘单位，以判断地形图的新旧和适用程度；然后要了解地形图的比例尺、坐标系统、高程系统和基本等高距以及图幅范围和接图表。地质工作中经常使用大比例尺地形图，所以磁北方向的判定也很重要。

1. 地形图的平面坐标系统和高程系统

对于国家基本图幅地形图，如 1：500、1：1000、1：2000 梯形分幅的国家基本图，一般采用国家统一规定的高斯平面直角坐标系。要注意区分其坐标系统是"1954 年北京坐标系"，还是"1980 年国家大地坐标系"，或是"2000 国家大地坐标系"。有些城市地形图使用的是城市坐标系，有些工程建设使用的是独立坐标系。至于高程系统，要注意区分高程基准是采用"1956 年黄海高程系统"，还是"1985 国家高程基准"，或是其他高程系、假定高程系等。判定和了解这些坐标系对于图幅所在工程与图幅外工程或地域的相关位置关系具有重要的决策意义。

2. 地形图的比例尺

各种不同比例尺的地形图，所提供信息的详尽程度是不同的，要根据使用地形图的目的来选择。例如，对于一个城市的总体规划，一条河流的开发规划，涉及大片地区，需要的是宏观的信息，就得使用较小比例尺的地形图。对于居民小区建设和不动产登记测绘，则要用较大比例尺的地形图，以便在图上研究微地貌和安排各种各样的建筑物。

3. 地形图的施测时间

地形图反映的是测绘地形现状，读图用图时要注意图纸的测绘时间。对于未能在图纸上反映的地物、地貌变化，应予以修测、补测，原则上以选择最近测绘的、现实性强的图纸为好。还要注意图的类别，是基本图、规划图，还是工程专用图，是详测图，还是简测图等，注意区别这些图的精度和内容取舍的不同。

三、图廓内要素的判读

图廓内要素主要是指地物符号和地貌符号，对地物、地貌的判读主要依靠符号和注记。地形图图式，作为地物、地貌的符号集，在地形图阅读时，可以作为判读的工具。

1. 地物判读

在地物判读时，特别要注意依比例符号和非比例符号的不同表示；其次，要注意地物符号的主次让位问题，例如铁路和公路并行，地形图上是以铁路中心位置绘铁路符号，而公路符号让位，掌握符号之间不准重叠，低级给高级让位的原则。

2. 地貌判读

在地貌判读时，分清等高线所表达的地貌要素及地性线，便可找出地貌的规律：由山脊线即可看出山脉连绵；由山谷线便可看出水系的分布；由山峰鞍部、洼地和特殊地貌，则可看出地貌的变化。另外，地貌判读，还需对等高线的性质有清楚的认识，对各种典型地貌要熟悉如何用等高线表示，这也是非常重要的。

3. 社会经济要素

图廓内要素的另一方面是指社会经济要素，社会经济要素的内容有：居民地、交通网、水路运输、行政界线及通信线、高压电线、输油管线等重要管线。通过对社会经济要素的判读，可以了解图幅范围内地区的社会经济发展情况。

第二节　野外使用地形图

地形图是野外实地调查的重要工具，野外使用地形图的方法、步骤包括：地形图的定向、在地形图上确定站立点位置、地形图与实地对照以及野外填图等。

一、地形图的定向

在野外使用地形图时，首先要使地形图的方向与实地方向一致。常用的方法有以下两种。

1. 利用罗盘定向

将罗盘刻度盘上的"北"字指向北图廓，并使刻度盘上的南北线与磁子午线（坐标纵线或真子午线）重合，然后转动地形图，使磁针北端与"北"字一致，则地形图的方向与实地一致，如图6-2-1所示。

2. 根据地物定向

这种方法是，首先在地形图上找到与实地相应的地物，如道路、河流、山顶、突出树、道路交叉点、小桥和一些方位物等，然后在站立点转动地形图，使图上地物与实地地物一致，如图6-2-2所示。

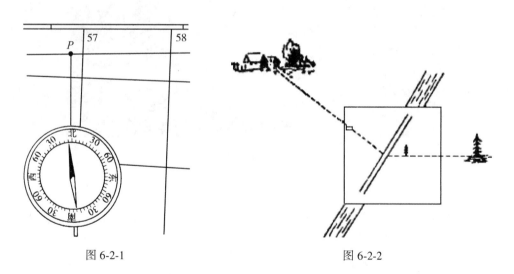

图 6-2-1　　　　　　　　　　　　图 6-2-2

二、在地形图上确定站立点的位置

地图定向后，首先在图上确定本人站立的位置，才能展开工作。确定图上站立点的位置，常用方法有以下两种。

1. 根据明显地貌和地物判定

当站立点附近有明显地貌和地物时，可利用它与实地对照，迅速确定站立点在图上的位置。图 6-2-3 所示站立点的位置是根据道路和河流的交叉，以及房屋和桥梁作为标志确定的。图 6-2-4 所示站立点的位置是在沟谷间的平缓山脊上。

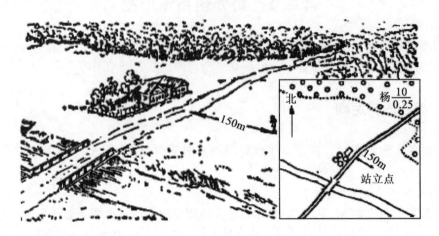

图 6-2-3　根据地物确定位置

图 6-2-4　根据地形确定位置

2. 后方交会法

当站立点附近没有明显地形、地物时，多采用交会方法确定站立点在图上的位置。

三、地形图与实地对照

确定了地形图的方向和地形图上站立点的位置以后，就可以根据图上站立点周围地貌和地物的符号，找出与实地相应的地貌和地物，或者观察实地地貌和地物来识别其在地形图上所表示的位置(图 6-2-3)。进行地形图和实地对照，一般采用目估法，由右至左，由近至远，先识别主要而明显的地貌、地物，再按关系位置识别其他地貌、地物。如因地形复杂不易确定某些地貌、地物时，可用直尺确定站立点和地物符号(如山顶等)，再向前照准，依方向和距离确定该地物的实地位置。通过地形图和实地对照，了解和熟悉周围地貌、地物情况，研究调查地区地形特点，比较出地形图上内容与实地相应地形所发生的变化。

四、野外填图

野外填图调查是野外填图的重要组成部分之一，其目的在于根据填图的任务，如地质勘探普查、土壤普查、土地利用调查、调绘地形图现势资料等，正确、明显地把填图对象填绘于图中。在进行野外填图之前，根据填图任务收集和阅读调查地区的资料，初步确定填图对象的主要类型，并按类型拟定图例。同时，根据地形图选择调查与填图路线。

在进行野外填图时，应注意以下几点。

（1）经常注意沿途的具有方位意义的地物，随时确定本人在图上站立点的位置。

（2）站立点要选择在控制范围较大的制高点上，便于观察较大范围的填图对象，确定其范围界线。

（3）用罗盘或目估确定填图对象的方向，用目估或步测确定其距离。

（4）将所测得的数据按地形图比例尺和所拟定的图例，正确地填绘于地形图上的相应位置。

第三节 纸质地形图的工程应用

一、几何要素查询

1. 在图上查询某点的坐标

欲求图 6-3-1 上 A 点的坐标，首先找出 A 点所处的小方格，并用直线将标格网线连成小正方形 $lmnp$，其西南角 p 点的坐标为 $x_p = 2600\mathrm{m}$，$y_p = 600\mathrm{m}$，过 A 点作平行于 x 轴和 y 轴的两条直线 ab、cd 与坐标方格相交于 $abcd$ 四点，再按地形图比例尺量出 $pa = 20.2\mathrm{m}$，$pc = 68.6\mathrm{m}$，则 A 点的坐标为：

$$x_A = x_p + pa = 2600 + 20.2 = 2620.2\mathrm{m}$$

$$y_A = y_p + pc = 600 + 68.6 = 668.6\mathrm{m}$$

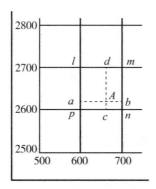

图 6-3-1 纸质地图

考虑到图纸有收缩变形,为了提高坐标量测的精度,除量出 pa、pc 的长度外,还要量出 pl、pn 方格的长度,若方格网对应的实地距离为 L,则 A 点的坐标可按下式计算,即:

$$\left.\begin{aligned} x_A &= x_p + \frac{pa}{pl} \times L \\ y_A &= y_p + \frac{pc}{pn} \times L \end{aligned}\right\} \quad (6\text{-}3\text{-}1)$$

2. 查询图上两点间的水平距离和方位角

1) 查询水平距离

欲求直线两端点 A、B 之间的水平距离,可采用解析法或图解法。

(1) 解析法。

解析法就是先按前述方法分别求得直线两端点 A、B 的坐标,然后根据 A、B 两点的坐标用下式计算出直线的水平距离 D_{AB}。

$$D_{AB} = \sqrt{(X_B - X_A)^2 + (Y_B - Y_A)^2} \quad (6\text{-}3\text{-}2)$$

(2) 图解法。

图解法就是应用两脚规在图上量出 A、B 两点的长度,再与地形图上的图示比例尺比较求出 AB 的水平距离。

当精度要求不高时,也可直接用直尺量出两点的图上距离,然后根据数字比例尺换算出实地距离。同样,若考虑到图纸的伸缩影响,可用下式计算出图上两点所对应的实地距离。

$$D = \frac{d}{l} \times L \quad (6\text{-}3\text{-}3)$$

式中,D——实地距离,d——图上距离,l——图廓线长度,L——图廓线长度对应的实地距离。

2) 查询直线方位角

欲求直线 AB 的坐标方位角,也可采用解析法或图解法求得。

(1) 解析法。

设 A、B 两点的坐标已知,则直线 AB 的坐标方位角可用坐标反算的方法计算出来。

$$\alpha_{AB} = \arctan \frac{Y_B - Y_A}{X_B - X_A} \quad (6\text{-}3\text{-}4)$$

(2) 图解法。

图解法就是通过 A、B 两点分别作纵坐标轴的平行线,然后将量角器的中心分别对准 A、B 点,量得坐标方位角 α'_{AB} 和 α'_{BA},则直线 AB 的坐标方位角:

$$\alpha_{AB} = \frac{\alpha'_{AB} + \alpha'_{BA} \pm 180°}{2} \quad (6\text{-}3\text{-}5)$$

二、根据等高线确定高程和坡度

1. 确定图上某点的高程

地形图上点的高程可根据等高线或高程注记点来确定。

1)点在等高线上

如果点在等高线上,则其高程即为等高线的高程。

2)点不在等高线上

如果点不在等高线上,则可按内插求得。如图6-3-2所示,b点位于50m和52m两条等高线之间,这时可通过b点作一条大致垂直于两条等高线的直线,分别交等高线于m、n两点,在图上量取mn和mb或nb的长度,又已知等高距为$h=2$m,设$\frac{mb}{mn}=0.3$或$\frac{nb}{mn}=0.7$,则b点的高程为:

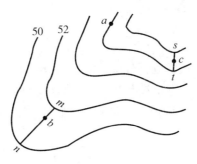

图6-3-2 等高线图

$$H_b = H_n + 0.7 \times 2\text{m} = 51.4\text{m},\text{ 或 } H_b = H_m - 0.3 \times 2\text{m} = 51.4\text{m}。$$

如果要确定两点间的高差,则可按上述步骤确定两点高程后,相减即得。

2. 确定直线的坡度

从等高线的特性可知,当等高距一定时,等高线平距愈小,则地面坡度愈大。反之,则地面坡度愈小。通常所说的地面坡度,总是以该地面的最大倾斜线为准。

如图6-3-3所示,若将局部的自然地表面以倾斜平面$ABCD$来代替,在斜面的水平线AB上的点M可向不同方向作直线,与另一水平线CD分别相交于N、P、D点,便得倾斜

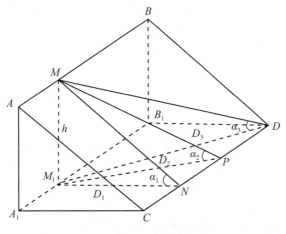

图6-3-3 坡度与平距的关系

直线 MN、MP 和 MD。若将 M 点投影于水平面 A_1B_1DC 上,可得 M_1 点。各倾斜直线的水平投影 M_1N、M_1P 和 M_1D 即为各倾斜直线的相应平距,分别以 D_1、D_2 和 D_3 表示。若再以 α_1、α_2 和 α_3 表示倾斜面直线 MN、MP 和 MD 的倾斜角,以 h 表示 MM_1 的高差(等高距),即有 $D_i = h\cot\alpha_i$。由式(6-3-6)可知平距 D_i 愈大,则倾斜直线的倾斜角 α_i 愈小;反之,就愈大。显然其中平距为 α_1 而垂直于水平线 CD 的倾斜直线 MN 具有最大的倾斜角,因而该直线 MN 就叫作最大倾斜线(或坡度线)。

通常以最大倾斜线的方向代表该地面的倾斜方向。最大倾斜线的倾斜角,也就代表该地面的倾斜角。

在直角三角形 MM_1N 中,有关系式:

$$i = \tan\alpha_i = \frac{h}{D_i} \tag{6-3-6}$$

式中,i 为直线的坡度,通常以百分率(%)或千分率(‰)表示。

设已知直线 AB 两端点之间的高差为 H_{AB},两端点间的实际水平距离为 D_{AB},图上距离为 d_{AB};若测图比例尺为 $1:M$,则由上式可知,该直线在地面上的平均坡度为:

$$i = \frac{h_{AB}}{D_{AB}} = \frac{h_{AB}}{d_{AB} \cdot M} \tag{6-3-7}$$

例如:$h_{AB} = 32.7 - 32 = 0.7 \text{m}$,$D_{AB} = 6.3 \text{m}$,则 $i_{AB} = \frac{0.7}{6.3} = 11.11\%$。

三、确定汇水面积

修筑道路时有时要跨越河流或山谷,这时就必须建桥梁或涵洞;如果需要兴修水库必须要筑坝拦水。而桥梁、涵洞孔径的大小,水坝的设计位置与坝高,水库的蓄水量等,都要根据汇集于这个地区的水流量来确定。汇集水流量的面积称为汇水面积。

如图 6-3-4 所示,由于雨水是沿山脊线(分水线)向两侧山坡分流,所以汇水面积的边界线是由一系列的山脊线连接而成的。一条公路经过山谷,拟在 M 处架桥或修涵洞,其孔径大小应根据流经该处的流水量决定,而流水量又与山谷的汇水面积有关。量测该面积的大小,再结合气象水文资料,便可进一步确定流经公路 M 处的水量,从而对桥梁或涵洞的孔径设计提供依据。

1)确定汇水面积步骤

(1)找出该山地范围内的山脊线(最高点连线),用虚线连接。如图 6-3-4 中的虚线。

(2)找出该山地范围内的山谷线(最低点连线),用实线连接。如图 6-3-4 中的实线。

(3)定出汇水点 M 的位置后,过 M 点作垂直于山脊线和山谷线的直线 AB,形成闭合的汇水面积线。

(4)量取闭合曲线面积,即为汇水面积。

2)确定汇水面积注意事项

确定汇水面积的边界线时,应注意以下两点:

(1)边界线(除公路段外)应与山脊线一致,且与等高线垂直;

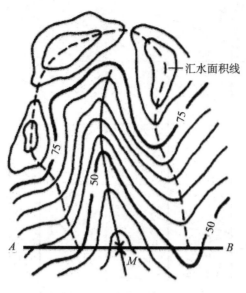

图 6-3-4 确定汇水面积

(2) 边界线是经过一系列的山脊线、山头和鞍部的曲线,并与河谷的指定断面(公路或水坝的中心线)闭合。

四、土地平整(土方计算)

在各种工程建设中,除对建筑物要作合理的平面布置外,往往还要对原地貌作必要的改造,以便适于布置各类建筑物,排除地面水以及满足交通运输和敷设地下管线等。这种地貌改造称为平整土地。

在平整土地工作中,常需预算土、石方的工程量,即利用地形图进行填挖土(石)方量的概算。其方法有多种,其中方格法(或设计等高线法)是应用最广泛的一种。下面分两种情况介绍该方法。

1. 要求平整成水平面

假设要求将原地貌按挖填土方量平衡的原则改造成平面,其步骤如下。

1) 在地形图上绘方格网

在地形图上拟建场地内绘制方格网。方格网的大小取决于地形复杂程度、地形图比例尺大小以及土方概算的精度要求。例如在设计阶段采用 1:500 的地形图时,根据地形复杂情况,一般边长为 10m 或 20m。方格网绘制完后,根据地形图上的等高线,用内插法求出每一方格顶点的地面高程,并注记在相应方格顶点的右上方。如图 6-3-5 所示。

2) 计算设计高程

先将每一方格顶点的高程加起来除以 4,得到各方格的平均高程,再把每个方格的平均高程相加除以方格总数,就得到设计高程 H_0。

显然,各方格四个角顶的高程在计算设计高程 H_0 的过程中,其参与计算的次数是有

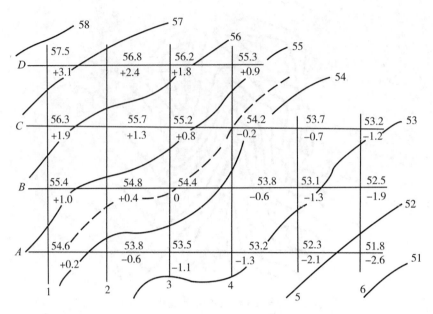

图 6-3-5 土地平整设计

所不同的。例如，图中 A_1、A_6、C_6、D_1、D_4 点(叫作角点)的高程 $H_角$ 仅各用到一次；$A_2 \sim A_5$、B_1、B_6、C_1、C_5、D_2、D_3 点(叫作边点)的高程 $H_边$ 各用到两次；而 C_4 点(叫作拐点)的高程各用到三次；其他点的高程则要用到四次，其点叫作中间点。所以，设计高程 H_0 的计算式可表示如下：

$$H_0 = \frac{1}{4n}\left(\sum H_角 + 2\sum H_边 + 3\sum H_拐 + \sum H_中\right) \quad (6\text{-}3\text{-}8)$$

3) 计算挖、填高度

根据设计高程和方格顶点的高程，可以计算出每一方格顶点的挖、填高度，即：

$$\text{挖、填高度} = \text{地面高程} - \text{设计高程} \quad (6\text{-}3\text{-}9)$$

将图中各方格顶点的挖、填高度写于相应方格顶点的左上方。正号为挖深，负号为填高。

(4) 计算挖、填土方量

设每一方格实地面积为 $A(\text{m}^2)$，计算的设计高程是 $H_0(\text{m})$，每一方格的挖深或填高数据已分别计算出，并已注记在相应方格顶点的左上方。挖、填土方量可按角点、边点、拐点和中间点分别按下式列表计算。

角　点：　　$\frac{1}{4} \times h \times A$

边　点：　　$\frac{2}{4} \times h \times A$

拐　点：　　$\frac{3}{4} \times h \times A$

中间点：　　$h \times A$

于是，可根据正、负号分别统计出挖方量和填方量。从计算结果可以看出，若挖方量和填方量是相等的，满足"挖、填平衡"的要求，说明计算结果是正确的。

2. 要求按设计等高线整理成倾斜面

将原地形改造成某一坡度的倾斜面，一般可根据填、挖平衡的原则，绘出设计倾斜面的等高线。但是有时要求所设计的倾斜面必须包含不能改动的某些高程点（称为设计倾斜面的控制高程点），例如，已有道路的中线高程点；永久性或大型建筑物的外墙地坪高程等。

计算步骤如下：

(1) 确定设计等高线的平距；
(2) 确定设计等高线的方向；
(3) 插绘设计倾斜面的等高线；
(4) 计算挖、填土方量。

与前一方法相同，首先在图上绘方格网，并确定各方格顶点的挖深和填高量。不同之处是各方格顶点的设计高程是根据设计等高线内插求得的，并注记在方格顶点的右下方。其填高和挖深量仍记在各顶点的左上方。挖方量和填方量的计算和前一方法相同。

五、按选定的坡度选定最短路线

道路、管线、渠道等工程设计时，都要求线路在不超过某一限制坡度的条件下，选择一条最短路线或等坡度线。

$$d = \frac{h}{i \times M} \tag{6-3-10}$$

设从公路上的 A 点到高地 B 点要选择一条公路线，要求其坡度不大于5%（限制坡度）。设计用的地形图比例尺为 1∶2000，等高距为 1m。为了满足限制坡度的要求，根据式(6-3-6)计算出该路线经过相邻等高线之间的最小水平距离 $d = 1$cm。于是，如图6-3-6所示，以 A 点为圆心，以 d 为半径画弧交等高线于点1，再以点1为圆心，以 d 为半径画弧，交等高线于点2，依次类推，直到 B 点附近为止。然后连接 A、1、2……B，便在图上得到符合限制坡度的路线。这只是 A 到 B 的路线之一，为了便于选线比较，还需另选一条路线，同时考虑其他因素，如少占农田，建筑费用最少，避开塌方或崩裂地带等，以便确定路线的最佳方案。

如遇等高线之间的平距大于1cm，以1cm为半径的圆弧将不会与等高线相交。这说明坡度小于限制坡度。在这种情况下，路线方向可按最短距离绘出。

六、按一定方向绘制纵断面图

在各种线路工程设计中，为了进行填挖方量的概算，以及合理地确定线路的纵坡，都需要了解沿线路方向的地面起伏情况，为此，常需利用地形图绘制指定方向的纵断面图。

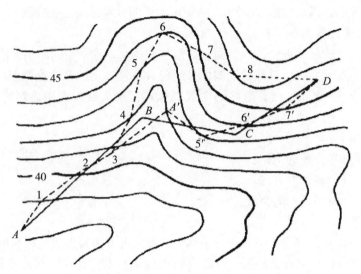

图 6-3-6　根据等高线确定坡度线路

如图 6-3-7 所示，欲沿 ABCD 道路绘制断面图，可在绘图纸或方格纸上绘制 AD 水平线，过 A 点作 AD 的垂线作为高程轴线。然后在地形图上用卡规分别卡出相邻两点间的距离 A-1，1-2，2-3，3-4，4-5，…，15-D，并计算出 A 点的累计水平距离。在断面图上自 A 点以累计距离分别标出 1，2，…，15，D 等各点，并在地形图上内插出各点的高程，按高程轴线向上画出相应的垂线。最后，用光滑的曲线将各高程线的顶点连接起来，即得 AD 方向的断面图，如图 6-3-8 所示。

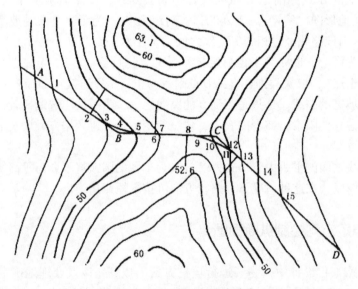

图 6-3-7　在地形图上设计道路

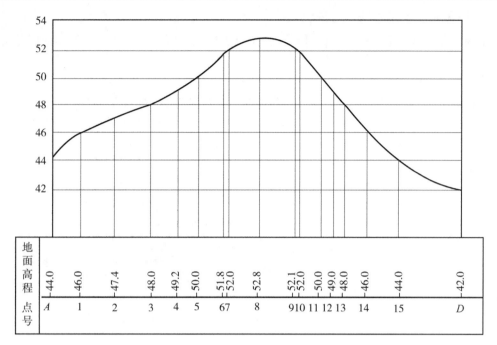

图 6-3-8　道路纵断面图

断面过山脊、山顶或山谷处的高程变化点的高程，可用比例内插法求得。绘制断面图时，高程比例尺比水平比例尺大 10 至 20 倍是为了使地面的起伏变化更加明显。如，水平比例尺为 1∶2000，高程比例尺为 1∶200。

第四节　数字地形图的工程应用

上一节介绍了纸质地形图的工程应用，实际上就是介绍地形图工程应用原理。但是在应用过程中，不仅过程繁琐，而且精度和效率均较低。当前纸质地形图由于方便阅读，其应用基本局限于宏观规划设计层面，主要便于人们建立野外测区粗略概貌。事实上各行业应用更多的是数字地形图，因为数字地形图的最大优点就是精度和效率更高，而且应用更广泛。

上一章介绍的数字测图软件南方 CASS，不仅是一款符合国家标准的操作简单的数字测图软件，同时也是一款功能较为齐全的数字地形图应用软件。它包含了基本几何要素点、线、面的查询、各类土方计算、库容计算、工程纵横断面图绘制、公路曲线设计、面积计算与汇总统计、图形生成坐标数据等，功能命令集成在软件主菜单的"工程应用"中。

本节只介绍部分应用功能，其他参考软件操作手册。

一、基本几何要素查询

基本几何要素：工程应用点的坐标、两点距离及方位、线长、面积等。

下面以上一章所绘的地形图 5-2-20 为例，演示在南方 CASS 中如何查询点、线、面的基本几何要素。

1. 查询指定点坐标

鼠标点取主菜单【工程应用】→【查询指定点坐标】,如图 6-4-2 所示。绘图区底部的命令行提示:

指定查询定点:

执行操作:按"F3"或鼠标右键,单击命令行下面的"对象捕捉",启动"草图设置"对话框,如图 6-4-1 所示。在"对象捕捉"页面勾选"插入点"后按【确定】。用鼠标移动到控制点 D123 左侧控制点符号的位置,显示出插入点提示符号后左键单击。

图 6-4-1 查询指定点坐标

执行上述操作后,命令行显示如下(图 6-4-2):

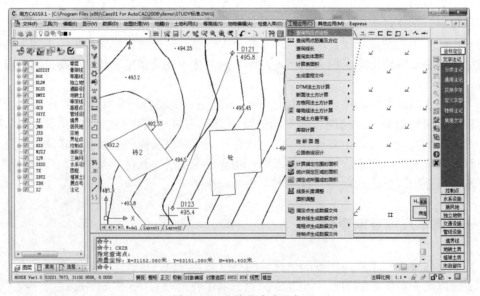

图 6-4-2 查询指定点坐标

测量坐标：X＝31152.080 米　Y＝53151.080 米　H＝495.400 米

2. 查询两点距离及方位

鼠标点取主菜单【工程应用】→【查询两点距离及方位】，如图 6-4-2 所示。绘图区底部的命令行显示如下（图 6-4-3）：

第一点：

执行操作：鼠标左键单击控制点 D123。

第二点：

执行操作：鼠标左键单击控制点 D121。执行操作完成后，命令行显示：

两点间距离＝45.273 米，方位角＝21 度 46 分 57.39 秒

图 6-4-3　查询两点距离及方位

3. 查询线长

鼠标点取主菜单【工程应用】→【查询线长】，如图 6-4-2 所示。绘图区底部的命令行提示信息如下（图 6-4-4）：

请选择要查询的线状实体：

执行操作：用鼠标左键选择线段 D123～D121，如图 6-4-2 所示。

选择对象：找到 1 个

选择对象：

执行操作：按鼠标右键或键盘回车键。

共有 1 条线状实体

实体总长度为 45.273 米

图 6-4-4　查询线长

4. 查询面积

鼠标点取主菜单【工程应用】→【查询实体面积】，如图 6-4-2 所示。绘图区底部的命令行提示信息如下（图 6-4-5）：

（1）选取实体边线（2）点取实体内部点［注记设置（S）］＜1＞

执行操作：回车，默认(1)选取实体边线。命令行继续显示信息如下：

请选择实体：

执行操作：用鼠标左键点击图6-4-2中菜地范围线。执行操作完成后，命令行显示结果，同时在菜地范围线中间文字标注"4793.83平方米，合7.1907亩"，命令行显示信息如下。

实体面积为4793.83平方米

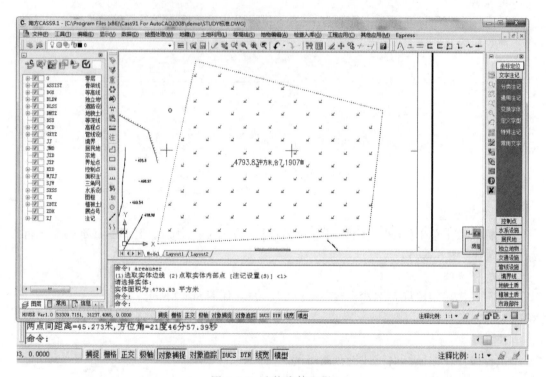

图6-4-5　查询实体面积

二、土方计算

南方CASS土方计算方法有：DTM法、断面法、方格网法、等高线法、区域土方量平衡。

下面以南方CASS的DEMO文件夹下的坐标数据文件Dgx.dat为例，演示在南方CASS中如何计算土方。

1. DTM法

1) 展绘高程点

在主菜单中鼠标左键单击【绘图处理】→【展高程点】，命令行提示：

绘图比例尺1：<500>

直接回车默认后，弹出"输入坐标数据文件名"对话框，如图6-4-6所示。找到CASS安装目标下DEMO文件夹中的Dgx.dat，点击【打开】。命令行提示：

第四节 数字地形图的工程应用

图 6-4-6 输入坐标数据文件名

注记高程点的距离(米)<直接回车全部注记>：

直接回车默认全部注记。命令行显示信息如图 6-4-7 所示，展绘结果如图 6-4-8 所示。

图 6-4-7 展绘高程点信息提示

2) 用画复合线命令(PLINE)绘计算土方范围线

在命令行键入 PLINE 后回车，按提示信息依次输入矩形四个角点，信息提示与坐标输入如下：

命令：pline

指定起点：53400, 31500

当前线宽为 0.0000

指定下一个点或[圆弧(A)/半宽(H)/长度(L)/放弃(U)/宽度(W)]：53550, 31500

指定下一点或[圆弧(A)/闭合(C)/半宽(H)/长度(L)/放弃(U)/宽度(W)]：53550, 31400

指定下一点或[圆弧(A)/闭合(C)/半宽(H)/长度(L)/放弃(U)/宽度(W)]：53400, 31400

指定下一点或[圆弧(A)/闭合(C)/半宽(H)/长度(L)/放弃(U)/宽度(W)]：c

土方矩形范围如图 6-4-8 所示。

181

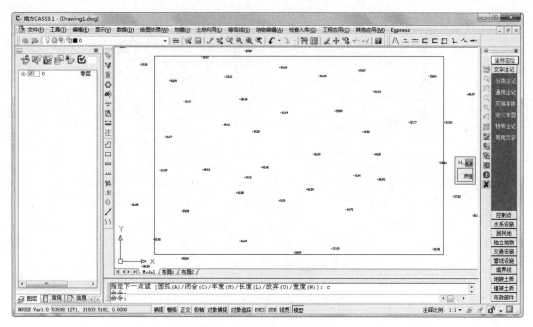

图 6-4-8　绘制矩形范围界线

3) 土方计算

在主菜单中鼠标单击【工程应用】→【DTM 法土方计算】→【根据坐标文件】，如图 6-4-9 所示。命令行提示：

选择计算区域边界线

将鼠标移到区域边界线上左键单击，弹出"输入高程点文件名"对话框，找到 CASS 安装目标下 DEMO 文件夹中的 Dgx.dat，点击【打开】。

弹出"DTM 土方计算参数设置"信息框，如图 6-4-10 所示，输入平场标高为 36，其他默认，按【确定】后，继续弹出"AutoCAD 信息"框，上面显示挖方量和填方量，如图 6-4-11 所示。

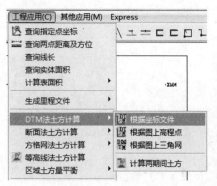
图 6-4-9　DTM 法菜单

图 6-4-10　DTM 参数设置

图 6-4-11　结果信息

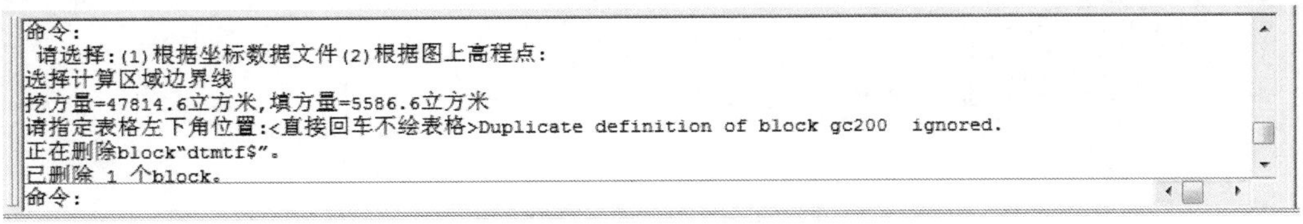

第四节 数字地形图的工程应用

```
命令：
请选择：(1)根据坐标数据文件(2)根据图上高程点：
选择计算区域边界线
挖方量=47814.6立方米,填方量=5586.6立方米
请指定表格左下角位置：<直接回车不绘表格>Duplicate definition of block gc200  ignored.
正在删除block"dtmtf$"。
已删除 1 个block。
命令：
```

图 6-4-12　命令行信息显示

至此，DTM 法土方计算完成。

点击"AutoCAD 信息"框按【确定】后，命令行出现信息提示：

请指定表格左下角位置：<直接回车不绘表格>

直接按回车计算过程结束，如果鼠标在绘图区空白处左键单击，这时就生成了 DTM 法土方计算图表，如图 6-4-13 所示。

2. 方格网法

(1) 展绘高程点。

(2) 用画复合线命令（PLINE）绘计算土方范围线。

上述两步骤具体操作与 DTM 法(1)、(2)完全相同，此处从略。

(3) 土方计算。

在主菜单中鼠标单击【工程应用】→【方格网法土方计算】→【方格网土方计算】，如图 6-4-14 所示。

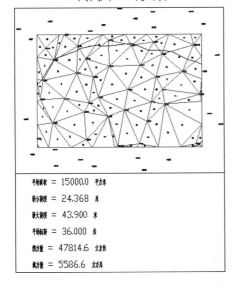

图 6-4-13　DTM 法土方计算图表

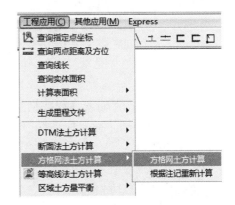

图 6-4-14　方格网法计算菜单

命令行信息如图 6-4-15 所示：

选择计算区域边界线

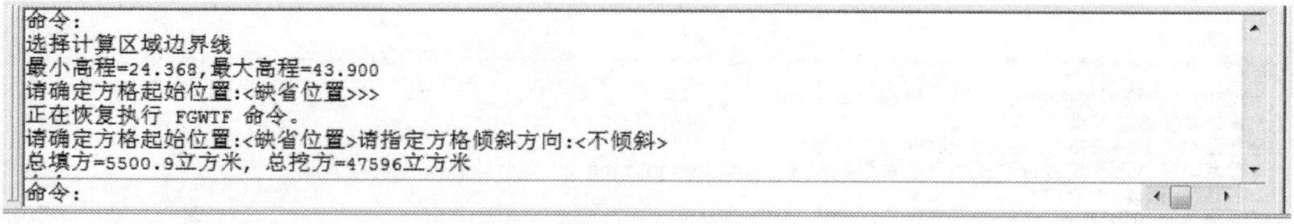

第六章 地形图的应用

```
命令:
选择计算区域边界线
最小高程=24.368,最大高程=43.900
请确定方格起始位置:<缺省位置>>>
正在恢复执行 FGWTF 命令。
请确定方格起始位置:<缺省位置>请指定方格倾斜方向:<不倾斜>
总填方=5500.9立方米,总挖方=47596立方米
命令:
```

图 6-4-15　命令行信息显示

将鼠标移到区域边界线上左键单击，弹出"方格网土方计算"信息输入框，如图 6-4-16 所示。

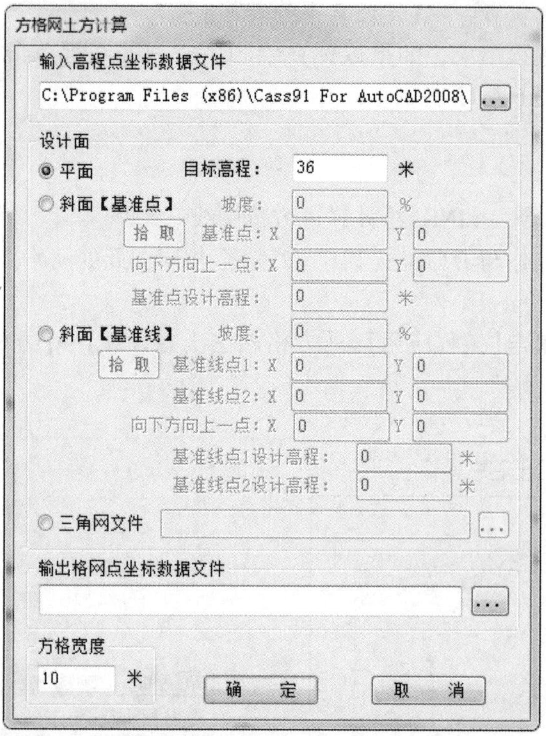

图 6-4-16　方格网法参数设置

鼠标单击"…"弹出"输入高程数据文件名"对话框，找到 CASS 安装目标下 DEMO 文件夹中的 Dgx.dat，点击【打开】。

命令行信息提示：

请确定方格起始位置：<缺省位置>>>

可以直接回车默认方格起始位置。为了计算土方更精确，将边界范围线的左下角对准方格的起点。移动鼠标至边界范围线的左下角，然后左键单击（如果捕捉没有打开，需要打开端点捕捉）。命令行继续信息提示：

请指定方格倾斜方向：<不倾斜>

如果范围边线不是水平线，这时就要指定范围边线的另一个端点。由于本案例的边线水平,因此回车默认"水平"。

命令行启动计算进度条,约 10 秒钟后,命令行显示计算总填方量和总挖方量,同时绘图区显示方格计算图表,如图 6-4-17 所示。

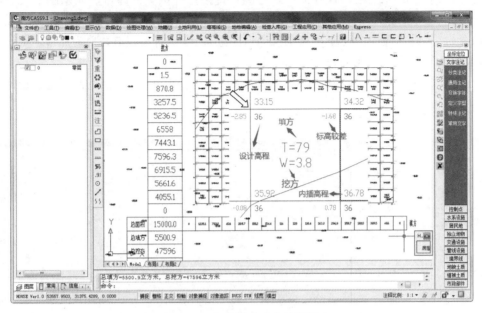

图 6-4-17　方格网法土方计算图表

说明:同一地形和计算范围界线,采用两种不同的计算方法,其结果总填方较差 85.7 立方米,总挖方较差 218.6 立方米。总挖方相差 218.6/47705.3 = 0.45%,小于 3%,计算结果满足精度要求,表明计算结果正确。

三、绘断面图

南方 CASS 绘断面图的方法有:根据已知坐标、根据里程文件、根据等高线、根据三角网(DTM)。见图 6-4-18。

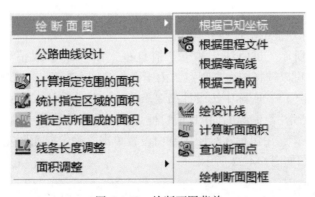

图 6-4-18　绘断面图菜单

1. 根据已知坐标

1) 展绘高程点

主菜单中鼠标左键单击【绘图处理】→【展高程点】，将测量坐标数据文件按高程展点。此处我们以上一章所绘的地形图 5-2-20 为例，直接打开该文件即可。如果图上没有高程点，按展点命令将测量坐标数据文件 STUDY.DAT 展绘出来。如果图上有展点号（没有高程点），也可以执行【绘图处理】→【切换展点注记】命令，将高程点替换为点号。

2) 用画复合线命令(PLINE)绘断面线

在命令行键入 PLINE 回车，在图上依次鼠标左键单击 A、B 两点，回车完成绘制。如图 6-4-19 所示。

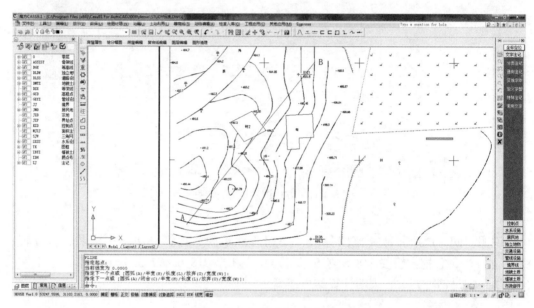

图 6-4-19　绘复合线(断面线)

3) 绘断面图

鼠标单击主菜单【工程应用】→【绘断面图】→【根据已知坐标】，绘图区底部的命令行提示信息如下：

选择断面线

执行操作：鼠标左键单击选择复合线，回车。

弹出图 6-4-20 所示"断面线上取值"信息框。断面线上取值可以选择数据文件(STUDY.DAT)，也可以选择图面高程点。由于图上已展有高程点，因此选择后者。

设置采样点间距为 5，实际中按设计书要求确定。其他默认，按回车键。

弹出图 6-4-21 所示"绘制纵断面图"信息框。按图上依次选择或输入信息后，单击"断面图位置"右下的"…"，用鼠标在绘图区空白位置单击，确定断面图左下角点坐标。最后单击【确定】，断面图如图 6-4-22 所示。

第四节 数字地形图的工程应用

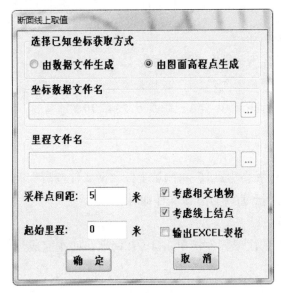

图 6-4-20 断面线取值信息框

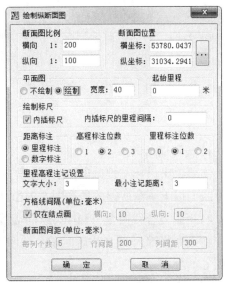

图 6-4-21 绘断面图信息框

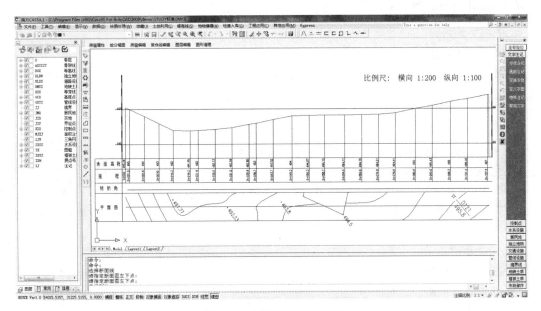

图 6-4-22 绘制后的断面图

2. 根据里程文件

所谓"里程文件",就是断面线自起点按一定的间隔排列的点的累计距和高程(或相对前一点的高差),为一文本文件。在南方 CASS 中,文件名的后缀为"hdm"。这样绘断面图时就根据这个里程文件即可。事实上,所有的绘断面图软件都是利用里程文件进行程序设计的,只不过里程文件是一个临时文件,一般用过之后就不需要了。因此,在根据已知

坐标绘制断面图这个方法时就将里程文件"隐藏"。不过也可以根据需要,将这个里程文件生成出来。里程文件格式如下:

```
BEGIN              //一个断面的起始
0.000, 495.239     //起点的累计距为0,高程为495.239
1.310, 495.000     //距起点的累计距为1.310,高程为495.000
5.646, 494.000     //距起点的累计距为5.646,高程为494.000
......
```

1)展高程点

主菜单中鼠标左键单击【绘图处理】→【展高程点】,将测量坐标数据文件按高程展点。此处我们以上一章所绘的地形图 5-2-20 为例,直接打开该文件即可。

2)用画复合线命令(PLINE)绘断面线

在命令行键入 PLINE 后回车,在图上依次鼠标左键单击 A、B 两点,回车完成绘制。如图 6-4-22 所示。

3)生成里程文件

由于复合线(断面线)已绘出,单击【工程应用】→【生成里程文件】→【由复合线生成】→【普通断面】,如图 6-4-23 所示。命令行显示信息如下:

请选择实体:

执行操作:用鼠标左键点击选择图 6-4-23 中已绘制的复合线,回车。

弹出图 6-4-24 所示"断面线上取值"信息框。断面线上取值可以选择图面高程点,也可以选择数据文件。为了与上小节相区别,这里选择数据文件。

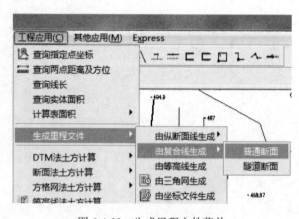

图 6-4-23　生成里程文件菜单

图 6-4-24　断面线上取值信息框

单击"坐标数据文件名"编辑框最右侧的"…",在弹出的输入数据文件对话框中找到数据文件 STUDY.DAT;在"里程文件名"编辑框最右侧,单击"…",在弹出的输出数据文件对话框中找到输入数据文件 study.hdm;采样点间距输入 5,点【确定】。这时里程数据文件生成完成，找到该文件打开如下：

```
BEGIN
0.000, 495.239
1.310, 495.000
5.646, 494.000
9.986, 493.000
14.171, 492.000
19.171, 491.955
21.585, 492.000
26.585, 492.133
31.585, 492.343
36.585, 492.851
38.659, 493.000
43.659, 493.516
49.180, 494.000
54.180, 494.067
58.719, 494.127
64.640, 494.112
69.640, 494.160
74.640, 494.207
79.640, 494.411
85.618, 495.000
90.618, 495.430
96.160, 496.000
101.160, 496.458
107.197, 497.000
107.497, 497.007
```

4) 绘断面图

鼠标单击主菜单【工程应用】→【绘断面图】→【根据里程文件】，弹出"输入断面里程数据文件名"对话框，找到刚生成的里程文件 study.hdm，单击【打开】。

弹出图 6-4-25 所示的"绘制纵断面图"信息框。按图上依次选择或输入信息后，单击"断面图位置"右下的"…"，用鼠标在绘图区空白位置单击，确定断面图左下角点坐标。最后单击【确定】，断面图如图 6-4-26 所示。

由于本方法是采用"根据里程文件"，在输出断面图时不能绘制断面线两侧的平面图。因此，如果需要绘制断面线两侧的平面图，应选择"根据已知坐标"方法。

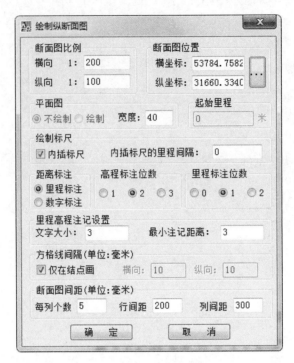

图 6-4-25　绘制纵断面图信息框

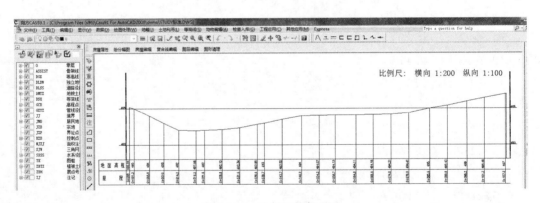

图 6-4-26　绘制后的断面图

思考题与习题

1. 结合所学专业，说说地形图在国民经济建设中有哪些应用？试举例说明。
2. 图廓外要素包括哪些内容？
3. 图廓内要素包括哪些内容？
4. 结合所学专业，说说测绘学在专业中有何作用？
5. 野外地质填图时应注意哪些事项？

6. 如何确定纸质地形图上两点直线的方位?
7. 什么是坡度? 在地形图上怎样确定两点间的坡度?
8. 已知下图中 A、B 两点间的图上距离为 5cm, 试计算 A、B 两点间的坡度。

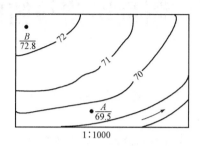

局部地形图 A

9. 已知下图中断面线 AB 的图上距离为 8cm, 采样间距为 10m, 试绘制 AB 的纵断面图。

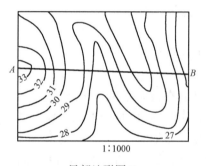

局部地形图 B

10. 试叙述南方 CASS 计算土方有哪些方法? 各有什么特点?
11. 里程文件有什么作用? 试说出其数据格式。
12. 试叙述南方 CASS 绘制断面图有哪些方法? 各有什么特点?

第七章 测量误差与精度评定

第一节 观 测 误 差

在测量工作中,无论测量仪器多么精密,观测多么仔细,测量结果总是存在着差异。例如,对某段距离进行多次丈量,或反复观测同一角度,发现每次观测结果往往不一致。又如观测三角形的三个内角,其和并不等于理论值180°。这种观测值之间或观测值与理论值之间存在的差异,我们称之为观测误差。此外,在测量过程中还可能出现错误,如读错、记错等。错误不是误差,是由于观测者操作不正确或粗心大意造成的。另外,在现代测量技术环境下由于仪器设备的可靠性问题也可能产生粗差或错误。实际应用中,观测结果不允许存在错误,一旦发现应及时加以更正。

一、测量误差及产生的原因

测量误差产生的原因概括起来有下列几个方面。

(1)仪器及工具。测量仪器和工具的精密度以及仪器本身校正不完善等,都会使测量结果受到影响。例如使用刻划至厘米的标尺就不能保证厘米以下尾数估读的准确性;使用视准轴不平行于水准管轴的水准仪进行水准测量就会给观测读数带来误差。

(2)观测者。观测者是通过自身的感觉器官来工作的,由于人的感觉器官鉴别能力的限制,使得在安置仪器、瞄准目标及读数等方面都会产生误差。如人肉眼的最小分辨率是图上0.1mm。同时,观测者的技术熟练程度和劳动态度也不尽相同,使得在观测中的每一个环节中也会产生误差,如仪器的整平、对中误差、照准目标误差、估读误差等。

(3)外界条件。观测过程所处的外界条件,如温度、湿度、风力、阳光照射等因素会给观测结果造成影响,而且这些因素随时发生变化,必然会给观测值带来误差。

观测者、仪器、外界条件是引起观测误差的主要因素,这三个因素的综合影响称为"观测条件"。观测条件好,测量结果的精度就高,观测条件差测量结果的精度就低。观测条件相同的一系列观测称为等精度观测,观测条件不同的各次观测称为非等精度观测。

不管观测条件如何,在整个观测过程中,由于受到上述种种因素的影响,观测的结果就会产生这样或那样的误差。从这一意义上来说,在测量中产生误差是不可避免的。当然,在客观条件允许的限度内,测量工作者可以而且必须确保观测成果具有较高的质量。

任何一个观测量,理论上总存在一个能代表其真正大小的数值,这个数值就称为该观测量的真值。对于某一观测量而言,若设观测值为L_i,其真值为X,则其差数定义为:

$$\Delta_i = L_i - X \quad (i = 1, 2, \cdots, n) \tag{7-1-1}$$

式中，Δ_i 称为观测值 L_i 的真误差，简称误差。

二、误差的分类

根据误差的性质，观测误差分为系统误差和偶然误差两类。

1. 系统误差

在相同的观测条件下作一系列观测，如果观测误差在正负号及量的大小上表现出一致的倾向，即按一定的规律变化或保持为常数，这类误差称为系统误差。

例如，用一根名义长度为 30m，实际长度为 29.99m 的钢尺来量距，则每量 30m 的距离，就会产生 2cm 的误差，丈量 60m 的距离，就会产生 2cm 的误差。这种误差的大小与所量的直线长度成正比，而正负号始终保持一致。又如水准测量中的水准仪 i 角对读数产生的误差，只与仪器到标尺的距离成正比。还有经纬仪测角时，视准轴与横轴不垂直而产生的 $2C$ 误差。这些都是系统误差，在测量成果中具有累积的性质，对测量成果的影响较为显著，但由于这些误差具有一定的规律性，所以，我们在测量的过程中，可以采取一定的措施来消除或尽量减少其对测量成果的影响。例如，在量距时，对丈量成果进行尺长改正；在水准测量中，用前后视距相等的办法来减少由于仪器视准轴不平行于水准轴（即 i 角）给所测高差产生的影响；在水平角观测中，则采用正倒镜观测的方法，取盘左、盘右读数的中数，来消除 $2C$ 的影响。总之，通过采取相应的措施，可以将系统误差消除或减少到可以忽略不计的程度。

2. 偶然误差

在相同的观测条件下作一系列的观测，如果误差在大小和符号上都表现出偶然性，即从单个误差看，该列误差的大小和符号没有规律性，但就测量误差的总体而言，具有一定的统计规律，这种误差称为偶然误差。例如，仪器没有严格照准目标，估读水准尺上毫米数不准，测量时气候变化对观测数据产生微小变化等都属于偶然误差。此外，如果观测数据的误差是许多微小偶然误差项的总和，则其总和也是偶然误差。例如测角误差可能是照准误差、读数误差、外界条件变化和仪器本身不完善等多项误差的代数和，因此，测角误差实际是许多微小误差项的总和。而每项微小误差又随着偶然因素影响的不断变化，其数值忽大忽小，其符号或正或负，这样，由它们所构成的总和，就其个体而言，无论是数值的大小或符号的正负都是不能事先预知的，这种误差也是偶然误差。这是观测数据中存在偶然误差最普遍的情况。

根据概率统计理论可知，如果各个误差项对其总和的影响都是均匀地小，即其中没有一项比其他项的影响占绝对优势时，那么它们的总和将是服从或近似地服从正态分布的随机变量。因此，偶然误差就其总体而言，都具有一定的统计规律性，故有时又把偶然误差称为随机误差。

在观测过程中，系统误差和偶然误差总是相伴而生的。当观测结果中有显著和系统误差时，观测误差就呈现出一定的系统性；反之，当偶然误差占主导地位时，观测误差就呈现出偶然性。例如在水平角观测中，仪器的 $2C$ 所产生的误差是一个系统误差，所以在观测结果中，如果观测条件较好，则会表现出明显的一致性，即"系统"性。但有时由于照准误差等因素的存在，使得结果无论是大小还是符号，都不具有规律性，即"偶然"性。

由于系统误差可以采用一些办法来削弱其影响，使之处于次要的地位。所以本章主要讨论的测量误差均指偶然误差。

3. 粗差

在数据采集过程中，如果其误差比在正常观测条件下所可能出现的最大误差还要大，这样的误差称为粗差。通俗地说，粗差要比偶然误差大上好几倍。例如，观测时由于观测者的粗心大意读错，计算机输入数据错误，航测像片判读错误，控制网起始数据错误等。这种错误或粗差，在一定程度上可以避免。但在使用现今的高新测量技术如全球定位系统（GPS）、地理信息系统（GIS）、遥感（RS）以及其他高精度的自动化数据采集中，经常是粗差混入信息之中，识别粗差源并不是用简单方法可以达到目的的，需要通过数据处理方法进行识别和消除其影响。

第二节 偶然误差的特性

偶然和必然是辩证统一的。必然常常是通过偶然来反映的，偶然也总是受到一定的规律制约。单个的或少数的偶然事件的确难以识别其必然性，然而大量的偶然事件就会暴露其共性而显示出某种规律性。人们用统计的方法研究偶然事件，来建立各种数学模型以阐明其规律。

有这样的实验：在相同的观测条件下，独立地观测 601 个三角形的全部内角，由于观测结果中存在偶然误差，三角形的三内角观测值之和不等于其理论值 180°。根据式（7-1-1）可求得 601 个三角形的内角和的真误差（又称为三角形的闭合差）Δ_i。现将 601 个真误差分成正误差和负误差两类，并分别按绝对值大小，从小到大排序。最后，取误差区间为 2″，统计落在各区间的正负误差的个数 n_i 和真误差落在某区间这一事件的频率 n_i/N，N 为真误差总数。统计结果见表 7-2-1。

表 7-2-1　　　　　　　　　　　偶然误差分布表

误差区间 (″)	正误差		负误差		合　计	
	个数 n_i	频率 $f_i = n_i/N$	个数 n_i	频率 $f_i = n_i/N$	个数 n_i	频率 $f_i = n_i/N$
0~2	120	0.200	123	0.205	243	0.405
2~4	89	0.148	87	0.145	176	0.293
4~6	46	0.077	48	0.080	94	0.157
6~8	30	0.050	29	0.048	59	0.098
8~10	12	0.020	14	0.023	26	0.043
10~12	2	0.003	1	0.002	3	0.005
12″以上	0	0.000	0	0.000	0	0.000
∑	299	0.498	302	0.502	601	1

从表 7-2-1 的实验数据可得出偶然误差的下列特性：
(1)在一定的观测条件下，偶然误差的绝对值不会超过一定的限值。
(2)绝对值小的偶然误差，比绝对值大的偶然误差出现的可能性大。
(3)绝对值相等符号相反的偶然误差，出现的可能性相等。
(4)当观测次数无限增多时，偶然误差的算术平均值趋近于零，即：

$$\lim_{n \to \infty} \frac{[\Delta]}{n} = 0 \tag{7-2-1}$$

式中，$[\Delta]$ 为真误差代数和，即 $[\Delta] = \Delta_1 + \Delta_2 + \Delta_3 + \cdots + \Delta_n = \sum_{i=1}^{n} \Delta_i$。符号 $[\ ]$ 为高斯求和符号，等价于数学中的 $\sum$。

由特性(3)可以推出特性(4)：在相同条件下，对同一量进行多次观测所产生的偶然误差中，由于数值相等的正、负误差可能有同样多个，取其总和时就可能相互抵消，即各个误差的代数和有趋于零的趋势。观测次数越多，这一判断越可靠。

为了直观地表示偶然误差的正负和大小的分情况，可以根据表 7-2-1 的数据作图 7-2-1。图中以横坐标表示误差的正负和大小，以纵坐标表示误差出现于各区间的频率 (n_i/N) 除以区间(d)，每一区间按纵坐标画成矩形小条，则每一小条的面积代表误差出现于该区间的频率，而各小条的面积总和等于 1。该图在统计学上称为频率直方图。

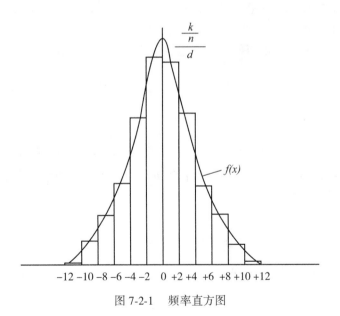

图 7-2-1 频率直方图

若误差的个数无限增大($n \to \infty$)，同时又无限缩小误差区间 d，则图 7-2-1 中各小长条的顶边的折线就逐渐成为一条光滑的曲线。该曲线在概率论中称为正态分布曲线或称为误差分布曲线，它完整地表示了偶然误差出现的概率 P。即当 $n \to \infty$ 时，上述误差区间内误差出现的频率趋于稳定，成为误差出现的概率。

正态分布曲线的数学方程式为：

$$f(\Delta) = \frac{1}{\sqrt{2\pi}\sigma} e^{-\frac{\Delta^2}{2\sigma^2}} \tag{7-2-2}$$

式中，σ 为标准差，σ^2 为方差。

方差为偶然误差平方的理论平均值：

$$\sigma^2 = \lim_{n \to \infty} \frac{\Delta_1^2 + \Delta_2^2 + \cdots + \Delta_n^2}{n} = \lim_{n \to \infty} \frac{[\Delta^2]}{n} \tag{7-2-3}$$

因此，标准差为：

$$\sigma = \lim_{n \to \infty} \sqrt{\frac{[\Delta^2]}{n}} = \lim_{n \to \infty} \sqrt{\frac{[\Delta\Delta]}{n}} \tag{7-2-4}$$

为了方便起见，σ 常取正值。

由上式可知，标准差的大小取决于在一定的条件下偶然误差出现的绝对值的大小。由于在计算标准差时取各个偶然误差的平方和，因此，当出现有较大绝对值的偶然误差时，在标准差中会反应明显。

第三节 评定精度的指标

精度就是测量值与真值的精确程度或者说是精密程度。测量结果的误差小，则其精度高；误差大，则其精度低。实质上精度也是通过误差来表达的。在相同的观测条件下，对某一个量所进行的一组观测，由于各个观测是独立的，可以认为其误差产生的机会均等。因此，观测结果也具有同样的可靠程度。也就是说，它们的精度属同一等级，又称为等精度观测。

一、中误差

在评定精度时，只须计算出误差所对应的标准差 σ 的值。然而式(7-2-3)只有理论意义，因为观测次数 n 不可能无限增加，故标准差难以求得。在测量工作中，观测次数 n 总是有限的，只能求得标准差的"近似值"，用 m 表示，称为中误差。

$$m = \sqrt{\frac{[\Delta\Delta]}{n}} \tag{7-3-1}$$

式中，$[\Delta\Delta] = \Delta_1^2 + \Delta_2^2 + \cdots + \Delta_n^2 = \sum_{i=1}^{n} \Delta_i^2$，$\Delta_i (i = 1, 2, \cdots, n)$ 为一组同精度观测误差。

必须指出，在相同的观测条件下对某个量进行的一组独立观测，得出的每一观测值称为同精度观测值(又称等精度观测值)。如前所述，它们具有相同的中误差 m。但是，一组同精度观测值的真误差却彼此并不相等，有的差异还比较大，这是由于真误差具有偶然误差性质的缘故。

【例 7-3-1】 设对某个三角形用两种不同的精度分别对它进行了 10 次观测，求得每次观测所得的三角形内角和的真误差为：

第一组：+3″，-2″，-4″，+2″，0″，-4″，+3″，+2″，-3″，-1″；

第二组：0″，-1″，-7″，+2″，+1″，+1″，-8″，0″，+3″，-1″。
计算这两组观测值的中误差。

$$m_1 = \sqrt{\frac{[\Delta\Delta]}{n}} = \sqrt{\frac{3^2+2^2+4^2+2^2+0^2+4^2+3^2+2^2+3^2+1^2}{10}} = 2.7''$$

$$m_2 = \sqrt{\frac{[\Delta\Delta]}{n}} = \sqrt{\frac{0^2+1^2+7^2+2^2+1^2+1^2+8^2+0^2+3^2+1^2}{10}} = 3.6''$$

比较 m_1 和 m_2 的值可知，第一组观测值精度较第二组观测值精度高，这是因为第一组观测值的真误差虽然比较大，但比较集中，所以精度高；而第二组观测值的真误差绝对值之和与第一组相等，但出现了两个较大的误差-7″和-8″，误差比较分散，这说明观测条件差，故其结果的可靠性也就差一些，所以计算出来的中误差较大。因为中误差是经过平方后取平均数的，所以，它反映大误差的影响较为显著。

衡量精度的指标还有或是误差和平均误差。

或是误差：大于和小于某一误差且出现概率相等的真误差，叫作或是误差，用 ρ 表示。或是误差相当于一组真误差按绝对值大小顺序排列时，位于中间的那个误差。

平均误差：真误差绝对值的平均值，叫作平均误差，用 θ 表示。

我国现行测量规范都是采用中误差作为衡量标准的。

二、相对误差

在某些测量工作中，对观测值的精度仅用误差来衡量还不能正确反映出观测值的精度。例如丈量两条直线，一条长 100m，另一条长 1000m，它们的中误差都是 20mm。能不能说两者测量的精度相同呢？当然不能，因为量距的误差与其长度有关，显然后者比前者好。为了更好地加以比较，一般利用中误差与观测值的比值，即 m/L 来评定观测值的精度，这个比值称为相对中误差。相对中误差要写成分子为1的分数形式，即 $1/N$。上述两例为：

$$\frac{m_1}{L_1} = \frac{20}{100000} = \frac{1}{50000}, \quad \frac{m_2}{L_2} = \frac{20}{1000000} = \frac{1}{500000}$$

三、容许误差

容许误差又称限差。偶然误差的第一特性说明，在一定的观测条件下，偶然误差的绝对值不会超过一定的限度，那么这个值是多大呢？根据统计学的理论可知，大于中误差的真误差，出现的可能性约为 32%；大于两倍中误差的真误差，出现的可能性约为 5%；大于三倍中误差的真误差，出现的可能性只有 0.3%。因此，在测量中常取三倍或两倍中误差作为误差的限值，也就是测量中规定的容许误差，即：

$$\Delta_{容} = 3m \quad 或 \quad \Delta_{容} = 2m \tag{7-3-2}$$

第四节　误差传播定律

在测量工作中，许多量不是直接观测值，而是观测值的函数。因此其误差必然决定于这些独立观测值的误差。也就是说，存在着函数关系的观测值，它们的误差亦必然存在着某种函数关系。这种关系的数学表达式，通常叫作误差传播定律。

一、和、差函数的中误差

测量工作中，有着大量的具有和、差函数形式的间接观测量，如：测角中水平角为两个方向值之差；水准测量中一测站的高差为前、后视标尺读数之差；路线总高差为各测站高差之和；等等。

设有函数：

$$z = x \pm y \tag{7-4-1}$$

式中，x、y 为独立观测值，z 为它们的函数。

当 x、y 具有真误差 Δ_x、Δ_y 时，则函数 z 也会产生相应的真误差 Δ_z。由式(7-1-1)可得：

$$z + \Delta_z = (x + \Delta_x) \pm (y + \Delta_y)$$

考虑到式(7-4-1)则有：

$$\Delta_z = \Delta_x \pm \Delta_y \tag{7-4-2}$$

若对 x、y 都进行了 n 次等精度观测，则可得 n 个真误差关系式：

$$\left. \begin{array}{l} \Delta_{z1} = \Delta_{x1} \pm \Delta_{y1} \\ \Delta_{z2} = \Delta_{x2} \pm \Delta_{y2} \\ \cdots\cdots\cdots\cdots\cdots \\ \Delta_{zn} = \Delta_{xn} \pm \Delta_{yn} \end{array} \right\}$$

将以上各式两端平方，求其总和，再同除以 n，则有：

$$\frac{[\Delta_z \Delta_z]}{n} = \frac{[\Delta_x \Delta_x]}{n} + \frac{[\Delta_y \Delta_y]}{n} \pm 2\frac{[\Delta_x \Delta_y]}{n}$$

由偶然误差的特性(3)可知：Δ_x、Δ_y 数值相等、符号相反，出现的概率相等。因此它们的积 $\Delta_x \Delta_y$ 数值相等、符号相反，出现的概率也是相等的。根据特性(4)，当 $n \to \infty$ 时 $\frac{[\Delta_x \Delta_y]}{n} \to 0$。所以有：

$$\frac{[\Delta_z \Delta_z]}{n} = \frac{[\Delta_x \Delta_x]}{n} + \frac{[\Delta_y \Delta_y]}{n} \tag{7-4-3}$$

根据式(7-3-1)可知：

$$m_z = \sqrt{m_x^2 + m_y^2} \tag{7-4-4}$$

式中，m_z、m_x、m_y 分别为函数值 z 和观测值 x、y 的中误差。

【例 7-4-1】 在水平角观测中，水平角 α 为两方向值 β_1、β_2 之差。若每一方向值的中误差均为 $6''$，试求水平角 α 的中误差 m_α。

解：因为有 $\alpha = \beta_2 - \beta_1$，依据式(7-4-4) 可知：

$$m_\alpha = \sqrt{m_\beta^2 + m_\beta^2} = \sqrt{2} \times m_\beta = 8.4''$$

当 z 是一组独立观测值 $x_1, x_2, \cdots, x_n$ 的和或差函数，即：

$$z = x_1 \pm x_2 \pm \cdots \pm x_n \tag{7-4-5}$$

则有：

$$m_z^2 = m_1^2 + m_2^2 + \cdots + m_n^2 \tag{7-4-6}$$

若 $m_1 = m_2 = \cdots = m_n = m$，则式(7-4-6) 可写为：

$$m_z = m\sqrt{n} \tag{7-4-7}$$

【例 7-4-2】 在距离为 4km 的 A、B 两点间进行路线水准测量。共设 40 个测站，每测站的距离大致相等。若每测站的高差中误差 $m_{\text{站}}$ 均为 3mm，试求 A、B 两点间高差 h_{AB} 的中误差。

解：令各测站高差分别为 $h_1, h_2, h_3, \cdots, h_{40}$，其中误差为 $m_1, m_2, m_3, \cdots, m_{40}$。

$$h_{AB} = h_1 + h_2 + h_3 + \cdots + h_{40}$$

且有：

$$m_1 = m_2 = m_3 = \cdots = m_{40} = m_{\text{站}} = 3\text{mm}$$

根据式(7-4-7) 有：$m_{hAB} = m_{\text{站}}\sqrt{n} = 3\sqrt{40} = 19\text{mm}$

由此可以推知：在水准测量中，若各测站为等精度观测，则路线总高差的中误差与测站数的平方根成正比。即：

$$m_h = m_{\text{站}}\sqrt{n} \quad (n \text{ 为测站数}) \tag{7-4-8}$$

对于水准测量，由于水准路线总是沿较平坦的地面设置，故在估算水准测量的精度时，通常以路线长度为准。下面推导其相应的公式。

设水准路线全长为 S，共有 n 个测站，各测站距离为 d。于是 $S = nd$。代入式(7-4-8)，可得：

$$m_h = m_{\text{站}}\sqrt{n} = m_{\text{站}}\sqrt{\frac{S}{d}} = m_{\text{站}}\sqrt{\frac{1}{d}}\sqrt{S}$$

若将上式中的 $1/d$ 的分子"1"视为单位长度，则 S 变成不名数，而 $1/d$ 就是单位长度内的测站数，那么 $m_{\text{站}}\sqrt{\dfrac{1}{d}}$ 就是单位长度高差的中误差，通常以 μ 表示，即可写成：

$$\mu = m_{\text{站}}\sqrt{\frac{1}{d}} \tag{7-4-9}$$

所以有：

$$m_h = \mu\sqrt{S} \tag{7-4-10}$$

由此可知：水准测量路线高差的中误差与路线的长度平方根成正比。

由于水准路线长度大多是以千米为单位的，也就是说单位长度为 1km。所以式(7-4-10) 中，μ 通常是指每千米的高差中误差，S 则是路线的长度，以千米为单位。

【例7-4-3】 在长度为 K 千米的水准路线上进行往、返观测。已知每千米观测高差中误差为 μ，问往、返测高差的较差中误差多大？

解：按式（7-4-10）可知，K 千米路线观测高差中误差为：$m_h = \mu\sqrt{K}$。

设往、返测高差分别为 $h_{往}$、$h_{返}$，其较差为 $d = h_{往} - h_{返}$。所以有：

$$m_d^2 = m_{往}^2 + m_{返}^2 = \mu\sqrt{2K}$$

二、倍数函数

设有函数
$$z = kx$$

式中的 k 为常数，x 为独立观测值。若函数 z 和观测值 x 的真误差分别为 Δ_z、Δ_x，那么有：

$$\Delta_z = k\Delta_x \tag{7-4-11}$$

若对 x 进行了 n 次等精度观测，则有 n 个真误差关系式。各式平方后取其和并除以 n，则有：

$$\frac{[\Delta_z\Delta_z]}{n} = k^2\frac{[\Delta_x\Delta_x]}{n} \tag{7-4-12}$$

按中误差的定义，上式为 $m_z^2 = k^2 m_x^2$，或

$$m_z = k \cdot m_x \tag{7-4-13}$$

【例7-4-4】 在 1∶1000 比例尺地形图上，量得两点间的距离 s 为 120.2mm，其量测中误差 $m_s = 0.2$mm。求 s 相应的实地水平距离 D 及其中误差。

解：因为
$$D = 1000 \times s = 1000 \times 120.2\text{mm} = 120.2\text{m}$$

根据式（7-4-13）可知
$$m_D = 1000 \times m_s = 1000 \times 0.2\text{mm} = \pm 0.2\text{m}$$

三、线性函数的中误差

设有函数
$$z = k_1 x_1 \pm k_2 x_2 \pm \cdots \pm k_n x_n$$

式中，k_i 为常数，x_i 为独立观测值。

令 x_i 相应的中误差为 m_i，真误差为 Δ_i。则有：

$$\Delta_z = k_1\Delta_1 \pm k_2\Delta_2 \pm \cdots \pm k_n\Delta_n \tag{7-4-14}$$

由式（7-4-5）和式（7-4-11）可以推导出：

$$m_z^2 = k_1^2 m_1^2 + k_2^2 m_2^2 + \cdots + k_n^2 m_n^2 \tag{7-4-15}$$

【例7-4-5】 由视距公式 $D = kl$ 求距离时，若视距读数按上、下视距丝读数相减而得，即：$l = l_下 - l_上$，当 $k = 100$，视距丝读数中误差 $m = m_{l_下} = m_{l_上}$ 时，D 的中误差多大？如果采用半丝读数，其中误差又是多大？

解：因为 $D = kl = k(l_下 - l_上) = kl_下 - kl_上$，所以按式(7-4-15)可得：
$$m_D^2 = k^2(m_下^2 + m_上^2) = 2k^2m^2$$
即：
$$m_D = km\sqrt{2} = \pm 141\mathrm{m}。$$
若是半丝读数则 D 的中误差还可扩大一倍。

【例 7-4-6】 设有线性函数 $z = \frac{1}{7}x_1 + \frac{2}{7}x_2 + \frac{4}{7}x_3$。式中的 x_1, x_2, x_3 为独立观测值，其中误差分别为 $m_1 = 3\mathrm{mm}$, $m_2 = 2\mathrm{mm}$, $m_3 = 1\mathrm{mm}$，求 z 的中误差。

解：按式(7-4-15)，并将 x_1, x_2, x_3 的中误差代入后可得：
$$\begin{aligned} m_z^2 &= k_1^2 m_1^2 + k_2^2 m_2^2 + \cdots + k_n^2 m_n^2 \\ &= \left(\frac{1}{7} \times 3\right)^2 + \left(\frac{2}{7} \times 2\right)^2 + \left(\frac{4}{7} \times 1\right)^2 = 0.84 \end{aligned}$$
所以
$$m_z = 0.9\mathrm{mm}$$

四、非线性函数的中误差

设未知量 z 与独立观测量 x_1, x_2, $\cdots$, x_n 之间有如下的函数关系
$$z = f(x_1, x_2, \cdots, x_n) \tag{7-4-16}$$
并设观测值 x_1, x_2, $\cdots$, x_n 的中误差分别为 m_1, m_2, $\cdots$, m_n。当 x_i 有真误差 Δ_{x_i}时，函数 z 相应地产生真误差 Δ_z。这些真误差与对应的观测值相比是一个很小的量，由数学分析可知，变量的误差与函数的误差之间的关系，可用函数的全微分来近似地表达。求函数的全微分如下：
$$\mathrm{d}z = \frac{\partial f}{\partial x_1}\mathrm{d}x_1 + \frac{\partial f}{\partial x_2}\mathrm{d}x_2 + \cdots + \frac{\partial f}{\partial x_n}\mathrm{d}x_n \tag{7-4-17}$$
式中：$\frac{\partial f}{\partial x_i}\mathrm{d}x_i (i = 1, 2, \cdots, n)$ 是函数关于各变量 x_1, x_2, $\cdots$, x_n 的偏导数，若以观测值代入，则它们皆为常数，并以真误差的符号"Δ"替代微分符号"d"，即有：
$$\Delta z = \frac{\partial f}{\partial x_1}\Delta x_1 + \frac{\partial f}{\partial x_2}\Delta x_2 + \cdots + \frac{\partial f}{\partial x_n}\Delta x_n \tag{7-4-18}$$
上式可认为是线性函数，由公式(7-4-15)得：
$$m_z^2 = \left(\frac{\partial f}{\partial x_1}m_1\right)^2 + \left(\frac{\partial f}{\partial x_2}m_2\right)^2 + \cdots + \left(\frac{\partial f}{\partial x_n}m_n\right)^2 \tag{7-4-19}$$
式(7-4-19)可表示为一般函数的中误差的平方，等于该函数各观测值的偏导数与相应观测值中误差乘积的平方和，此式为误差传播定律的一般形式，其他形式的函数都可以认为是它的特例。于是，求非线性函数的中误差的方法可归纳为以下步骤：

（1）根据问题列出函数关系式：$z = f(x_1, x_2, \cdots, x_n)$；

（2）对函数求全微分 $\mathrm{d}z = \frac{\partial f}{\partial x_1}\mathrm{d}x_1 + \frac{\partial f}{\partial x_2}\mathrm{d}x_2 + \cdots + \frac{\partial f}{\partial x_n}\mathrm{d}x_n$，式中的$\frac{\partial f}{\partial x_i}\mathrm{d}x_i (i = 1, 2, \cdots, n)$

可以用观测值代入求得其值。

（3）用中误差符号代替微分符号，写出函数中误差与观测值中误差之间的关系式：

$$m_z^2 = \left(\frac{\partial f}{\partial x_1}m_1\right)^2 + \left(\frac{\partial f}{\partial x_2}m_2\right)^2 + \cdots + \left(\frac{\partial f}{\partial x_n}m_n\right)^2$$

【例7-4-7】 已知一条边长 $D = 200 \pm 0.02\text{m}$，该边坐标方位角 $\alpha = 52°46'40'' \pm 20''$。试求纵横坐标增量的中误差。

解：由坐标增量公式知，纵坐标增量公式为 $\Delta x = D \cdot \cos\alpha$，全微分得

$$\text{d}(\Delta x) = \frac{\partial f}{\partial D} \cdot \text{d}D + \frac{\partial f}{\partial \alpha}\text{d}\alpha = \cos\alpha \cdot \text{d}D - D \cdot \sin\alpha \cdot \frac{\text{d}\alpha''}{\rho''}$$

将微分式写成中误差式并求出函数中误差，得：

$$\begin{aligned}m_{\Delta x}^2 &= (\cos\alpha \cdot m_D)^2 + \left(D \cdot \sin\alpha \cdot \frac{m_\alpha}{\rho}\right)^2 \\ &= (\cos(52°46'40'') \times 0.02)^2 + (200 \times \sin(52°46'40'') \times 20/206265)^2 \\ &= 3.84 \times 10^{-4}\end{aligned}$$

所以 $\qquad\qquad\qquad\qquad m_{\Delta x} = 0.02\text{m}$

仿照上面可推出横坐标增量的中误差。

第五节　算术平均值及其中误差

设在相同的条件下对未知量观测了 n 次，观测值为 $L_1, L_2, \cdots, L_n$，由于误差的存在导致每次结果不会完全相同。因此，我们下面就讨论如何根据这 n 个观测值确定出该未知量的最或然值。

一、算术平均值

设未知量的真值为 X，则有真误差：

$$\left.\begin{aligned}\Delta_1 &= L_1 - X \\ \Delta_2 &= L_2 - X \\ &\cdots\cdots\cdots\cdots \\ \Delta_n &= L_n - X\end{aligned}\right\}$$

将上面各式相加 $\Delta_1 + \Delta_2 + \cdots + \Delta_n = (L_1 + L_2 + \cdots + L_n) - nX$

或者写为 $\qquad\qquad\qquad [\Delta] = [L] - nX$

于是有 $\qquad\qquad\qquad X = \dfrac{[L]}{n} - \dfrac{[\Delta]}{n}$ \hfill (7-5-1)

由上式可知，当 $n \to \infty$ 时，根据偶然误差的第四个性质有 $\lim\limits_{n\to\infty}\dfrac{[\Delta]}{n} = 0$，于是观测值的算术平均值 (x) 为：

$$x = \frac{[L]}{n} \to X \tag{7-5-2}$$

上式表明，对一个量进行等精度观测 n 次，当 $n \to \infty$ 时，一个量的观测值的算术平均值就是该量的最可靠值。但在实际工作中，观测次数总是有限的，平均值 x 只能接近真值 X，并随着观测次数的增加而渐渐趋近。因此，不管观测次数多少，算术平均值 x 作为未知量的最或是值（或称最或然值）会比任何观测值都接近真值。

二、算术平均值的中误差

根据算术平均值的计算公式(7-5-2)可知：

$$x = \frac{[L]}{n} = \frac{L_1 + L_1 + \cdots + L_1}{n} = \frac{L_1}{n} + \frac{L_2}{n} + \cdots + \frac{L_n}{n} \tag{7-5-3}$$

由于是等精度观测，各观测值的中误差均为 m，n 为常数，若以 m_x 表示平均值的中误差，则按线性函数中误差计算公式(7-4-15)，有：

$$m_x^2 = n \times \left(\frac{1}{n^2} \times m^2\right)$$

即：
$$m_x = \frac{m}{\sqrt{n}} \tag{7-5-4}$$

也就是说，算术平均值的中误差是观测值中误差的 $\frac{1}{\sqrt{n}}$ 倍。那么是不是观测次数越多越好呢？这就要进行分析。

设观测值的精度 $m = 1$。当 n 取不同的值时对应的算术平均值的中误差 m_x 如表 7-5-1 所示。

表 7-5-1　　　　算术平均值的中误差 m_x 与观测次数 n 之间关系表

n	1	2	3	4	5	6	10	20	30	40	50	100
m_x	1.00	0.71	0.58	0.50	0.45	0.41	0.32	0.22	0.18	0.16	0.14	0.10

由表 7-5-1 可以看出，随着 n 的增大，m_x 值不断减少，即 x 的精度不断提高。但是，当观测次数增加到一定的数目以后，再增加观测次数，精度就提高得很少。例如，当观测次数由 5 次增加到 20 次时，精度增加了一倍。而观测次数由 20 次增加到 100 次，精度也只能增加一倍。由此可见，要提高最或然值的精度，单靠增加观测次数是不经济的，也是没有必要的。

三、用改正数计算等精度观测值的误差

我们已知，若被观测量的真值已知，就能求出观测值的真误差，从而按照 $m = $

$\sqrt{\dfrac{[\Delta\Delta]}{n}}$ 求得观测值的中误差。但许多未知量的真值往往是不知道的，真误差也就无法求出。因此无法直接按上式计算中误差。实际工作中往往是按如下公式计算观测值的中误差的。

对某一量进行了一组等精度观测值，虽然不知道它的真值，但可以按式(7-5-2)求出其算术平均值(最或然值)x，然后根据观测值求出它的改正数v：

$$v_i = x - L_i \quad (i = 1, 2, \cdots, n) \tag{7-5-5}$$

从而可以利用改正数v来评定观测值的精度。下面推导其计算公式。

将上式与式(7-1-1)相减，得

$$-\Delta_i = v_i + (X - x) \quad (i = 1, 2, \cdots, n)$$

上式两边平方并求和，得

$$[\Delta\Delta] = [vv] + 2[v](X - x) + n(X - x)^2$$

等式两边除以n，并顾及$[v] = 0$，则有

$$\frac{[\Delta\Delta]}{n} = \frac{[vv]}{n} + (X - x)^2 \tag{7-5-6}$$

式中：

$$(X - x)^2 = \left(X - \frac{[l]}{n}\right)^2 = \frac{1}{n^2}(nX - [l])^2$$

$$= \frac{1}{n^2}(X - l_1 + X - l_2 + \cdots + X - l_n)^2$$

$$= \frac{1}{n^2}(\Delta_1 + \Delta_2 + \cdots + \Delta_n)^2$$

$$= \frac{[\Delta\Delta]}{n^2} + \frac{2(\Delta_1\Delta_2 + \Delta_1\Delta_3 + \cdots + \Delta_{n-1}\Delta_n)}{n^2}$$

根据偶然误差的特性，当$n \to \infty$时，上式等号右边的第二项趋近于零，故

$$(X - x)^2 = \frac{[\Delta\Delta]}{n^2}$$

代入式(7-5-6)，得：

$$\frac{[\Delta\Delta]}{n} = \frac{[vv]}{n} + \frac{[\Delta\Delta]}{n^2}$$

根据中误差的定义，于是

$$m^2 = \frac{[vv]}{n} + \frac{m^2}{n}$$

即有

$$m = \sqrt{\frac{[vv]}{n - 1}} \tag{7-5-7}$$

上式即为一组等精度观测值中误差的计算公式。下面总结其计算步骤：

(1) 根据式(7-5-2)计算一组等精度观测值的算术平均值；

(2) 根据式(7-5-5)计算每个观测值对应的改正数；

(3) 将改正数的平方相加求和，然后根据式(7-5-7)计算中误差。

【例 7-5-1】 用经纬仪对某角等精度观测了6个测回，其观测值列于表 7-5-2，试求该角的最或然值、观测值的中误差和算术平均值的中误差。

表 7-5-2 　　　　　　　　　　某角等精度观测的观测值

测回	观测值	改正数 v	vv	计　　算
1	136　10　30	−4	16	
2	136　10　26	0	0	$x = \dfrac{[L]}{n} = 136°10'26''$
3	136　10　28	−2	4	
4	136　10　24	+2	4	$m = \sqrt{\dfrac{[vv]}{n-1}} = \sqrt{\dfrac{34}{6-1}} = 2.6''$
5	136　10　25	+1	1	
6	136　10　23	+3	9	$m = \dfrac{m}{\sqrt{n}} = \dfrac{2.6}{\sqrt{6}} = 1.1''$
Σ		0	34	

思考题与习题

1. 研究测量误差的目的和意义是什么？

2. 观测误差的来源有哪些？观测中能不能绝对避免出现误差？为什么？

3. 根据误差的性质，可以将观测误差分成哪几类？它们之间有何区别？

4. 偶然误差有哪些特性？

5. 下列误差中哪些属于偶然误差？哪些属于系统误差？如何减弱或消除？

(1) 钢尺尺长误差，对所量距离的影响。

(2) 经纬仪 2C 差，对方向(角度)值的影响。

(3) 水准尺 i 角误差对标尺读数的影响。

(4) 瞄准目标不准确产生的误差对读数的影响。

(5) 观测时估读不准确产生的误差对观测值的影响。

6. 衡量精度的指标有哪些？

7. 中误差的定义是什么？叙述计算一组观测值中误差的步骤。

8. 在水准测量中，设每站的观测中误差为±5mm，若从已知点到待定点一共测了10站，试求其高程中的误差。

9. 什么叫作极限误差？容许误差与极限误差有何区别？

10. 为求得一正方形建筑物的周长，可采用以下两种方法：

(1) 丈量其中一条边长，然后乘以4；

(2) 丈量所有四条边长，然后相加。

设丈量各条边长的中误差均为±4cm，试求两种方法所得周长的中误差。

11. 已知正方形边长为 100m，边长测量误差为 ±5cm，试求四边形面积的误差。

12. 对某直线丈量了 6 次，其结果为 264.535m、264.548m、264.520m、264.529m、264.500m、264.537m，试计算其算术平均值、算术平均值的中误差和相对中误差。

13. 某一个三角网分别由两个作业组进行观测，各组测得的三角形闭合差为：

第一组：$-5''$，$+2''$，$+9''$，$-3''$，$-8''$，$+5''$，$+2''$

第二组：$-4''$，$-13''$，$-9''$，$0''$，$-4''$，$-3''$，$+1''$

试计算两组观测值的中误差，并比较哪一组精度更高。

附录一 1∶500 1∶1000 1∶2000 地形图图式(GB/T 20257.1—2017)部分符号与注记

编号	符号名称	符号式样			符号细部图	多色图色值
		1∶500	1∶1000	1∶2000		
4.1 4.1.1	定位基础 　三角点 　a.土堆上的张湾岭、黄土岗—— 　点名 　156.718、203.623——高程 　5.0——比高		3.0 △ $\dfrac{张湾岭}{156.718}$ a　5.0 △ $\dfrac{黄土岗}{203.623}$			K100
4.1.2	小三角点 　a.土堆上的 　摩天岭、张庄—— 　点名 　294.91、156.71—— 　4.0——比高		3.0 ▽ $\dfrac{摩天岭}{294.91}$ a　4.0 ▽ $\dfrac{张庄}{156.71}$			K100
4.1.3	导线点 　a.土堆上的 　I16、I23——等级、 　点号 　84.46、94.40—— 　2.4——比高		2.0 ⊙ $\dfrac{I16}{84.46}$ a　2.4 ⊙ $\dfrac{I23}{94.40}$			K100
4.1.4	埋石图根点 　a.土堆上的 　12、16——点号 　275.46、174.64—— 　高程 　2.5——比高		2.0 ⌖ $\dfrac{12}{275.46}$ a　2.5 ⌖ $\dfrac{16}{175.64}$			K100
4.1.5	不埋石图根点 　19——点号 　84.47——高程		2.0 □ $\dfrac{19}{84.47}$			K100

附录一 1:500 1:1000 1:2000 地形图图式(GB/T 20257.1—2017)部分符号与注记

续表

编号	符号名称	符号式样 1:500	符号式样 1:1000	符号式样 1:2000	符号细部图	多色图色值
4.1.6	水准点 Ⅱ——等级 京石5——点名点号 32.805——高程	2.0	⊗ Ⅱ京石5/32.805			K100
4.1.7	卫星定位连续运行站点 14——点号 495.266——高程	3.0	⟁ 14/495.266			K100
4.1.8	卫星定位等级点 B——等级 14——点号 495.263——高程	3.0	⟁ B14/495.263			K100
4.1.9	独立天文点 照壁山——点名 24.54——高程	4.0	☆ 照壁山/24.54			K100
4.2	水系					
4.2.1	地面河流 a.岸线(常水位岸线、实测岸线) b.高水位岸线(高水界) 清江——河流名称		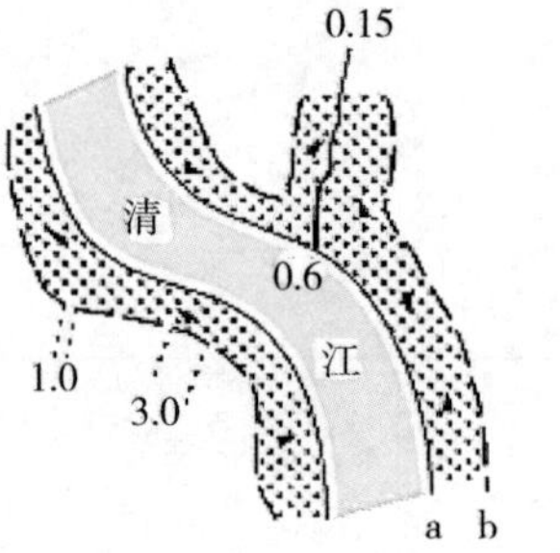 (河流图示 0.15 清 0.6 江 1.0 3.0 a b)			a.C100 面色 C10 b. M40Y100 K30
4.2.2	地下河段及水流出入口 a.不明流路的地下河段 b.已明流路的地下河段 c.水流出入口		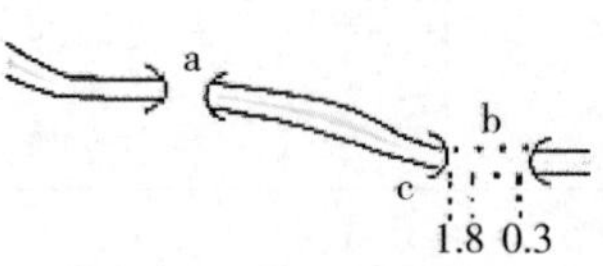 (图示 a b c 1.8 0.3)		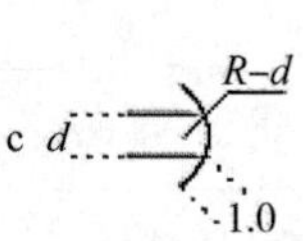 c d R-d 1.0	C100 面色 C10
4.2.3	消失河段		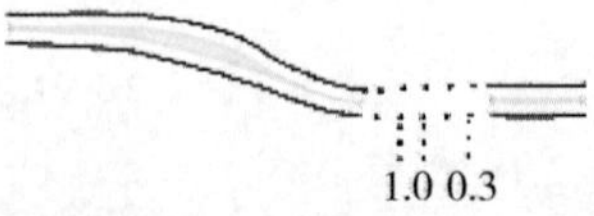 (图示 1.0 0.3)			C100 面色 C10
4.2.4	时令河 a.不固定水涯线 (7-9)——有水月份		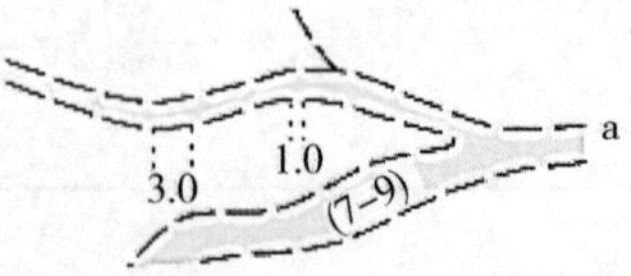 (图示 1.0 3.0 (7-9) a)			C100 面色 C10

208

附录一 1∶500 1∶1000 1∶2000 地形图图式(GB/T 20257.1—2017)部分符号与注记

续表

编号	符号名称	符号式样 1∶500	符号式样 1∶1000	符号式样 1∶2000	符号细部图	多色图色值
4.2.5	干河床(干涸河)					M40Y100 K30
4.2.6	运河			0.25		C100 面色C10
4.2.7	沟渠 a.低于地面的 b.高于地面的 c.渠首					C100 面色C10
4.2.8	沟堑 a.已加固的 b.未加固的 2.6——比高					K00
4.3	居民地及设施					
4.3.1	单幢房屋 a.一般房屋 b.裙楼 b1.楼层分割线 c.有地下室的房屋 d.简易房屋 e.突出房屋 f.艺术建筑 混、钢——房屋结构 2、3、8、28——房屋层数 (65.2)——建筑高度 -1——地下房屋层数					K100

附录一 1∶500 1∶1000 1∶2000地形图图式(GB/T 20257.1—2017)部分符号与注记

续表

编号	符号名称	符号式样			符号细部图	多色图色值
		1∶500	1∶1000	1∶2000		
4.3.2	建筑中房屋	建 2.0 1.0				K100
4.3.3	棚房 a.四边有墙的 b.一边有墙的 c.无墙的	a 1.0 b 1.0 c 1.0 1.0 0.5				K100
4.3.4	破坏房屋	破 2.0 1.0				K100
4.3.5	架空房、吊脚楼 4——楼层 3——架空楼层 /1、/2——空层层数	砼4 砼3/2 砼4 2.5 0.5		4 3/1 2.5 0.5		K100
4.3.6	廊房(骑楼)、飘楼 a.廊房 b.飘楼	a 混3 1.0 3.5 0.5		b 混3 2.5 0.5		K100
4.3.7	窑洞 a.地面上的 　a1.依比例尺的 　a2.不依比例尺的 　a3.房屋式的窑洞 b.地面下的 　b1.依比例尺的 　b2.不依比例尺的	a a1 ⌒ a2 ⌒ a3 ⌒ b b1 ⌒ b2 ⌒			2.0 0.8 1.6	K100
4.4	交通					

续表

编号	符号名称	符号式样			符号细部图	多色图色值
		1∶500	1∶1000	1∶2000		
4.4.1	标准轨铁路 a.地面上的 　a1.电杆 b.高架的 c.高速的 　c1.高架的 d.建筑中的	1∶500　1∶1000图： 1∶2000图：				K100
4.4.2	窄轨铁路					K100
4.4.3	火车站及附属设施 a.站台 　a1.有雨棚的 　a1.雨棚支柱 　a2.露天的 b.地道 c.天桥 　c1.封闭的 　c2.露天的 d.信号灯、柱 　d1.矮柱 　d2.高柱 e.臂板信号灯 f.水鹤 g.机车转盘 h.车挡					K100

附录一 1:500 1:1000 1:2000 地形图图式(GB/T 20257.1—2017)部分符号与注记

续表

编号	符号名称	符号式样 1:500	符号式样 1:1000	符号式样 1:2000	符号细部图	多色图色值
4.4.4	高速公路 　a.隔离带 　b.临时停车点 　c.建筑中的					K100
4.5	管线					
4.5.1 4.5.1.1 4.5.1.2 4.5.1.3	高压输电线 　架空的 　　a.电杆 　　35——电压(kV) 　地面下的 　　a.电缆标 　输电线入地口 　　a.依比例尺的 　　b.不依比例尺的					K100
4.5.2 4.5.2.1 4.5.2.2 4.5.2.3	配电线 　架空的 　　a.电杆 　地面下的 　　a.电缆标 　配电线入地口					K100
4.5.3 4.5.3.1 4.5.3.2 4.5.3.3 4.5.3.4 4.5.3.5 4.5.3.6	电力线附属设施 　电杆 　电线架 　电线塔(铁塔) 　　a.依比例尺的 　　b.不依比例尺的 　电缆标 　电缆交接箱 　电力检修井孔					K100

附录一 1∶500 1∶1000 1∶2000地形图图式(GB/T 20257.1—2017)部分符号与注记

续表

编号	符号名称	符号式样 1∶500	符号式样 1∶1000	符号式样 1∶2000	符号细部图	多色图色值
4.5.4	变电室(所) a.室内的 b.露天的	a		b 3.2 1.6	0.8 / 1.2 / 30° / 1.0 60° / 60° / 1.0	K100
4.5.5	变压器 a.依比例尺的 b.不依比例尺的	a		b	1.5 1.0 ⬛ 0.5	K100
4.5.6.1 4.5.6.2	地面上的 a.电杆 地面下的 a.电缆标	a 1.0 0.5 8.0 a 8.0 1.0 4.0				K100
4.6	境界					
4.6.1	国界 a.已定界和界桩、界碑及编号 b.未定界	2号界碑 a 1.3 4.5 4.5 · 0.75 b 4.5 4.5 1.6			⊙ ·· 0.3 1.3	K100
4.6.2	省级行政区界线和界标 a.已定界 b.未定界 c.界标	a c 0.6 4.5 4.5 1.0 b 1.5 4.5			⊙ ·· 0.3 1.3	K100
4.6.3	特别行政区界线	0.5 1.0 3.5 4.5				K100
4.6.4	地级行政区界线 a.已定界和界标 b.未定界	a 0.5 3.5 1.0 4.5 1.0 1.5 b 0.5 3.5 4.5				K100
4.6.5	县级行政区界线 a.已定界和界标 b.未定界	a 0.4 3.5 4.5 b 0.4 3.5 1.5 4.5				K100

附录一 1∶500 1∶1000 1∶2000地形图图式(GB/T 20257.1—2017)部分符号与注记

续表

编号	符号名称	符号式样 1∶500	符号式样 1∶1000	符号式样 1∶2000	符号细部图	多色图色值
4.6.6	乡、镇级界线 a.已定界 b.未定界					K100
4.6.7	村界					K100
4.6.8	特殊地区界线					K100
4.6.9	开发区、保税区界线					M100
4.6.10	自然、文化保护区界线					M100
4.7	地貌					
4.7.1	等高线及其注记 a.首曲线 b.计曲线 c.间曲线 d.助曲线 e.草绘等高线 25——高程					M40Y100 K30
4.7.2	示坡线					M40Y100 K30

附录一 1∶500 1∶1000 1∶2000地形图图式(GB/T 20257.1—2017)部分符号与注记

续表

编号	符号名称	符号式样 1∶500	符号式样 1∶1000	符号式样 1∶2000	符号细部图	多色图色值
4.7.3	高程点及其注记 1520.3、15.3—— 高程	0.5 · 1520.3		· −15.3		K100
4.7.4	比高点及其注记 6.3,20.1,3.5——比高	0.5 · 6.3	20.1 ⊥	3.5		与所表示的地物用色一致
4.7.5	特殊高程点及其注记 洪113.5——最大洪水位高程 1986.6——发生年月		1.6 ⊙ 洪113.5 / 1986.6			K100
4.7.6 4.7.6.1	水下等值线及注记点 采用1985国家高程基准的水下高程 a.水下高程(实测高程)注记 b.水下等高线 b1.首曲线 b2.计曲线 b3.间曲线 b4.当地平均海水面 −3、−5——高程	a 2.5 b b1 0.15 b2 0.3 b3 0.15 b4 0.3	−3 −5 9.0 1.0 平均海水面			C100
4.8	植被与土质					
4.8.1	稻田 a.田埂	0.2 a 2.5	10.0 10.0		30° 1.0	C100Y100 a.K100
4.8.2	旱地	1.3 2.5 ⊥⊥ ⊥⊥	10.0 10.0			C100Y100
4.8.3	菜地	⊻ ⊻ ⊻ 10.0			2.0 0.1−0.3 1.0 2.0 1.0	C100Y100
4.8.4	水生作物地 a.非常年积水的 菱——品种名称	10.0 ⊻ ⊻ ⊻ 菱 10.0 ⊻	a	⊻ ⊻ 菱 ⊻ 3.0 1.0	0.1−0.3 1.0 ⊻ 3.0	C100Y100

附录一 1:500 1:1000 1:2000地形图图式(GB/T 20257.1—2017)部分符号与注记

续表

编号	符号名称	符号式样 1:500	1:1000	1:2000	符号细部图	多色图色值
4.8.5	台田、条田		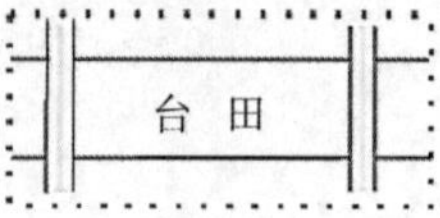 台田			C100
4.8.6	园地 经济林 a.果园 b.桑园 c.茶园 d.橡胶园	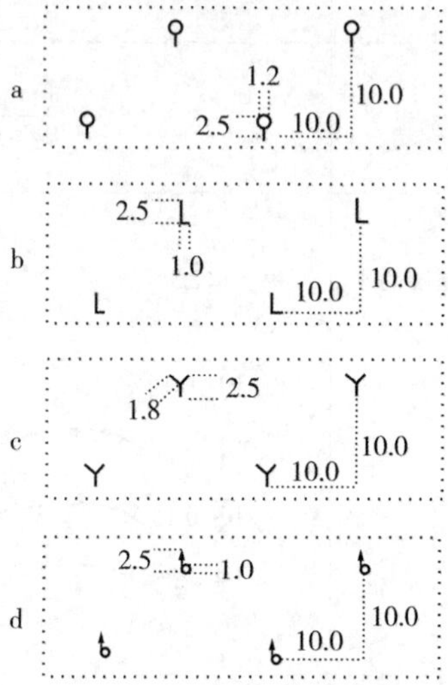 a 1.2 2.5 10.0 b 2.5 1.0 L 10.0 10.0 c 1.8 Y 2.5 Y 10.0 d 2.5 1.0 10.0 10.0				C100Y100
4.9.1	居民地名称注记					
4.9.1.1	地级以上政府驻地	**唐山市** 粗等线体(7.5)				K100
4.9.1.2	县级(市、区)政府驻地、(高新技术)开发区管委会	**安吉县** 粗等线体(6.0)				K100
4.9.1.3	乡镇级、国有农场、林场、牧场、盐场、养殖场	南坪镇 正等线体(5.0)				K100
4.9.1.4	村庄(外国村、镇) a.行政村,外国村、镇,主要集、场、街、圩、坝 b.村庄	a 甘家寨 正等线体(4.5) b 李家村　张家庄 仿宋体(3.5　4.5)				K70

216

续表

编号	符号名称	符号式样			符号细部图	多色图色值
		1∶500	1∶1000	1∶2000		
4.9.2 4.9.2.1	各种说明注记 居民地名称说明注记 　a.政府机关 　b.企业、事业、工矿、农场 　c.高层建筑、居住小区、公共设施	a　　　市民政局 　　　宋体(3.5) b　日光岩幼儿园　兴隆农场 　　宋体(2.5 3.0) c　二七纪念塔　兴庆广场 　　宋体(2.5~3.5)				K100
4.9.2.2	性质注记	砼　松　咸 细等线体(2.0 2.5)				与相应地物符号颜色一致
4.9.2.3	其他说明注记 　a.控制点点名 　b.其他地物说明	a　　张湾岭 　　细等线体(3.0) b　八号主井　　自然保护区 　　细等线体(2.0~3.5)				与相应地物符号颜色一致
4.9.3 4.9.3.1	地理名称注记 　海、海湾、江、河、运河、渠、湖、水库等水系	延河　　　渭河 左斜宋体 (2.5 3.0 3.5 4.5 5.0 6.0)			15°	C100
4.9.3.2 4.9.3.2.1	地貌 　山名、山梁、山峁、高地等	九顶山　　骊山 正等线体(3.5 4.0)				K100
4.9.3.2.2	其他地理名称（沙地、草地、干河床、沙滩等）	铜鼓角　　太阳岛 宋体(2.0 3.0 3.5)				K100

附录二　清华山维 EPS2016 操作指导

　　清华山维地理信息工作站基础平台(EPS)是北京清华山维新技术开发有限公司研发的一款专业面向测绘生产及基础地理信息行业的软件。该软件从测绘与地理信息角度构建数据模型，综合 CAD(计算机辅助设计，图形绘制平台)技术与 GIS(地理信息系统，空间数据管理)技术，以数据库为核心，将图形和属性融为一体，从数据生产源头支持测绘的信息化转变。

　　EPS 平台支持各种测绘数据绘图并入库。在外业采集时，测绘成果可随手入库，需要编辑更新时可随时下载，不需要转换，只需迁移，用户可方便地实现测量外业、内业、入库一体化。平台系统采用全新架构，进而实现信息化测绘、管理与更新一体化，建库 GIS 与出图一体化，用一个平台解决测绘各种问题。

　　软件所支持的测绘数据包括常规控制测量、地形测量、地籍测量、不动产测绘、管线勘测、工程放样、沉降观测，同时包括 DOM、DEM、DSM 等多种类型影像数据，以及近年来流行的倾斜摄影立体模型、雷达三维激光数据点云等数据。所有数据均可直接在 EPS 平台上实现采集数据、编辑、监理入库一体化。平台可与国内外常用数据格式双向转换，还能同 JX4、VirtuoZo、MapMatrix 等软件进行数据双向衔接；可以采集后导入 EPS 平台编辑入库，也可双屏实时连接工作。EPS 平台中航测数据可直接更新 GIS 库；或者随时从 GIS 库中下载数据，进行更新采集编辑、监理检查后直接入库更新 GIS 数据(包括 SuperMap、ArcGIS、SunwayGIS)。

　　清华山维 EPS2016 的主要特点：

　　(1)具有常规控制测量、地形测量、地籍测量、不动产测绘、管线勘测、工程放样、沉降观测等数据和绘图处理功能，以及成果入库功能。

　　(2)具有航摄影像立体数据采集(垂直摄影、倾斜摄影)、雷达三维激光数据点云数据采集处理功能，以及成果入库功能。

　　(3)可读入流行的各种图形数据及地理数据，如 DWG、SHP、DGN、MIF、E00、ARCGISMDB、VCT 等格式的数据，并支持双向对照转换，或提供定制输出 DWG，以及 SHP 文件。

　　(4)支持不同种类、不同数学基础、不同尺度的数据通过工作空间集成；支持跨服务器、跨区域数据集成。

　　(5)提供除点、线、面、注记的基本绘图编辑功能外，还提供大量专业功能如随手绘、曲线注记、嵌入 office 文档、图形与属性一体化编辑并提供悬挂点处理、拓扑构面等批量处理功能。

　　(6)提供的常用工具有选择过滤、查图导航、数据检查、空间量算、查询统计、坐标转换、脚本定制等。

　　(7)提供了独特的模板选择与定制功能。模板中定义了数据的分类编码、分层、颜色、线型、图例库、比例尺、坐标系统、属性数据结构、图幅分幅方案、数据输入输出转换对照等有关的内容，方便作业人员绘图。

一、清华山维 EPS 工作台及软件界面

1. 工作台界面及设置
1）工作台界面

由于 EPS 是一个集成了诸多功能软件模块的工作站，每个功能软件模块具有不同的软件界面，我们可以把它看作一个功能独立的工作平台。

图 1-1 是启动 EPS2016 后的工作站界面。

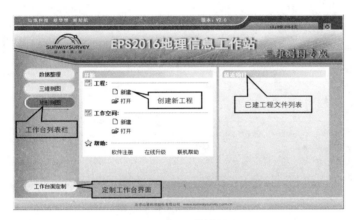

图 1-1　EPS 工作站界面

界面左侧显示的是"工作台列表栏"。EPS 为了图面简洁，将每个功能软件模块定义为工作台。不同的工作台对应不同的工作项目，好处是将庞大而复杂的工作站简单化，使得界面具有针对性，方便用户使用。

界面最右侧是"最近项目"列表栏，显示已创建的工程文件名，可以单击打开。

界面左下角为"工作台面定制"，点击该按钮弹出"工作台面定制"对话框，如图 1-2 所示。下面介绍如何定制"地形测图工作台"界面。

图 1-2　地形图测图工作台定制

2)工作台面定制

单击"增加",在"请输入新方案名称"编辑框中输入"地形测图"后按【确定】。然后勾选软件模块名称列表框中"编辑平台""脚本处理""数据转换""地模处理""外业测图""数据质检"。最后按【确定】返回到工作站界面。

在工作站界面(图1-1),点击工程下的"新建",弹出"新建工程"对话框,如图1-3所示。在对话框中,可以选择工程模板"GB_500",也可以选择"基础地理标准_500"。如果只是测量一幅地形图就选择"GB_500"模板,如果后续要建库的话,需要选择"基础地理标准_500",这是特别要注意的。

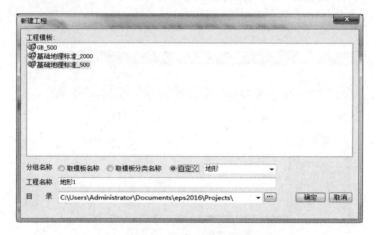

图1-3　新建工程对话框

本例中,我们选择模板"基础地理标准_500",分组名称单选"自定义"列表中的"地形",工程项目名称默认"地形1",选择合适的工程文件目录后单击【确定】。

3)软件界面

图1-4为"地形测图"工作台软件界面。默认情况下,绘图区的背景是黑色的,为了显示方便,这里单击"🖵"将背景颜色更改为白色。

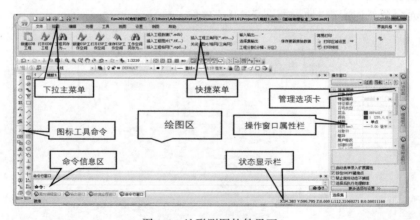

图1-4　地形测图软件界面

界面主要有中间的"绘图操作及显示区",绘图区的上面和左侧是"图标工具命令",底部是"命令信息显示区"和状态显示栏。除了顶部的"下拉主菜单"以外,主菜单下面是"快捷菜单",最右侧的是实体的"属性显示与编辑"栏。当我们绘制完一个实体后,可以在这里观看实体的属性,可以修改实体的部分参数。

软件主菜单介绍如下:

(1)文件:包括新建、打开、保存工程文件和新建、打开、保存工作空间文件;插入各类工程数据;导入和导出各类格式文件;图形打印、关闭工程和退出系统等。

(2)绘图:包括绘制点、线、面实体;绘制几何图形、标注文字;图块创建、插入与分解;图例创建等。

(3)编辑:包括实体的剪切、复制、粘贴、删除和平移、旋转、缩放和镜像;对象捕捉设置;线段的延伸、打断、裁剪、圆角;平行线绘制和修改、符号编辑等。

(4)处理:点的高程处理;等高线的连接、重构、标注和改色;地物处理;图幅接边、合并与整饰;悬挂点处理、拓扑构面;房屋处理、图幅裁剪等。

(5)工具:图幅图廓信息管理;图像处理、数据检查和空间量算;查询统计、工程数据库管理;坐标转换等。

(6)视图:绘图区的缩放;点、线、面要素的显示等。

(7)设置:设置绘图参数;导入导出模板表;各类型窗口显示设置等。

(8)测图:外业测量与内业绘图一体化作业(电子平板)。

软件主菜单如图1-5~图1~12所示。

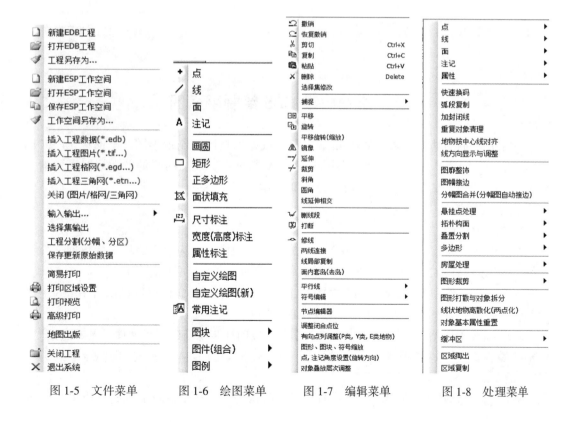

图1-5 文件菜单　　图1-6 绘图菜单　　图1-7 编辑菜单　　图1-8 处理菜单

图 1-9 工具菜单　　图 1-10 视图菜单　　图 1-11 设置菜单　　图 1-12 测图菜单

二、清华山维 EPS 绘制平面图

EPS 最基本的功能是根据野外测量的坐标数据和草图绘制地形图。下面以 EPS2016 工作站作为绘图工具，详细介绍地形图 1-13 的绘制过程。该图的测量坐标数据采用南方 CASS 中的 STUDY. DAT，数据存放在 CASS 的 DEMO 文件夹中。

采用"坐标定位"法的作业流程和步骤如下：

1. 展野外测点点号

在展测量坐标数据之前，需要调换 X、Y 坐标的顺序。因为南方测量坐标数据文件格式是东坐标(Y)在前，而 EPS 要求的测量数据 X 在前，这一点必须记住！

调换文本文件中的 X、Y 坐标的顺序可以在 Excel 中调换，也可以在南方 CASS 中调换，并将调换后的坐标数据文件保存为 STUDY. TXT。

启动 EPS 工作站，选择"地形测图"工作台，按前述步骤新建工程文件。鼠标点按【文件】→【输入输出…】→【调入坐标文件数据…】，弹出如图 1-14 所示的"坐标点录入编辑器"对话框。

格式选择"点号坐标格式"；统一编码可以默认为 0，但如果为了后面生成等高线方

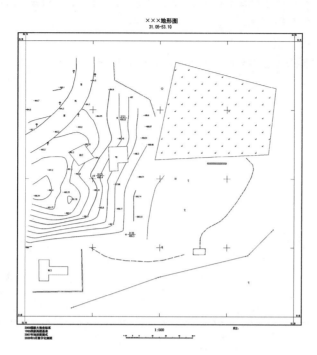

图 1-13　某地 1∶500 地形图

图 1-14　输入坐标数据文件对话框

便,建议输入高程点编码 7201001。

然后单击"从文件中读取",在 CASS 的 DEMO 文件夹下,找到 STUDY.TXT 文件,然后点按"打开",最后点【应用】完成坐标数据录入。弹出保存信息时选择不保存。

展点完后如果绘图区无数据符号显示,此时需要单击 ⊞ 图标确定数据显示范围,绘图区会显示点位；然后单击【视图】→【点信息显示开关】→【点对象点名】后，点位和点号都显示出来了。如图 1-15 所示。

图 1-15　展绘野外测点点号

2. 绘制地物

接下来按照草图上的点号和地物，在 EPS 测图软件中选择相应的地物绘制命令逐一绘制。但对于第一次接触绘图的人来讲，建议按照分地类由点、线或面状地物的顺序绘制，也就是每次绘同一地类。比如，绘房子时就连续把所有房子绘完。等绘图的时间长了，有了一定的经验后就可以进行自由绘制。

与南方 CASS 不同，EPS 没有提供点号绘地物功能，因此绘地物时需要启动"捕捉最近点"捕捉功能，单击图标 ∧ 即可。

1) 绘制交通设施

(1) 绘制平行道路。

① 单击绘图显示区右侧操作窗口属性管理选项卡"编码查询窗口"，单击"交通线"下的"县道—建成边线"，如图 1-16 所示。启动"最近点捕捉"，这时，当鼠标靠近点位时会显示一个小方框。

② 鼠标捕捉 92 号点位后左键单击；

③ 键盘输入 2(曲线参数)，不要点击回车键；

④ 鼠标接着依次捕捉并单击点号 45、46、13、47、48；

⑤ 勾选右下绘图操作框中的"结束生成平行线"(按鼠标右键)复选框；

⑥ 鼠标捕捉点 19 后右键单击，按鼠标右键结束本地物绘制，如图 1-17 所示。

如果要退出同属性地物绘制需按 ESC 键。

说明：①EPS 绘制地物的步骤是首先单击绘图区右侧"编码查询窗口"管理选项卡，找到所在的地类名称后单击，然后在地物名称列表中选择所绘地物后，开始在绘图区绘地

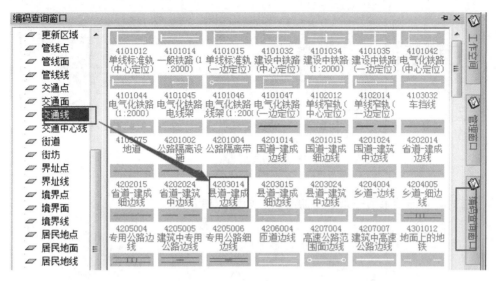

图 1-16 交通线列表框——县道

图 1-17 绘平行道路

物,按鼠标右键结束。②绘制线状地物时,如果要绘曲线或圆曲线,则需要输入数字键(1—直线,2—曲线,3—圆曲线)2 或 3,如上例绘县道。

(2)绘制两条小路。

先演示绘一条小路,步骤如下:

①单击绘图显示区右侧管理选项卡"编码查询窗口",单击"交通线"下的"小路",如图 1-18 所示。注意"最近点捕捉"是否启动。

②鼠标捕捉 103 号点位后左键单击;

③键盘输入 2(曲线参数),不要点击回车键;

④鼠标接着依次捕捉并单击点号 104、105、106;

图 1-18　交通线列表框——小路

⑤按鼠标右键结束第一条小路的绘制。如图 1-19 所示。

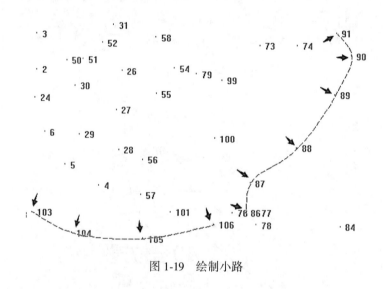

图 1-19　绘制小路

由于要接着绘第二条小路，其地物属性与上一条小路完全相同，这时可直接按上面的步骤②~⑤进行操作即可。

说明：如果继续绘制同属性地物，即与刚绘制过的地物完全相同，则可在鼠标右键结束前次地物绘制后，直接绘制第二条小路，不必重新选择小路。

2）绘制居民地

（1）绘制四点砖房屋。

①单击绘图显示区右侧管理选项卡"编码查询窗口"，单击"房屋面"下的"建成房屋"，如图 1-20 所示。注意"最近点捕捉"是否启动，启动后当鼠标靠近点位时会显示一个小方框。

②鼠标捕捉 3 号点位后左键单击。

③鼠标捕捉 39 号点位后左键单击。

④鼠标捕捉 16 号点位后左键单击。

⑤勾选右下绘图操作框中的"三点闭合生成平行四边形"复选框。

⑥键盘输入 C，注意不要按回车键，可以看到房屋四边形生成，点击鼠标右键结束本

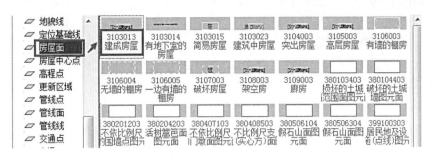

图 1-20　房屋面列表框——建成房屋

地物绘制，按 ESC 键退出建成房屋绘制。

⑦房屋结构和楼层修改。单击绘图显示区右侧的 ![] "选择集操作"图标，然后单击刚绘完的四边形房屋，在绘图区右侧的属性区中，将建筑物的结构选择为"砖"，楼层数目中输入"2"。

房屋及房屋面属性表如图 1-21 所示。

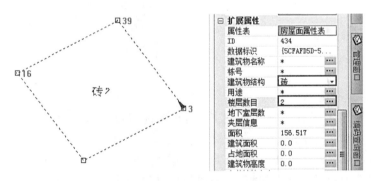

图 1-21　房屋面属性修改

说明：在 EPS 中，所有房屋为面状地物，不是线状地物。这与 CASS 中的表述不同。

(2) 绘制四点棚房。

①单击绘图显示区右侧管理选项卡"编码查询窗口"，单击"房屋面"下的"有墙的棚房"，如图 1-22 所示。注意"最近点捕捉"是否启动。

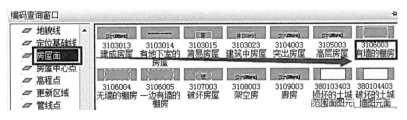

图 1-22　房屋面列表框——棚房

②鼠标捕捉 76 号点位后左键单击。
③鼠标捕捉 77 号点位后左键单击。
④鼠标捕捉 78 号点位后左键单击。
⑤勾选右下绘图操作框中的"三点闭合生成平行四边形"复选框。
⑥键盘输入 C，注意不要按回车键，可以看到四边形棚房生成，不过四个角的平分短线是朝外的。按鼠标右键结束本地物绘制。
⑦单击绘图显示区右侧的 🔲 "选择集操作"图标，然后单击刚绘完的四边形棚房，同时按 Shift+Z 组合键，四个角的平分短线翻转，由朝外变为朝内了。如图 1-23 所示。

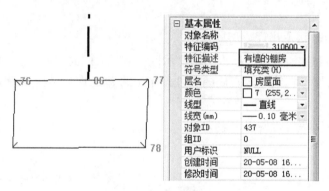

图 1-23　绘制三点棚房

（3）绘制多点砼房屋。
①单击绘图显示区右侧管理选项卡"编码查询窗口"，单击"房屋面"下的"建成房屋"，如图 1-20 所示。注意"最近点捕捉"是否启动。
②鼠标依次捕捉并单击 49、50、51 号点位后左键单击。
③勾选右下绘图操作框中的"垂直画线"复选框，如图 1-24 所示。

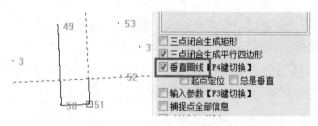

图 1-24　垂直画线操作图

④鼠标依次捕捉并单击 52、53 号点位后左键单击。
⑤鼠标捕捉 51 号点位后左键单击。
⑥键盘输入 C，注意不要按回车键，可以看到多点房生成，鼠标右键结束本地物绘制。
⑦房屋结构和楼层修改。单击绘图显示区右侧的 🔲 "选择集操作"图标，然后单击刚

绘完的多点房屋，在绘图区右侧的属性区中，将建筑物的结构选择为"砼"，在楼层数目中输入"1"，如图1-25所示。

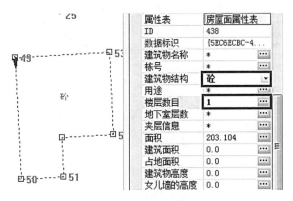

图1-25　多点砼房绘制

如图1-26所示的多点2层砼房绘制，可依照上述步骤绘制，这里就不再详细介绍，大家自己动手试试。

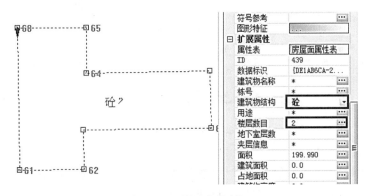

图1-26　2层砼房绘制

提示：该图中有两个拐直角需要用到"垂直画线"工具，如图1-24所示。

(4) 绘制依比例围墙。

①单击绘图显示区右侧管理选项卡"编码查询窗口"，单击"居民地线"下的"围墙(依比例)"，如图1-27所示。注意"最近点捕捉"是否启动。

②鼠标依次捕捉并单击68、67、66号点位后左键单击。

③按鼠标右键结束，如图1-28所示。按ESC键退出围墙绘制。

说明：如果图上的点号位置位于围墙的另一边，则需要用鼠标点击选择围墙后，按Shift+Z组合键，围墙就会翻转到另一侧。

3) 绘制地貌土质

(1) 绘制未加固陡坎。

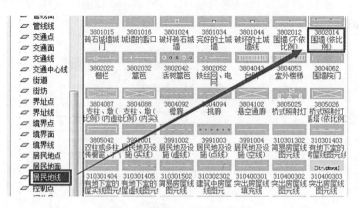

图 1-27 管线设施地类列表框

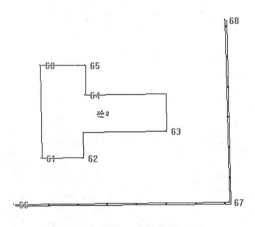

图 1-28 管线设施地类列表框

①单击绘图显示区右侧管理选项卡"编码查询窗口",单击"地貌线"下的"未加固的人工陡坎",如图 1-29 所示。注意"最近点捕捉"是否启动。

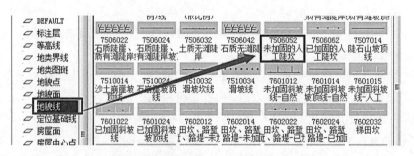

图 1-29 地貌线列表框——未加固的人工陡坎

②鼠标捕捉 54 号点位后左键单击。
③键盘输入 2(曲线参数),不要回车。
④鼠标接着依次捕捉并单击点号 55、56、57。

⑤按鼠标右键结束绘制，如图 1-30 所示。

按 ESC 键退出未加固的人工陡坎绘制。

（2）绘制加固陡坎。

①单击绘图显示区右侧管理选项卡"编码查询窗口"，单击"地貌线"下的"已加固的人工陡坎"，如图 1-29 所示。注意"最近点捕捉"是否启动。

②鼠标接着依次捕捉并单击点号 93、94、95、96。

③按鼠标右键结束绘制，如图 1-31 所示。

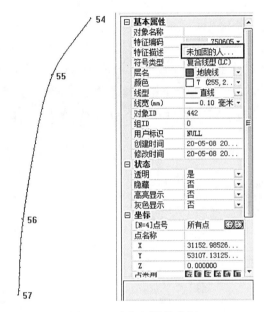

图 1-30　未加固陡坎绘制

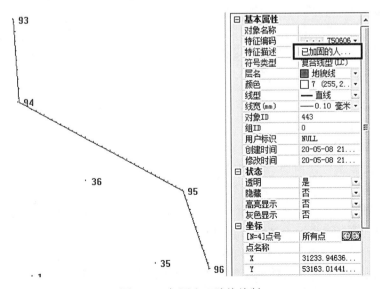

图 1-31　加固人工陡坎绘制

按 ESC 键退出加固人工陡坎绘制。

如果要将陡坎的短横线翻转到另一侧，同样是选择该陡坎后按 Shift+Z 键。

4）绘制管线设施

绘制地面上的输电线步骤如下：

①单击绘图显示区右侧管理选项卡"编码查询窗口"，单击"管线线"下的"高压输电线架空线"，如图 1-32 所示。注意"最近点捕捉"是否启动。

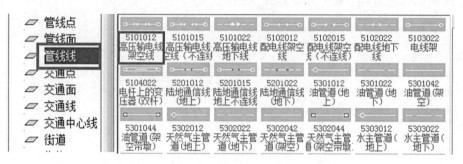

图 1-32　管线设施列表框——高压输电线

②鼠标接着依次捕捉并单击点号 75、83、84、85；

③按鼠标右键结束绘制，如图 1-33 所示。

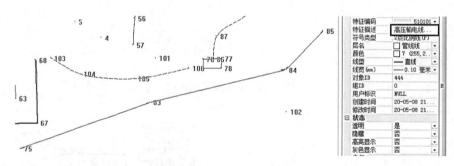

图 1-33　管线设施地类列表框

按 ESC 键退出高压输电线的绘制。

5）绘制植被土质

（1）绘制有界范围线菜地。

由于植被面状地物是由地类界和填充符号构成的，因此需要两个绘图步骤。首先绘制地类界，然后再填充植被符号。

①单击绘图显示区右侧管理选项卡"编码查询窗口"，单击"植被线"下的"地类界"，如图 1-34 所示。注意"最近点捕捉"是否启动。

②鼠标接着依次捕捉并单击点号 58、80、81、82。

③键盘输入 C，注意不要按回车键，可以看到闭合地类界生成，按鼠标右键结束本地物绘制。

图 1-34　植被线列表框——地类界

④将鼠标移至闭合区域内，按 Shift+G 组合键，弹出如图 1-35 所示的"值录入对话框"，在编辑框中输入菜地符号编码"8103033"，或在下拉列表框中选择"8103033 菜地"，然后按【确定】，菜地符号填充完成。如图 1-36 所示。

图 1-35　管线设施地类列表框

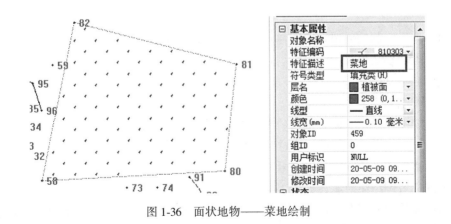

图 1-36　面状地物——菜地绘制

说明：绘制所有地貌、植被等具有填充符号的面状地物时，应先绘地类界，然后按组合键 Shift+G，在对话框中输入或选择填充符号的编码进行符号填充。如果要继续填充下

233

一个面状地物的符号，更为简捷的方法是：直接按字母 G 即可完成快速填充。

(2) 绘制果树独立树。

①单击绘图显示区右侧管理选项卡"编码查询窗口"，单击"植被点"下的"果树独立树"，如图 1-37 所示。注意"最近点捕捉"是否启动。

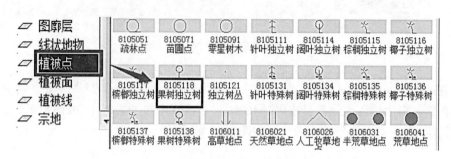

图 1-37　植被列表框——果树独立树

②鼠标接着依次捕捉并单击点号 99、100、101、102。

③按 ESC 键结束绘制，如图 1-38 所示。

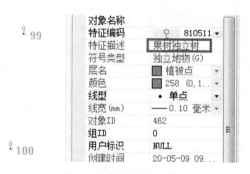

图 1-38　独立果树绘制

说明：如果绘制的果树在绘图显示区中不显示，点击图标▣"点地物详绘"后，即可看到绘制的点状地物符号。

6) 绘制独立地物

(1) 绘制宣传橱窗。

①单击绘图显示区右侧管理选项卡"编码查询窗口"，单击"居民地线"下的"双柱或多柱宣传橱窗"，如图 1-39 所示。注意"最近点捕捉"是否启动。

②鼠标接着依次捕捉并单击点号 73、74。

③按鼠标右键结束绘制，如图 1-40 所示。按 ESC 键退出绘制。

说明：如果需要将双柱宣传窗翻转表示，可同样选择该宣传窗后按 Shift+Z 键。

(2) 绘制路灯。

从本次绘图开始，我们采用另外一种选择地物的方法：即通过在"编码编辑框"中输入地物的名称查找出该地物，然后在列表框中选择需要绘制的地物即可。这种方法的特点

图 1-39 居民地线列表框——双柱或多柱宣传窗

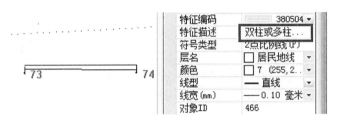

图 1-40 独立地物列表框

是快捷方便，但前提是需要知道地物的名称。不过好在 EPS 支持模糊搜索，可以输入少量的文字，甚至一个字也可以。读者可以从下面的独立地物绘制中仔细体会。

①在绘图显示区上方的编码编辑框中输入"路灯"，移动鼠标到绘图显示区，地类列表框中显示路灯及编码，如图 1-41 所示。

图 1-41 路灯列表框

②鼠标单击列表框中的路灯，依次捕捉并单击 69，70，71，72，97，98 号点。
③按 ESC 键完成路灯绘制。
(3) 绘制不依比例积肥池。
①在绘图显示区上方的编码编辑框中输入"肥"，移动鼠标到绘图显示区，地类列表框中显示积肥池及编码，如图 1-42 所示。
②鼠标单击列表框中的"积肥池(不依比例)"，捕捉并单击 59 号点。
③按 ESC 键完成不依比例积肥池的绘制。

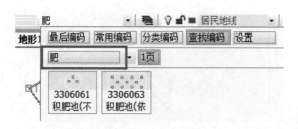

图 1-42　积肥池列表框

(4) 绘制不依比例水井。

①在绘图显示区上方的编码编辑框中输入"水井"，移动鼠标到绘图显示区，地类列表框中显示水井及编码，如图 1-43 所示。

图 1-43　水井列表框

②鼠标单击列表框中的"不依比例水井"，捕捉并单击 79 号点。

③按 ESC 键完成不依比例水井绘制。

路灯、积肥池和水井独立地物绘制如图 1-44 所示。

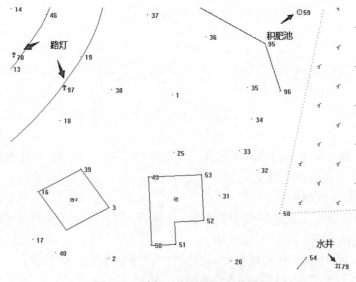

图 1-44　路灯、积肥池、水井绘制

7) 绘制控制点

绘制埋石图根点步骤如下：

①在绘图显示区上方的编码编辑框中输入"图根点"，移动鼠标到绘图显示区，地类列表框中显示图根点及编码，如图 1-45 所示。

图 1-45　控制点列表框

②鼠标单击列表框中的"埋石图根点"，这时鼠标处显示埋石图根点符号和分子分母标注提示，并随鼠标动态移动。捕捉并单击 1 号点，弹出如图 1-46(a)所示编辑框。

③按编辑框中后面的汉字提示"高程，点名(可省略)"，在 495.8000 后面添加英文逗号和控制点名(,D121)，如图 1-46(b)所示。

④按回车键后控制点绘制完成，如图 1-46(c)所示。这时绘图区中鼠标处动态提示绘制下一个图根点。

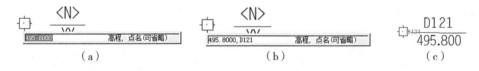

图 1-46　绘制控制点

⑤鼠标移到 2 号点，捕捉并单击后，修改编辑框中的点名为 D123，按回车键。
⑥鼠标移到 4 号点，捕捉并单击后，修改编辑框中的点名为 D135，按回车键。
⑦当完成所有图根绘制时，按 ESC 键结束绘制。
按照上面的步骤，可以绘制所有的控制点符号。

8) 添加文字注记

我们需要在平行线县道中间沿曲线绘制道路名，要求如下：

道路名称：经纬路；
文字的高度：3；
字体朝向：名字由上至下，字头朝北；
文字排列：沿道路中心线曲线排列。

①单击绘图显示区左侧图标工具 A ，启动文字标注命令；
②点击绘图显示区上面的单点下拉列表框，选择曲线排列，如图 1-47 所示。

③在平行线道路的上方中间位置鼠标单击，选择注记文字的起始点位置，如图 1-48 所示。

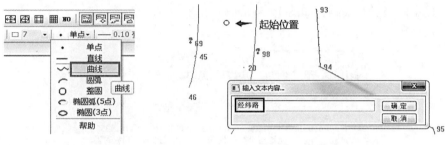

图 1-47　文字注记排列　　　　　　　图 1-48　文字注记信息框

④在弹出的"输入文本内容"编辑框中输入"经纬路"，按【确定】，这时绘图显示区鼠标处动态显示橡皮筋虚线提示。

⑤在平行线道路的中部中间位置鼠标单击，选择注记文字的第二点位置，此时文字"经纬路"沿曲线分散显示，如图 1-49 所示。

⑥在平行线道路的下方中间位置鼠标单击，选择注记文字的结束点位置，如图 1-49 所示，此时文字"经纬路"沿曲线分散显示至结束点。

⑦按回车键或鼠标右键完成标注，按 ESC 键退出文字标注。

⑧用鼠标单击选择标注的文字，在绘图显示区右侧的属性栏中单击"注记分类"下拉列表框，选择"省县乡主干道等名称注记"，如图 1-50 所示。

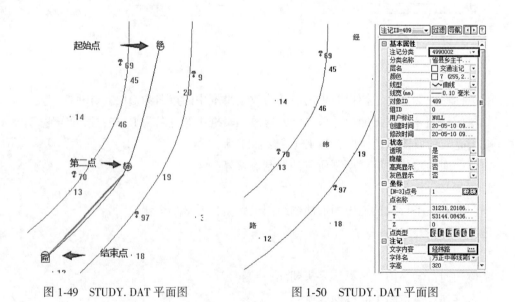

图 1-49　STUDY.DAT 平面图　　　　　图 1-50　STUDY.DAT 平面图

说明：EPS绘图系统已把标准《1∶500　1∶1000　1∶2000地形图图式》中的注记类型及要求植入模板中，只要正确地选择了"注记分类"，文字的图层、高度、字体名均按图式标准设置完成，用户不需考虑。

至此，我们已通过以上内业绘制工作，完成了STUDY.DWG中常见基本地物和地貌平面图形的绘制，如图1-51所示。

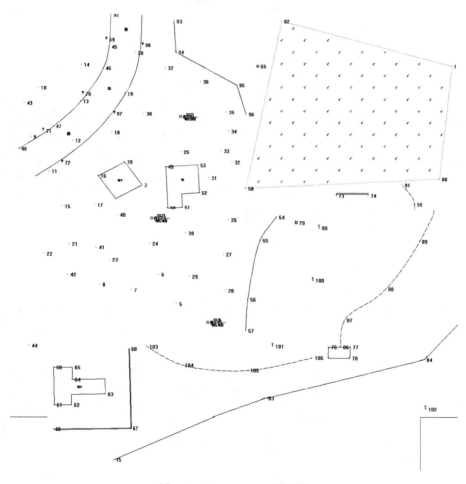

图1-51　STUDY.DAT平面图

三、清华山维EPS绘制等高线

在清华山维EPS绘图中，绘制等高线的相关命令集成在主菜单"地模处理"里。如果主菜单没有"地模处理"，可以单击【帮助】→【工作台面定制】，在"工作台面列表"框中（图1-52），将模块"地模处理"复选框勾选上。退出后重新启动EPS，这时主菜单中显示有"地模处理"了（图1-53）。

附录二 清华山维 EPS2016 操作指导

图 1-52 设置地模处理菜单　　　　　　　图 1-53 地模处理菜单

下面学习如何绘制等高线。

1. 生成三角网（建立数字地面模型）

单击主菜单【地模处理】→【生成三角网】，弹出"生成三角网"信息框，如图 1-54 所示。

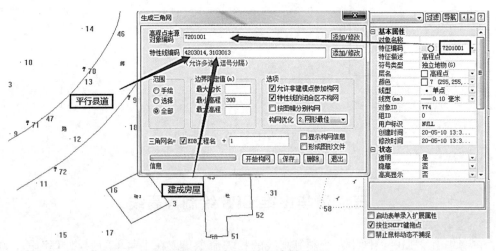

图 1-54 建立三角网参数输入

"高程点来源对象编码"编辑框：7201001；

"特性线编码"编辑框：4203014，3103013；

"范围"单选框：全部；
"最小高程"输入框：300；
"构网优化"下拉列表：2 网形最佳。

说明：(1)"高程点来源对象编码"是指本次建立三角网时使用哪些点建模，用来限制建模范围。在展坐标点时，图 1-14 中"统一编码"中点的编码默认为 0。通常情况总是将点的编码输入为高程点编码，即 7201001，那么"高程点来源对象编码"编辑框应输入 7201001。如果不知道高程点编码可以按"添加/修改"选择。

(2)"特性线编码"有两个方面：一是指在建立三角网时有些区域不需要构网，如本例中的房屋、平行县道等；另外有些特殊线不能与三角网的边相交，只能平行，如山脊线和山谷线。在这种情况下需要将这些地物的编码输入编辑框中，用逗号符分隔。不过 EPS 只限于闭合区域，对非闭合区域，需要独立画闭合区域，编码自定义或默认为 1。

(3)"最小高程"是为了避免很多零高程参与建模。事实上本案例中有许多坐标点是零高程，因此任意输入一个非零正数即可，本例输入 300。当然本案例中高程值最低为 491.2m，最高为 500m，按这个值输入也是可以的。"最大高程"意义相同。

继续点击【开始构网】，绘图显示区显示图 1-55 所示三角网形。在弹出询问是否保存时，选择"是"，输入三角网文件名。最后点击【退出】。

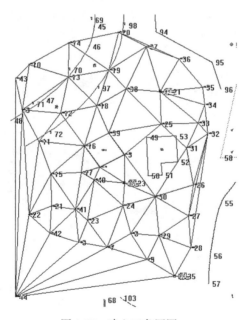

图 1-55　建立三角网图

2. 编辑三角网

有时候三角网生成后需要根据实际情况作修改，这时就要用到三角网编辑命令。

单击主菜单【地模处理】→【编辑三角网】，弹出"三角网编辑"信息框，如图 1-56 所示。

(1)先在信息框中单选"删除"，勾选"自动保存"复选框。

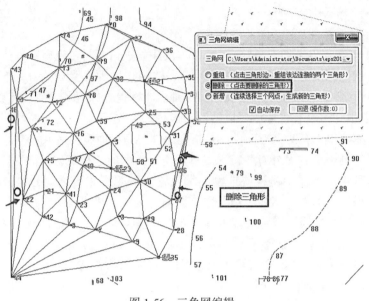

图 1-56 三角网编辑

(2)用鼠标在需要删除的三角形内左键单击即可删除。如果误删除的话，可以单击"回退"键回退。最后退出三角网编辑。

3. 自动生成等高线

(1)单击主菜单【地模处理】→【自动生成等高线】，弹出"三角网编辑"信息框，如图 1-57 所示。

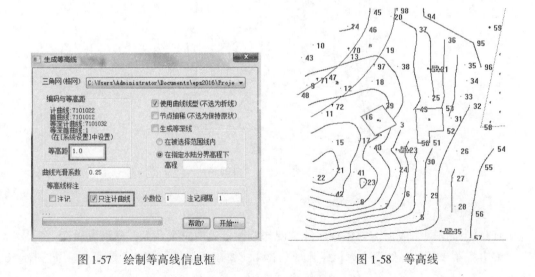

图 1-57 绘制等高线信息框　　　　图 1-58 等高线

(2)在图 1-57 所示的绘制等高线信息框中，参数输入如下：

三角网(格网)：选取刚生成的三角网文件；

等高距：输入1，光滑系数默认0.25；

复选"使用曲线线型(不选为折线)"；

复选"只注计曲线"；

接着单击【开始】，程序自动生成等高线。如图1-58所示。

(3)单击主菜单【地模处理】→【关闭三角网】，图中三角网消失。

若要重显三角网，单击主菜单【地模处理】→【打开三角网】，在弹出的文件对话框中找到之前保存的三角网文件即可。

四、地形图图幅整饰

1. 标注图面高程点

(1)用鼠标单击图层管理器 ，在图层显示对话框中加锁除高程点外的所有图层，如图1-59所示。

图1-59　图层管理器

(2)退出图层显示对话框后，用鼠标框选绘图显示区中的所有高程点，如图1-60所示。

(3)鼠标单击图1-60右侧"点类型"所列出的"标"，即标注高程点。这时图中点号处显示出该点高程。

(4)单击主菜单【视图】→【点信息显示开关】→【点对象点名】，关闭点名显示。

说明：如果图中有不需要显示的高程，选择该点高程后，再点"标"可以将其隐藏。

关闭坐标点号，标注图面高程后的1∶500地形图局部如图1-61所示。

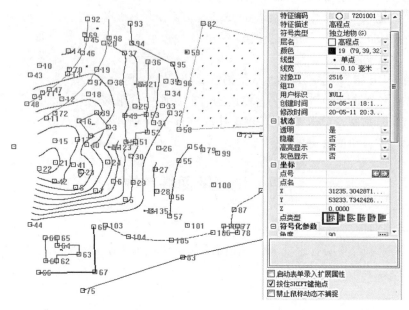

图1-60 等高线图

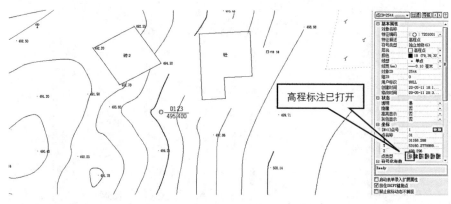

图1-61 1∶500等高线图局部

2. 添加地形图图廓

(1)在绘图显示区上方,用鼠标单击图标工具命令▦显示分幅格网,绘图显示区显示1∶500图幅标准图廓,如图1-62所示。

(2)在地形图任意位置,点鼠标右键,在弹出的下拉列表菜单中选择"当前图幅设定",这时绘图区就添加了地形图图廓,如图1-62所示。

3. 平移地形图图廓

本案例面积不到一幅图,但跨越两个图幅,因此需要用平移命令平移图廓,将地形图放到图廓中间。

(1)鼠标单击图廓,选择图廓。

(2)单击绘图显示区左侧图标 ,启动平移命令,弹出"操作窗口";同时启动最近

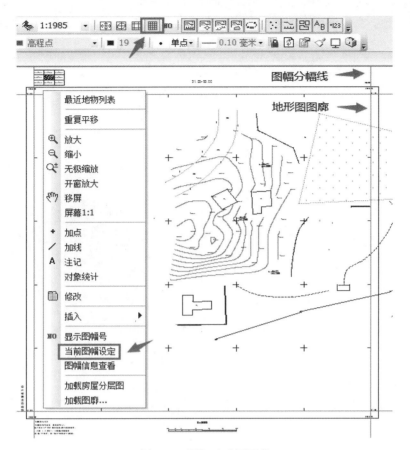

图 1-62 添加地形图图廊

点捕捉，如图 1-63 所示。

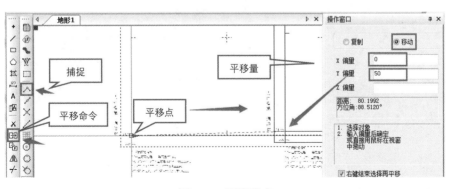

图 1-63 图廊平多

(3) 用鼠标单击选择图廊左下角内图廊线交点，作为平移参考点。在"操作窗口"信息框中操作如下：

单选"移动"；

Y 偏量编辑框中输入 50，X、Z 偏量编辑框中输入 0。

（4）按鼠标右键或回车键，图廓在 X 轴上从左向右移动 50m。如图 1-64 所示。

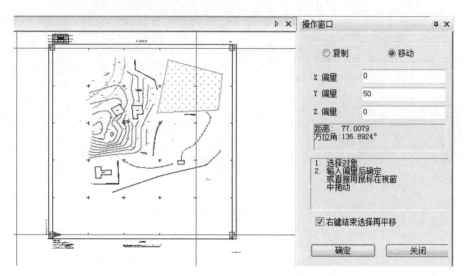

图 1-64　平移图廓后的地形图

4．编辑地形图图廓要素

地形图图廓添加完成后，最后还需要对其要素进行修改。

（1）单击地形图图廓，绘图显示区右侧显示"操作窗口"。

（2）图廓属性要素信息如下（图 1-65）：

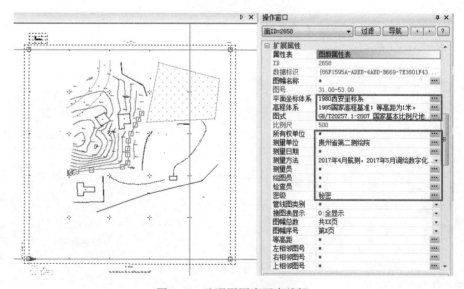

图 1-65　地形图图廓要素编辑

平面坐标体系：目前我国已强制执行 2000 国家大地坐标系；

高程体系：目前我国已强制执行 1985 国家高程基准；

地形图图式：目前最新地形图图式为《国家基本比例尺地图图式 第 1 部分 1∶500 1∶1000 1∶2000 地形图图式》(GB/T 20257.1—2007)；

所有权单位：发包方(业主方)；

测量单位：承包方；

测量日期：开始日期，当周期较长时为开始至结束时间，如 2020 年 3—5 月；

测量员、绘图员、检查员；

密级：通常为秘密。

5. 地形图绘制总结

(1) EPS 野外测点+草图法内业成图的作业步骤如下：

①展绘野外测量坐标数据。EPS 要求的坐标数据文件格式中，X 坐标在前，Y 坐标在后，这与南方 CASS 坐标数据文件不同。

②依照草图分别绘制地物。如果地物的名字较为熟悉，可直接输入汉字查找。初学者可在右侧的"编码查询窗口"中查找。

③线状地物有许多快捷键，附在最后页，在学习时需要逐步记住。

④绘制等高线时，先要建立三角网，然后再进行自动等高线绘制。主要技术点在生成三角网时特殊线的绘制，如山脊线、山谷线、道路、沟、陡坎、斜坡、房屋等。自己绘制特殊线时，可自己定义编码。

(2) EPS 中对地物的修改，要注意是先选择，再启动修改命令。

(3) EPS 中所有的组合地物都是成组的，修改相对比较容易。

五、EPS 操作快捷键

快速编辑是在加线(面)或在选择集状态下，利用快捷键(定义了特殊功能的按键)进行图属信息的快速编辑。

1. Q、A、C、V——快捷操作

适用范围：拖点、加点、闭合、捕捉多点等快捷操作。

Q：面内嵌套注记或点时，可以移动注记或点位置。如：移动"棚"。

选中面状地物，键入 Q，用鼠标可以移动注记或点位置。

A：加点，将光标所在位置点(任意位置)加入当前点列。

在画线或选择线状态下，键入 A，该线的末端延伸至鼠标位置。

C：闭合(打开)，闭合或打开当前点列。

在画线或选中线状地物状态下，键入 C，该线状地物自动闭合或打开。

V：捕捉多点加入当前点列。在加线状态下，将当前线末点捕捉某线上一点，作为起点，光标位置移到要截取一段线的终点。单击 V 键，此段线加入当前线上，采点方向符合顺向原则。

例：如图 1-66 所示，在加线时，当前线 a(F 为当前线列末点)与线 b 上 GJ 段共线，则可以先将光标移到 G 点(启动捕捉开关)，在 G 点先加点，然后沿光标线 b 的前进方向即 $GHIJ$ 方向移动鼠标，同时按下 V 键，就可以将 GJ 上的已知点捕捉为线 a 上的点，使两线在 GJ 段完全重合。

如若要从 H 点开始，此时在画线或选中线状态下，将鼠标移到 H 点后键入 S，然后按住 V 键的同时移动鼠标到 J 点，或者移动鼠标到 J 点后按 V 键。

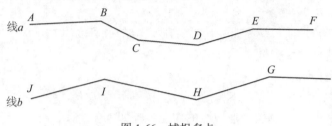

图 1-66 捕捉多点

Shift+V：捕捉多点。该快捷键与 V 键相似，区别在于，若捕捉线为多义线，用 V 键捕捉，则会将多义线折线化，而用快捷键 Shift+V 捕捉则会保持原有线形。

2. S——捕矢量点快捷操作

S：拾取已知点，拾取已知点加入当前点列末端。

在画线或选中线状态下，将鼠标移到另一矢量线段节点后键入 S，线段末端移到线段节点位置。

Shift+S：反向垂足，用光标指向的矢量点与当前线末边的垂足点，加入当前线的点列，并将该矢量点加入当前点列的末点。末点 C 移到 C' 位置处。如图 1-67 所示。

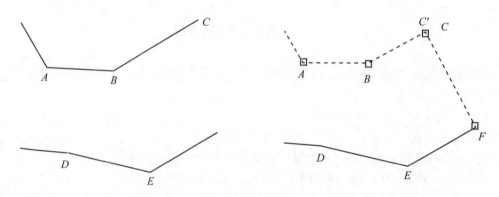

图 1-67 Shift+S 反向垂足

Ctrl+S：垂线垂足，将光标指向的矢量点与当前线末边过末点垂线的交点加入当前点列，并将该矢量点加入当前点列末点。末点 F 移到 F' 位置处。如图 1-68 所示。

3. X——回退点快捷操作

X：回退，删除当前点列的最后一个点，即线段末端后退一点，可连续键入 X 后退多点。

Shift+X：回退多点，从当前点列的末端删除多点（到光标指向点）。

Ctrl+T：清空，删除当前点列所有点（删除当前对象）。

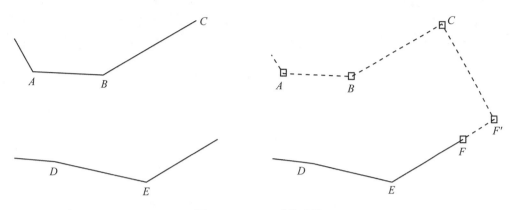

图 1-68　Ctrl+S 垂线垂足

4. W——抹点快捷操作

W：抹点，删除当前点列中的任意点。

选中线状地物，将鼠标放在线的节点上，键入 W 后按回车键，该节点自动删除。

Shift+W：抹线，从当前点列中删除光标指向的线段，若被删除线段不在两端时，则分解当前对象。

如选中线段，将光标定位于 AB 处，键入 Shift+W，线段 AB 段自动断开。如图 1-69 所示。

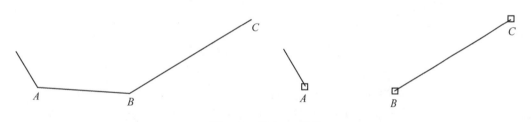

图 1-69　Shift+W 抹线

Ctrl+W：打断。

如图 1-70 所示，选中线段，将光标点移到 AB 线上 A′ 处，键入 Ctrl+W，当前点 A′ 打断，分解当前对象。

注意：圆不能打断。

5. E——插点快捷操作

E：插点，在当前点列的任意位置插入新点。

选中线状地物，将鼠标放在任意位置(不一定要在线上)，键入 E，线段在鼠标位置自动加入一点。与删点的 W 快捷键不同，删点时必须将光标放在线段的节点(端点)上面。

Shift+E：线上插点，在当前线中被光标指向的线段上插入一点。

选中线状地物，将鼠标放在线上任意位置(一定要在线上)，键入 Shift+E，线段在鼠

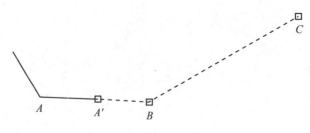

图 1-70　Ctrl+W 线段打断

标位置自动加入一点。

Ctrl+E：线上插交点。如图中选中 AB 段的线状地物，将鼠标放在另一线上任意位置（一定要在线上），则线段 AB 的延长线与另一线相交于点 B'，并加入当前交点于点列中。如图 1-71 所示。

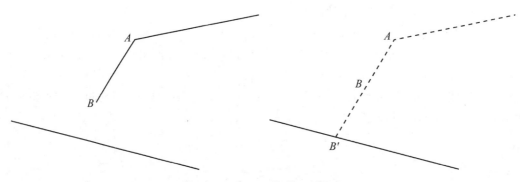

图 1-71　Ctrl+E 延长线上插交点

6. Z——翻转快捷操作

Shift+Z：翻转，将当前点列的顺序反向，即原来第一个点变为最后一个点，第二个点变为倒数第二个点，依次类推。一般用于调整有方向规定的地物，如陡坎、棚房、围墙等。例如：在图 1-72 中，棚房 1 的点列反向，我们可以通过此快捷键调整。首先，选中棚房；然后，按快捷键 Shift+Z，调整后如图 1-72 中的 2。

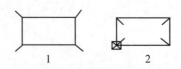

图 1-72　Shift+Z 翻转

7. D——线上捕点快捷操作

D：线上捕点。如图 1-73 中，选中 AB 线段，将光标移动到线段 CD 上的 C'处，键入 D，则将该点加入当前点列。

Shift+D：捕垂足点，将当前线末点与光标指向线（或延伸线）的垂足点加入当前点列。

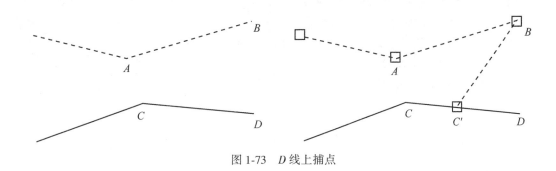

图 1-73 D 线上捕点

如图 1-74(a)所示。

Ctrl+D：捕垂线直线交点，将过当前线末点与末边的垂线与光标指向线(或延伸线)的交点加入当前点列。如图 1-74(b)所示。

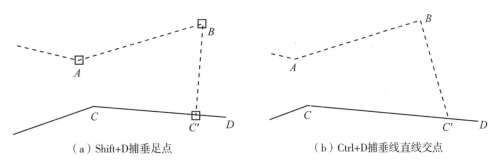

（a）Shift+D 捕垂足点　　　　　　　（b）Ctrl+D 捕垂线直线交点

图 1-74 捕垂直点

8. F——接线快捷操作

F：在加线情况下，将光标放在线的起点或终点，然后按 F 键作为当前点继续绘线；在绘线过程中，鼠标指向已绘线段(点列)的起点或终点，然后按 F 键作为当前点继续绘线。在拾取时，光标只能指向目标点列的起点或终点，否则，线会变形。

Shift+F：取消对象拾取，F 快捷键的逆操作(等于 undo)。

9. T、H、J、K、N、B——快捷操作

适用范围：属性拾取、距离平行线、与邻边整合、设置或取消转折点、偏量输入快捷操作。

T：属性拾取，拾取已有对象的基本属性(编码、颜色、线宽、线型等)。

H：与邻边整合，调整当前点列的点位使之与相邻点线靠合(调整范围为图上 0.5mm，双击该键可加大调整范围)。

J：设置或取消转折点，设定当前点列中的一个点为转点。

K：设置或取消特征点，设定当前点列中的一个点为特征点。

N：设置或取消平滑(用于节点符号取舍)。

B：设置或取消断开点。

10. P——末点反向、镜像快捷操作

P：末点反向，将当前线末边翻转180°。

Shift+P：末点镜像，将当前线末边相对前一边镜像。

11. O——长度复制快捷操作

O：长度复制，用光标指向线的长度代替当前线抹边的长度，点数不增加。

Shift+O：向量复制，将光标指向线段复制到当前线的末端，点数增加。

12. R——距离平行线

过光标点作当前线的距离平行线，如果当前线为复杂线，新线将自动反向。

13. L——直角化快捷操作

L：单点直角化，在当前线中将光标指向的某角（接近直角）变成直角。

Shift+L：全线直角化，将当前线中所有接近直角的角变成直角。

14. G——构面快捷操作

G：线闭合区域构面，如果若干线围成一个闭合区域，可将光标移到闭合区域内任意一点，然后按G，在闭合区域内自动生成一个简单面，通常用于面状地物符号的填充。

Shift+G：将鼠标移到闭合区域内，然后按快捷键Shift+G弹出面状地物符号选择列表，选择某一地物符号进行面状地物填充。

15. 复制粘贴快捷操作

Ctrl+X：剪切。

Ctrl+C：复制。

Ctrl+V：平移粘贴，这个粘贴可以说是平移粘贴，若想要地物的坐标不变，我们就要用菜单里的粘贴，或直接点击 ，这样才可以保持坐标不变。例：如图1-75(a)所示，要把四边形a以D为基点，平移到E点。首先，我们选中四边形a，然后把光标移动到D点，接着根据需要进行剪切或复制，然后我们把光标移到E点，同时按下快捷键Ctrl+V，则结果如图1-75(b)所示。

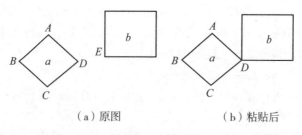

(a) 原图　　　　　　(b) 粘贴后

图1-75　Ctrl+V 平移粘贴

16. 二维窗口快捷键的使用

常用快捷键：A、C、X、W、E、Z、S、D、F、V、G，功能如下。

A：加点——将光标位置点加入当前点列；

C：闭合（打开）——使打开的当前线闭合，闭合的当前线打开；

X：回退一点——从当前点列的末端删除一点；

W：抹点——从当前点列中删除光标指向点，不分解当前对象；

E：任意插点——将光标位置点就近插入当前点列；

Z：点列反转——若需要从当前线的另一端加点时单击此键；

S：捕矢量点——将光标指向的矢量点加入当前点列；

D：线上捕点——将鼠标滑动线与某一最近矢量线的交点加入当前点列；

F：接线——拾取光标指向的某一线对象与当前线就近连接；

V：捕捉多点——加线状态下将光标位置点与当前线末点所截取的在某一线上的一段加入当前线上，采点方向符合顺向原则；

G：快捷面填充——默认上次填充的面编码。

参 考 文 献

[1] 赵文亮. 地形测量[M]. 郑州：黄河水利出版社，2005.

[2] 刘仁钊. 工程测量技术[M]. 郑州：黄河水利出版社，2008.

[3] 李天和. 地形测量[M]. 郑州：黄河水利出版社，2012.

[4] 明东权. 数字测图[M]. 武汉：武汉大学出版社，2013.

[5] 中华人民共和国国家质量监督检验检疫总局，中国国家标准化管理委员会. GB/T 20257.1—2017 国家基本比例尺地图图式 第1部分 1∶500 1∶1000 1∶2000 地形图图式[S]. 北京：测绘出版社，2007.

[6] 中华人民共和国住房和城乡建设部. CJJ/T 8—2011 城市测量规范[S]. 北京：中国建筑工业出版社，2011.

[7] 中华人民共和国建设部，中华人民共和国国家质量监督检验检疫总局. GB 50026—2007 工程测量规范[S]. 北京：中国计划出版社，2007.

[8] 中华人民共和国国家质量监督检验检疫总局，中国国家标准化管理委员会. GB/T 13989—2012 国家基本比例尺地形图分幅和编号[S]. 北京：中国标准出版社，2012.

[9] 中华人民共和国国家质量监督检验检疫总局，中国国家标准化管理委员会. CB/T 18314—2009 全球定位系统(GPS)测量规范[S]. 北京：中国标准出版社，2009.

[10] 国家测绘局. CHT 2009—2010 全球定位系统实时动态测量(RTK)技术规范[S]. 测绘出版社，2010.

[11] 中华人民共和国国家质量监督检验检疫总局，中国国家标准化管理委员会. GB/T 24356—2009 测绘成果质量检查与验收[S]. 北京：中国标准出版社，2009.

[12] 刘艳亮，张海平，等. 全球卫星导航系统的现状与进展[J]. 导航定位学报，2019，7(1)：18-21.